U0140048

TASTE

WHAT YOU'RE MISSING

舌尖上的科學與美食癡迷症指南

味覺獵人

芭柏・史塔基——著

莊靖——譯

BARB STUCKEY

目次

第二部 基礎味覺

第三部 風味的細微差異

第四部 融會貫通

Taste
What You're
Missing

序曲

你錯過了什麼？

開啟美食人生的頓悟時刻

一塊毫不起眼的墨西哥玉米脆片改變了我的人生。

大部分迷戀食物的人，都有不同的頓悟。他們開啟天眼，靈光乍現的時刻，都發生在如夢似幻的地點：像是在南法小鎮，普羅旺斯的艾克斯（Aix-en-Provence）頭一次嘗到未經高溫殺菌的濃郁乳酪；或是在越南海濱初試剛由水裡打撈出來的魚，放在香蕉葉上大火快蒸；或者在西班牙嘗到一匙剔筋去骨的西班牙番茄冷湯（gaspacho），讓他們頓時明白當地人為什麼對冰涼的番茄湯如此著迷。

喜愛美食的人總會有這樣豁然開朗的時刻，只是我的頓悟並沒有這麼浪漫，也沒有立刻打通我的任督二脈，讓各種味道融會貫通，反倒讓我察覺到自己對品味食物所知有多麼薄弱。

我的這個天啟時刻發生在加州矽谷北端福斯特市（Foster City）的一間實驗室。在兩萬平方呎（約五百六十坪）的不鏽鋼檯面上，頭上是螢光燈，四周圍著均質機（homogenizer）、膠體研磨機（colloid mill）、壓麵機、氣體射流衝擊烤箱（impingement ovens）、pH酸鹼度計，以及管式換熱器之中，我邂逅了讓人生脫胎換骨的墨西哥玉米片。

當時我才剛進麥特森（Mattson）公司，迄今我依然在這裡擔任專業的食物研發員。我們的創辦人彼特・麥特森（Pete Mattson）要我協助一家零食公司開發新產品。我們的團隊正在調整這個客戶的玉米脆片配方，準備要在超市販售。在我眼裡，這根本沒有多少可以發揮創意的空間：墨式玉米片不過就是玉米粉、鹽，和某種油脂的結合罷了。我的意思是，得了吧，能有多難呢？

一天早上，我才剛到辦公室，一名食品技師就把我叫到食品實驗室裡。「芭柏，你可以幫忙嘗嘗看玉米片嗎？」那時才早上八點半。

一直到好幾年後，我才習慣這種在不當時間提出的古怪要求——這是食品開發師工作的獨特福利。我能不能在早上十點嘗嘗冷凍的大蒜泥？能不能在午餐之後嘗嘗肉味比薩？介不介意在去餐廳享受酒水半價的快樂時光之前，先嘗一口燕麥粥？

不過當天的討論可是發人深省。我的新同事紛紛針對玉米片的各種樣品發言爭辯，我覺得自己好像在聽天書一樣——我知道這種語言存在，但就是聽不懂。約翰想要加一點糖，以便在去除濕度的那一步促進產品焦糖化；而泰瑞莎則認為它需要一點口感，她建議加點自溶酵母萃取物（autolyzed yeast extract）；自稱嗜鹽如命的彼特則想要加鹽，並且用一點檸檬酸提味，兩種成分都研磨到我們所能做到最細的微粒大小。**到底什麼是微粒啊？**

接著討論又轉到脆片該不該有新鮮的玉米味，還是要更偏向用乾玉米磨成的玉米細粉（masa harina）口味？這個選擇會決定我們是否要把玉米粒浸在輔助劑氧化鈣裡，讓玉米有獨特的玉米脆片味，和玉米軸心上的玉米甜味不同。大家還討論是否要用粗顆粒的玉米粉來影響**口感**（mouthfeel），我從沒聽過這個詞，另外如**前鋒**（up-front），和**餘味**（finish）等辭彙也和我熟悉的用法不同，我還學到了新的辭彙，例如**流變學**（rheology）、**入口即化**（mouth-melt）、**潤滑**（lubricity）和**單寧**（tannin）等等。

這一切都源自於三片以三種不同溫度油炸的玉米脆片。我全都嘗了，卻分辨不出什麼差異，因此只能聆聽經驗豐富的同事發表高見，分析每一片脆片，用言語道盡其間細微的差異，彷彿三者分別是麵包、蘋果，和雞翅一樣截然不同。

我疑惑自己究竟錯失了什麼。很明顯的，我們全都在品嘗同樣的脆片，為什麼他們能辨識出比我多這麼多的口味、特色、質地（texture），和香氣？難道他們天生就是比我優秀的品味師？難道他們有比較優秀的基因？還是因為訓練？練習？經驗？

這就是啟發我的那一刻，教我豁然開朗：墨式玉米脆片讓我明白，原來我在品嘗食物之際，完全不知道發生了什麼。

豐富的食物語言帶來的品味視野

後來，在我和廚師和食品技師一起工作五、六年後，我開始信任自己的味覺，當我在他們身旁品嘗食品樣本時，也不再那麼害怕表達自己的意見。我已經被扔進食品研發的油鍋，在裡面晃蕩了幾個月，然後再度扔進火裡，經過數年的精煉，學到味覺的科學。一路行來，我也學會了它的語言，一種食物的語言。

我甚至還學會一種新技巧，讓自己也大感詫異：我可以咬一口食物，並在瞬間就知道它究竟缺了哪一種能引出最佳味道的元素。比如我不用一秒，就可以知道某種醬汁是否缺了酸度。更重要的是，我知道什麼成分可以在我們想要的酸鹼值中，給它恰到好處的酸度，而不影響其他的味道和香氣。

多年後，在和客戶的一場會議中，我要向一家名列財星雜誌五百大的食品公司行銷人員做簡報，以說服他們番茄粒和一種酵素改良的起司結合在一起，會產生大量我們稱為「umami」（鮮味，日語稱作うま味，又譯作甘味或旨味）的味道，讓我所鼓吹的產品無比美味。但我住了口，因為我看到滿室聽眾流露出一臉的茫然。

Umami，我們形容為可口、鮮美，或肉味的這種味道，是味覺五個基本組件中的一個。但這一群食物行銷人員卻從沒聽過這個詞。他們對食物的味道和香氣所知，還不及對葡萄酒的了解。不過這情有可原，因為不但常有品酒的課程，也有成百上千本書談論品酒的基本知識，但我從卻沒聽過品味食物的課程，似乎也沒有關於這個主題的書籍。為什麼會如此？飲用葡萄酒的美國人只占三四％，但百分之百的人都需要吃東西。

在我們的食品實驗室再歷練十年之後，我的品味視野越來越銳利，我覺得自己彷彿可以更清楚地看到各種「風味」（flavors），更敏銳地聽到食物，也能由我放到嘴裡的東西，收集到更多的細節。在第一次品嘗玉米脆片那時，我並不知道光是這麼一塊零食竟能有這麼多的面貌，但原來每一種食物都有一層我們常常視為理所當然的細節：玉米片、香蕉、番茄，一切。

我開始把我在工作上對專業品味之所知，應用在工作外的飲食人生上頭。吃成了無限複雜的經驗。我覺得自己可以由食物中吸取更多的汁液，可以由餐點中榨出更多的歡愉。我因為剛得到的力量而感到目眩神迷，於是我調整了食物的優先順序，開始把更多的收入花在外食上，以便磨鍊我的新技巧。

由吃到嘗

我以前曾作過餐廳的評鑑，如今雖然不再做這一行，但依舊願意為吃美食而不畏麻煩，因為我樂在其中，也因為它提供我攸關緊要的洞察力，讓在食品發展這個領域中身為「創新者」的我，看出餐廳的趨勢。我在米其林餐飲指南列為星級的全世界數十家餐廳用過餐，也曾在美國頂尖的餐廳吃過飯，其中加州希爾茲堡（Healdsburg）的塞瑞斯餐廳（Cyrus）堪稱數一數二的佼佼者。

塞瑞斯餐廳行政主廚道格拉斯．金恩（Douglas Keane）和領班尼克．裴頓（Nick Peyton）讓塞瑞斯充滿了他們個人的魅力。裴頓可以說是我所見過的最佳領班，他原本在舊金山的瑪莎餐廳（Masa's Restaurant）工作，後來和金恩合夥創辦塞瑞斯。有一天晚上，我因為瑪莎餐廳豐富的酒單而興奮地多喝了幾杯，尼克注意到我醉眼矇矓，提議開我的車載我回家。他把車停在我們家車道上，向我的同伴和我道了再會，再搭計程車回瑪莎餐廳。一般餐廳業者頂多只會把我們塞進計程車裡就了事，而尼克體貼的作法卻教我永誌難忘。兩年後我走進塞瑞斯餐廳，尼克問我是不是還在開原來那輛藍色的福斯金龜車。

尼克不但讓你感到賓至如歸，更重要的是，他讓你覺得他正在期待你的大駕光臨。然後主廚金恩接手照顧你，馬上把三十公分高的五味塔送上桌，上面堆著幾個銀盤，盛著大小適口的法式開胃小點。他解釋說：

「這樣做的目的，是讓顧客一進門就獲得小禮物招待。」他以這種獨一無二的方式，把食客的味覺調整到最佳狀態。這是感謝你走了這麼長的路來到此地，也是歡迎你參加即將展開的美食之旅。

「這小小五口的食物，以讓你心曠神怡的方式，各自反映出你等一下嘴裡會嘗到的五種味道之一。這些就是你整個晚上會體驗到的味道。」他說。

我上一次在塞瑞斯用餐，也以可口的五味塔開始：先是一小杯海帶熬出的熱昆布清湯——既甘甜又鮮美，有點香菇味。接下來我們品嘗酸味：貝殼形的容器上盛著紫葡萄和醃白菜。然後我們嘗到糖漬金桔和枸杞鮮果乾的甜味。再下一個是苦的啤酒「泡泡」，恰好結實到能夠在湯匙上保持膠狀的外形，卻又脆弱到一碰觸你溫暖的舌頭，它就化為一口啤酒。最後品嘗的鹹味又在熟悉之中添加了活潑的變化，看似普通的椒鹽蝴蝶形餅乾（pretzel），一口咬下卻爆出松露起司的氣味。

如果不算五味塔的開胃點心，小甜點、三種麵包、兩款奶油和飲料，那麼塞瑞斯餐廳的套餐大約包括五至八道菜，你很可能在一餐之中，就嘗到上百種風味。既然如此，那麼金恩所謂你將品嘗到的「五味」，究竟是什麼意思？

解開味覺之謎的「味覺生理學」

金恩指的是我們人類光用舌頭就能嘗出的「五種基本味道」：甜、酸、苦、鹹，和蛋白質讓湯、肉類，和熟成起司充滿獨特豐厚美味的鮮味。舌頭所感受到的這些感覺就是五種基本的味道，凡是不屬於甜酸苦鹹鮮的

味道，都是經由其他感官：嗅覺、觸覺、視覺或聽覺來感知。

在墨式玉米脆片的啟發之後，我想要了解誘惑我食欲的所有食物香氣、我的舌頭所嘗到的各種味道，和取悅我的口腔的食物質地組合背後的科學。於是我求教於名著：法國美食家尚－安泰姆・布西亞－薩瓦蘭（Jean Anthelme Brillat-Savarin, 1755-1826）的大作《味覺生理學》（*The Physiology of Taste*）。這本經典於西元一八二六年寫成，經常列為解開味覺之謎的頭一本必讀書籍。我買了兩種不同的譯本，但即使M・F・K・費雪（M. F. K. Fisher，美國飲食文學名家，著有《如何煮狼》、《牡蠣之書》）譯的美語版，也難把這抽象的觀念簡化到與時俱進，符合現代精神。

為了說明味道和氣味在生理學上如何運作，因此薩瓦蘭竭盡所能地以當時的科學解釋。但自薩瓦蘭把自己的「美食感想」獻給世人以來，已經過了近兩個世紀，他既稱之為「感想」，也就明白地意味著這個作品是以揣想為主，科學為輔。我並無意指責薩瓦蘭先生——他並沒有多少科學可以仰賴，除了自己的經驗之外，亦無多少事物可談。

幸好在我探索現代感官科學之時，發現了研究報告的寶庫和一些研究機構，如研究味覺和嗅覺的非營利組織莫奈爾化學感官中心（Monell Chemical Senses Center）。嗅覺和味覺是由化學物質——也就是食物，啟動它們發揮作用，因此被稱為化學感官。所有的食物都是由化學物質構成，一切的一切，由剛採下還可以

《感官小點心》

一八二五年，當薩瓦蘭正在撰寫《味覺生理學》的時候，他對品嘗食物還沒有專業的經驗，因為他原本是律師。在嗅、味、視、聽和觸覺之外，他提出了第六種感官：「最後一種（官能）是肉體之愛。它存在如嘴或眼睛一樣完整的器官之中……雖然兩性都有完整的器官，能夠透過它感受知覺，但要達到這樣的目的，它們必須結合在一起。」

聞到泥土味的菇類，到把你的手指染成橘黃色的芝多司，全都可以分解成化學成分。

舉世有許多人才，由神經科學家和分子生物學家，到牙醫和心理學者，都在探究這些化學官能。我登錄資料，接收他們的專業期刊，下載科學報告，以便了解其中的少數重點；當年我在學校就刻意避開科學課程，如今也希望能閱讀寫給平常人的書，能夠直截了當教我怎麼品味食物，而不用先教我科學，可是市面上竟然連一本這樣的書也找不到，因此我決定寫這本書。

我們缺少五味與五感的教育

其實早在玉米脆片驚天動地的啟發之前，食物就一直是我生涯的重心，也是影響我一心迷戀，作為到哪裡度假、讀什麼書、和什麼人打交道，以及在學校學習什麼的目標。但就像大多數人一樣，因為對味覺所知太少，所以不知道自己多麼無知。

等我明白自己想要在飲食界打拚之時，大家都勸我放棄烹飪學校這條路。如今回顧起來，這倒是明智之舉。我喜歡的是品嘗專業的烹飪，遠超過一日三餐的例行炊事，再加上生性粗枝大葉，總是切到自己的手指頭。雖然我刀工不佳，但依然愛在家裡烹飪，只要我在家裡，幾乎天天晚上都會燒菜，有時甚至還可以算得上成功。對我而言，烹飪就像是用食物來作實驗，而對我的未婚夫羅傑來說，則是耐性的考驗，而且他還得忍住不批評。

在康乃爾大學的旅館管理學院，我把研究所學業的重心放在飲食管理和葡萄酒上，並且為僱用我們諮詢的餐廳寫菜單。我的烹飪課讓我有機會與紐約市知名餐廳盧特斯（Lutèce）的老闆，安德烈．索內（André Soltner）同台烹飪，在這位像老祖父般慈祥的阿爾薩斯名廚課堂上，我學到了經典的法式烹飪技巧。他以一貫溫和的態度，教導我們如何製作完美的德國麵疙瘩（用砧板和刀子把它們輕彈入沸水中）、如何剝除小牛犢的腦、如何把胡蘿蔔切成完美的八分之一吋（三毫米）細丁。

但在這些課程中，沒有一門教我如何品嘗胡蘿蔔。

在唸研究所的前四年，我在卡夫（Kraft）公司的食品服務部門工作，意即賣咖啡、醬汁，及其他食品給餐廳，我得去廚師的廚房，讓他們品嘗我的樣品；但卡夫沒教我有關我所代表的食物有些什麼樣的感官層面。從旅館學院畢業後，我遷到舊金山，兼了一個差，擔任《美孚旅遊指南》（*Mobil Travel*，即如今的《富比世旅遊指南》〔*Forbes Travel Guide*〕，知名的美加飯店評等）舊金山灣區餐廳的視察員，每週有四、五個晚上都在四星或五星餐廳用餐。我受訓要對餐廳作徹底的評等：從酒吧裡雞尾酒服務的品質，到葡萄酒杯是否用了含鉛的水晶，到泊車小弟是否把車座復原到車主下車時的位置。當然我們也負責評等食物，但評鑑計畫並沒有包括如何分辨味道或香氣，或者訓練我的味覺和嗅覺，我很有可能欠缺一種感官知覺。我在對餐點的感官細節毫無所知的情況下，撰寫我的報告。

每個人都擁有屬於自己的感官世界

就如視力可以由完美無缺到近視、遠視，和各種程度的盲目一樣，味覺也同樣有多種變異，只是我們並不

以相同的方式來辨識這些不同。小學生沒有味覺測驗，但所有的學童都要吃相同的食物，更糟的是，兒童要吃（並且欣賞）和成人相同的食物。我並不是想要測驗兒童的味覺，或者讓他們盡量吃他們想吃的東西，而是建議我們該教導成年人，讓他們了解我們大家各自存在味覺世界的不同範圍。

在塞瑞斯餐廳，我點了松露紅酒義式燉飯，它和其他奶油或帕馬森起司味濃重的義式燉飯截然不同。塞瑞斯的義式燉飯口感鮮活，近乎酥脆，因為金恩加了濃郁的紅酒酸味，這是一般義式燉飯經常欠缺的「五種基本味道」之一。

「有時顧客會抱怨我們的義式燉飯太鹹，其實不然，那是酸味，這種情況發生的次數比你想像的要多。」金恩說。

他的意思是，有些客人把這道菜裡的酸味當成放了太多鹽。雖然我們對食物的體驗各不相同，但有些人對「基本味道」的觀念根本就是錯的。在金恩專業烹飪生涯的十八年中，注意到經常會有顧客把酸和鹹混為一談，這點其來有自，我們在本書稍後會再談。

金恩大廚每週要製作出六百多道精心準備的五星菜餚，他知道客人在啜飲香檳輕咬魚子醬時，不會想聽味覺生理學的說教，再說教導食客酸和鹹之別也並非他的工作。如果客人說義式燉飯太鹹，送回廚房——即使他嘗過，覺得鹽分並不重，他還是會表現風度和謙虛（這是廚師必須要做的），以客人比較喜歡的口味取代。

本書將要把食物分解為它的各個成分，比如「五種基本味道」，並說明口味和味道有什麼不同，使你更了解你所品嘗的食物。就像愛酒人士以教育磨鍊他們的味蕾，好奇的食客——比如各位，也可以提升你們的品味能力。等你明白自己所品嘗的是什麼，不但更能說明你喜歡什麼，不喜歡什麼，而且能說出為什麼。你會了解味道互相作用，學到如何使食物嘗起來更可口，並且因此明白還缺乏哪些風味和味道，或者它們如何失調。當你外食時，如果喜歡扮演食評的角色，這是需要掌握的重要技巧，而且如果你親自下廚，了解這點也更有幫助。

按照食譜烹調其實非常簡單，切成這個大小、量出這樣的多少、做這個動作、煮這麼長的時間。但烹飪未必能教廚師為什麼食譜上要用魚露，或者萬一菜的味道不對，該怎麼挽救。按照食譜烹飪，與其說是教你如何烹調，不如說它談的是如何製作這一道菜。不用食譜烹飪則得用靈感和技巧把食材混合在一起，這就是餐飲學校所教的內容。但是學會如何品嘗味道也同樣重要，這是你無法依照配方學得的技巧。

鍛鍊你的品味的技巧與藝術

在本書中，你也會學到品味技巧，讓你得知使食物美味的是什麼。你會學到如何由品嘗味道而非量杯來調味。在你了解風味怎麼合作之後，你也會學習信任你的味覺，把你自己由專制的食譜中解放出來。你將學會不靠指引而替食物調味，這可以改變你對烹飪的感受：你會感覺自己從為家人任勞任怨的煮飯婆，搖身一變成為創意十足的藝術家，用你的創作品餵食你所愛的人。

當品酒新手越來越擅長辨識葡萄酒的風味之時，他也會去尋覓味道更複雜的葡萄酒來喝。這點在食物上也是一樣。我希望你能尋覓更美好的食物來吃，因為這能讓你過更滿足——也可說是更健康——的生活。本書稍後會探討味覺如何影響你所選擇的食物，當然，你選擇某些食物是因為你喜歡它們，但我們會探究你為什麼喜歡它們。

由出生到死亡，我們個人的食物偏好不斷地改變。明白這一點，能讓你更了解你的孩子、配偶、朋友，和年邁雙親的食物選擇。其實某些人的味覺天生就比其他人更敏感，但味覺較敏感的人卻未必是比較高明的品味者、廚師，或者家裡的大廚，這就好像說視力完好的人是最佳的藝評家一樣荒謬。我的視力絕佳，但對藝術卻一竅不通，我欠缺評論藝術的訓練、練習、經驗和欲望。如果我想要，可以去追尋訓練、練習、累積我的經驗，最後培養出一些技巧，但即使經過訓練，並且有完好的視力，也不能保證我會是比戴著眼鏡或隱形眼鏡卻對藝術抱有熊熊熱情的人更好的藝評家。不論你天生有什麼樣的遺傳和天賦，只要經過培養、練習，和有學習的渴望，都能成為更優秀的品味者。

品嘗某一種食物的經驗越多，就越能辨識和分析它。你辨識滋味和氣味這兩者的能力，會隨著重複的接觸而提升。換言之，你品嘗越多的黑皮諾葡萄酒，就越能分辨其間的差別：是好是壞、是甜還是不甜、是柔順還是澀味。同樣的分別也適用在起司、巧克力、蘋果等一切食物上，而且熟能生巧。

比如從前我總不明白「油耗味」是什麼意思。我知道這個詞是指脂肪已經餿了，但我不知道它聞起來是什麼氣味，嘗起來味道如何。油耗味的基本特性是一股微妙的氣味，經常會遭到忽略。如果說肉有油耗味，嘗起來可能像回鍋熱過，油耗味的堅果嘗起來有點腥，油耗味的食用油聞起來像蠟筆的蠟味。我在麥特森的品味生涯期間，嗅聞並品嘗過許多油耗味的食物，通常是在食物熟成的階段之中。頭幾年我在經驗老到的同事身邊，跟著他們品嘗食物時，總要他們教我油耗味是什麼，而我也學到了它是什麼。如今我一品嘗餿掉的脂肪、堅果，或肉類，馬上就知道它們有油耗味，因為已經藉由訓練和經驗，改進了知覺這種味道的能力。本書就要協助你增強你對味道的知覺。

品味之外

在你成為更傑出的品味者之後，你也自然會更注意你的食物，而這除了使你更能欣賞食物之外，也為你帶來許多好處。「結構屋體重控制暨生活風格改變中心」（Structure House Center for Weight Control and Lifestyle Change）的創辦人兼總監傑拉德．穆桑提（Gerard J. Musante）博士說：「如果你吃東西能夠細嚼慢嚥，如果你攝取食物的過程是一分一秒都慢慢體驗，那麼我相信這樣的專注會使你更加心滿意足，而比較不可能吃得過量。」穆桑提的減重計畫，重心在於教導人們如何改變他們與食物的關係。穆桑提認為，如果進食時能夠更留神，「你就能夠辨識食物的滋味，欣賞食物的本色」。

有關嗅覺、味覺和減重的研究已經製作出能協助人減肥的商業產品，但不論你是否打算減重，都可以用本書作為不增加熱量，卻能對食物更滿足的方法。如今到處都找得到食物，但若你能夠更自信，知道自己吃的每一口食物都能讓自己獲得最大的滿足，就不會再吃對你無足輕重的食物。你不會浪費每一口在你會覺得不好吃的食物上。

五感與獨特的生活經驗對品味的影響

品嘗味道是個複雜的過程。你的喜好其實有其科學基礎，而知道這點也能讓你了解為什麼你會吃（或不吃）你所吃的食物。你不但有自己的感官世界，而且個人的生活經驗也會影響你所選擇的食物。你對食物的喜惡不只是：我愛球芽甘藍，你不愛；你愛吃雞蛋，但我卻忍受不了。很有可能你不喜歡球芽甘藍是因為你對苦味比一般人更敏感。也可能是因為你曾對球芽甘藍有惡劣的經驗，讓你下意識（或者刻意）地避開這種菜。有人不敢喝咖啡，因為他幼時調皮，在超市的咖啡陳列架前玩耍，結果架子倒下來壓住他，讓他全身都蓋滿了油膩膩、香氣四溢的烘焙咖啡豆。當時的恐懼和尷尬永遠烙印在他心上，和咖啡連結在一起，形成永久的經驗，教他一輩子都不敢喝咖啡，以避免勾起當時的情緒。

面對食物之際，你五官並用——不論在超市、餐廳、辦公室，或者面對無孔不入的食物廣告和行銷。加州大學河邊（Riverside）分校研究感官如何結合和互動的學者勞倫斯．羅森布隆（Lawrence Rosenblum）說：「這些感官相互都有莫大的影響，我們往往不知道自己究竟是透過哪種感覺知覺到這個世界。」一旦你得知引發每一種感官的是什麼，你就更能明白自己為什麼會有這樣的反應。本書將傳授你內行人的知識，讓你知道食物行銷人員、餐廳業者——甚至農民，怎麼操控你本能的反應，日後你面對食物，就能作出更明智的選擇。

透過「互動練習」，每一口都是獨特的感官經驗

基本上，我希望本書能夠引領欣賞味覺的文化。我們一路行來，已經喪失了對餐點的感官知覺。我指的並不是當你在高級餐廳用餐的特殊場合，而是其他九九％的餐點：我們在家、在辦公室、在學校、在車上所吃的日常三餐。

我在餐飲學校時，指引我的導師湯姆．凱利（Tom Kelly）是康乃爾大學飲食管理教授，他鼓勵我們經常外食，並且常喝葡萄酒，學習這兩者。這種方法對我很有效，我也相信讀者對我所寫的觀念需要第一手的經驗。而為了協助讀者做到這一點，本書也納入簡易的「互動練習」，說明書中的感官觀念。這些練習由非常簡單（只需要一兩種成分），到比較複雜（需要烹調）。希望各位能花一點時間，和朋友、配偶、子女一起做它們。

我的味覺是由墨式玉米脆片開始覺醒，因為在好餐廳用餐而如虎添翼，發展迄今。但要有美好的美食體驗，並不需要成為食品專業人士，當然也不需要花大錢。即使到現在，成為專業食物品味師十五年之後，我依舊能在食物中找到教我飄飄欲仙的色、香、味：由實驗室裡的小口食物、到在家的日常早餐、機場的三明治、辦公桌上的沙拉，和我為家人煮的晚餐，也希望在我今晚要去的餐廳能夠有這種體驗。每一口都是獨特感官經驗的機會。

我們知道自己錯過了什麼嗎？

自本世紀開始，美國的食物革命加速發展。我們都越來越希望在各方面能和食物建立和諧的關係，我們想要知道食物來自何方，我們吃的番茄或蘋果是什麼品種，栽種這些作物的農夫叫什麼名字，以及他的種植方法

和信念。當食物抵達我們所去的餐廳時，我們希望知道它是怎麼處理、貯存，和準備的，我們不只想知道誰為我們烹煮食物，也要知道他師承何門，什麼時候開了自己的第一家餐廳，第一次上的是哪一個電視節目。

但是革命應該不只於此。

該是我們開始了解在食物放上餐盤之後，會發生什麼的時候了：我們眼睛之所見、鼻子之所聞、用我們的舌頭品味和感覺，並且用我們的耳朵聆聽。該是承認光說喜歡或不喜歡某種食物只是簡單的判斷，欣賞食物則是截然不同的另一回事。如果我們想要徹底地體驗我們的食物，由餐盤到刀叉到我們身體的各部位，就必須了解構成味覺的生理和心理機制。

味覺發生在你口中，但那只不過占了全部經驗的兩成。滋味好的食物也有美好的外觀、芬芳的氣味、美好的觸感，和悅耳的聲音。這表示我們以為是味覺的感官，其實有很大部分是來自非味覺的四種感覺。本書就是要探索我們所有的感官是如何地環環相扣。

十五年前，我一頭栽進食品開發世界中時，就希望有一本書能夠教導我在我們吃東西時背後的基本科學，我希望本書能讓你融入你甚至不知道自己錯過了的味道、香氣、質地、外觀，和聲音的世界——它們每一餐都在那裡，任由我們自取。

受傷的味蕾——這裡失去的，會從另一個地方得到

「你的舌頭上有一塊禿的地方。」佛羅里達大學測驗中心的員工告訴我。

在聽到這個判決時，我的舌頭正染上了鮮明的鈷藍色。先前我把舌頭抵著顯微鏡用的載玻片，盡量把它伸到最長，因為怕藍色的口水會流到我的下巴上，或者把我的牙齒永遠染成藍色。我把舌頭伸得越長，就越不會讓口水流到圍在我頸子周圍的紙圍兜。而我之所以處於這個窘境，是為了要讓為我作測驗的博士學生能夠用數位相機把我的味蕾拍得清楚一點。我坐在牙醫的病人椅上，按照要求盡量保持靜止不動，只有舌頭伸出來，貼在一片玻璃上。啪嚓！這架巨大的相機拍了一張放大照片，片刻之後我卻聽到身為專業食物品味師所能想像最嚴重的打擊：舌頭上禿了一塊。

我恐怕得公開認罪，然後辭去在美國最佳食品發展公司的工作才行，我這麼想道。我不能再以專業的身分品味食物，這是我賴以維生的角色。怎麼會發生這種事？

佛羅里達大學人類嗅覺與味覺研究中心主任琳達．巴托申克（Linda Bartoshunk）告訴我，我舌上的禿塊顯然是受傷的結果。我的心更往下沉。接著巴托申克向我解釋一種奇特的味覺現象，稱作「壓抑的釋放」（release of inhibition）。

「這個作用特別複雜的原因是，你口腔裡另一塊未受破壞的地方，可能會由壓抑中得到釋放，結果那個部位的感官可能更敏銳，因此掩蓋你了的禿點，你會得到反向的結果，一小塊的破壞反而提升了你的味覺體驗。」

且慢，我有沒有聽錯？我舌頭上的破壞反而使我變得比舌頭沒有禿點的人味覺更敏銳？受到破壞的舌頭難道比完好的舌頭更能發揮作用？那麼我該不該再多破壞一點味蕾？我的腦海轉著這些矛盾的念頭。我還不知道我的舌頭這麼有趣。

或許你以為我因為什麼可怕的意外，不得不去熱氣蒸騰教人渾身冒汗的佛羅里達州蓋恩斯維爾（Gainesville）看醫生，讓她檢查我的舌頭。但真相是，這是個愛的故事。

有關味道的「愛的故事」

故事開始於北加州內華達山，一位手帕交和我到南太浩湖的北星（Northstar-at-Tahoe）滑雪勝地去滑雪，當晚暴風雪來襲，迎面而來的強風和教人張不開眼的大雪讓我們不得不到山下的木溪山莊去吃點東西補充體力。我們並不知道這場風雪強到被列為雪暴級，下山的路被公路巡邏警察封閉了，只是很高興能在酒吧搶到好位子，葡萄酒在手，午餐馬上就會送上來。等暴風雪加劇，越來越多的滑雪人士都擠到餐廳來。過了一小時左右，我們和幾名由舊金山來的男生聊了起來，其中有一位名叫羅傑。他和我談起我正在品嘗的葡萄酒，原來他也是個賞酒高手。我們談到我們最喜愛的葡萄品種，最喜歡的酒莊，和我們對加州酒鄉共同的愛好，尤其是索諾瑪郡（Sonoma）的希爾茲堡。葡萄酒的話題不久轉到我們倆共同的城市舊金山最喜歡的餐廳：蘭吉（Range）、東江、神話（Myth）、戴菲納（Delfina）、虎魚壽司（Okoze）、安代爾（Andale）、羊城茶室等等。六個小時之後，已經到了下一頓飯的時間，我們還聊個不停。我們四個人坐在熊熊爐火的大壁爐前，我點了鮭魚、羅傑要了牛排。我們喝了一瓶味道溫和，帶櫻桃巧克力味的金芬黛（zinfandel，在加州大量種植的紅葡萄品種）紅酒，一直在餐廳坐到晚上十一點多公路開放通車為止，暢談食物、美酒、人生和愛。我們初次邂逅就談了近十小時。這是個美好的開始，但我很快就發現羅傑有個和食物相關的問題。

關於我的重要背景資料：我的教育和事業生涯都和食物脫不了關係。我熱愛我的工作，為我的客戶發明新食物，並且讓它們獲得精彩的生命。雖然我在食品產業工作，但閒暇時依舊熱愛研讀各種有關飲食的書籍。我在選擇度假地點時特別以食物為考量，我最愛的消遣就是吃館子。面對烹飪，我充滿了熱忱、好奇，無怨無悔。因此在擇偶時，對方也必須要有這些熱情。羅傑似乎是很合適的對象，他很討人喜歡、聰明，風度翩翩，深深吸引我。

羅傑和我頭一次正式約會時，我們在凱提餐廳（Cafe Kati）用餐，這家舊金山餐廳一九九〇年代中期以垂直擺飾的食物聞名，堆得高高的盤飾教人目炫神馳，大受歡迎。我叫了烤雞，羅傑點了牛排。幾天後在龍舌蘭（Tres Agaves）餐廳，我點了墨式醬汁雞（pollo con mole），羅傑則叫了燒烤牛肉（carne asada）。在柯提斯餐廳（Cortez），我點羊，羅傑要肋眼牛排。在艾克斯餐館（Bistro Aix），我叫了油封鴨腿，他要牛排薯條。在市政廳（Town Hall）餐廳，我選了鱘魚，羅傑則選了牛頰肉。到神話餐廳（Myth），我選圓鱈，羅傑要的是牛小排。在交往的過程中，我突然發現我愛上的這個人只吃菜單上極其有限的一部分。如果要形容他的菜單選項，只要說兩樣就夠了：肉和馬鈴薯。

交往中的男女談到未來，總會討論成家的願望、宗教信仰，或者他們的希望和夢想。我卻得和羅傑談談他的食物選項。

「你吃的都是肉和馬鈴薯，怎麼能說自己是美食家？」一天晚上他又點了肉和馬鈴薯為主菜之後，我這樣問他。菜單上還有許多其他教人好奇心大作的選擇，我簡直難以克制自己只選一種。大家選擇以舊金山灣區為家，就是為了這裡有多樣化的食物（在我以食物為重的心裡，其他的原因都是次要）。但羅傑卻老是選這樣溫吞乏味的主菜，不如乾脆去夏天陽光更燦爛、房價更低，又沒有地震威脅的地方算了。

「我是很敏感的食客，」羅傑解釋說，「我受不了強烈的味道。」這麼一提，我才想起我看到他把青菜推到一邊，在晚宴上發現自己得吃鮭魚而退避三舍，並且要求把松露由他的盤子上徹底移走，以免污染他的肉和馬鈴薯。起先我以為他是挑食，不願擴展飲食的範圍，但我越要求他試試我所吃的食物，越質疑自己對他的預設立場。在追求我的階段，就算他願意嘗試新食物，反應也往往非常劇烈。只要是苦、辣，和酸的食物，他就坐立難安，我逼他嘗我的青菜時，他的不悅就表現在臉上。同樣的表情也會出現在他嘗到一大杯味道強烈又苦澀的紅酒之時。接著有一晚，我們在昆斯餐廳（Quince）用餐時，我終於靈光一現。當時我叫的是一道創意義大利麵食，搭配滋味複雜的醬汁，教我難以在腦海中分解其成分——這原是我在用餐時最愛做的事。羅傑才嘗了一口（義大利麵食可以列進他有限的食物選擇之中），說裡面有檸檬皮。

「沒有檸檬皮。可能有醋、葡萄酒，但沒有檸檬皮。」我說。

「我們問服務生。」羅傑說。於是我們問了，的確有檸檬皮。從此以後，羅傑對自己的品味能力洋洋得意，他竟可以察覺我這個食物專業人士疏漏的細微味道差異。隨著我們的關係進展，這變成了一種味蕾的對決。羅傑很擅長找出他不喜歡的食物，但他卻說不出自己為什麼不喜歡它們。他缺乏字彙和用詞，來說明他口腔裡的體驗。我決定要教他，而這也成了寫這本書的理由之一。

誰才是更會品嘗味道的人？

時間快轉到五年後一個教人汗流浹背的夏天，在佛羅里達大學的實驗室，已經在一起共同生活的羅傑和我來到嗅覺味覺中心，為本書收集資料，但我們也想知道我倆之中，究竟誰才是比較會品嘗味道的人。這賭注可不小，攸關我們吹牛的權益。

我們經過和牙醫候診室沒什麼兩樣的等待室，進入嗅覺味覺實驗室。穿過一連串的廳堂之後，找到了巴托申克的小組。只要巴托申克在座就能聽到她爽朗的笑聲，不但頻繁，而且富有感染力。這位七十二歲的祖母有五位孫子女，她常常因為對自己的工作太過興奮，不得不停下來喘一口氣。我請她在蓋恩斯維爾挑一家餐廳由我請客吃晚餐，她選了一家亞洲小店，穿著舒適而不講究外觀的鞋子大駕光臨。我頭一次見到她是在化學感官科學家協會的年會上，她像老友一樣歡迎我加入她那一桌，雖然我們先前只有通過幾封電子郵件。她的碟子上是堆得高高的烤牛肉和馬鈴薯，她一邊津津有味地享用，一邊談我該去見誰，去聽誰的演講，同時又忙著把我介紹給同桌的人。她對盤子上有什麼並不在意，因為她對你舌頭上有什麼更有興趣。

巴托申克對味覺的興趣源自她大學時代，當時她父親罹患肺癌，病情嚴

這是賓州大學教授保羅・羅辛的舌表。由映照在深藍背景上的味蕾泡泡密度來看，他就是超級品味者。史坦普斯稱他的舌爲「美麗的舌頭」。

重，他平素最愛的食物嘗起來像金屬。巴托申克的哥哥數年後大腸癌去世，而他也有同樣的經驗，並且抱怨味覺的改變，這使巴托申克鑽研科學，想要知道究竟為什麼會如此。

光是檢視你的舌頭，巴托申克就能知道你是哪一型的品味者。只要看一眼，她就知道你是不是「超級品味者」（Supertaster），這是她用來形容像羅傑這種人的術語。她用藍色的食物染料把你的舌頭染色，然後看舌上比較不會吸收藍色的味蕾，就像在鮮明的鈷藍背景中有一些藍綠色的泡泡一樣。接著巴托申克和她同事珍妮佛．史坦普斯（Jennifer Stamps）再檢查你的舌頭，看這些藍綠色的味蕾泡泡分布在舌頭表面上的密度。

上頁圖中的招牌舌頭屬於賓州大學心理學教授保羅．羅辛（Paul Rozin），他整個舌頭表面幾乎都覆蓋了藍綠色的味蕾。就結構上來說，他是程度最高的超級品味者。如果你對自己的舌頭也感到好奇，附近又沒有嗅覺味覺中心，那麼你可以計數自己舌頭某部位的味蕾數量，也就是大約活頁紙孔加強圈[1]大小的味蕾數量。這種甜甜圈形的貼紙是用來修補一種稱作「紙」的老舊媒介。味蕾作業很容易在家做，只要有藍色的食物染料和一個加強圈就可以了，詳見

[1] 活頁紙孔加強圈是用來修補活頁紙孔破洞的紙圈，可在文具店買到。

利用加強圈，計算舌頭上味蕾的單位密度

本章最後說明。站在有水槽的鏡子前，這點很重要，以免像羅傑和我那樣讓地毯都沾上藍色的染料。用棉花球把藍色的食物染料沾上你的舌頭，直到整片都是藍色的為止。盡量把舌頭伸出來，不然你的嘴唇也會被染成藍色。把加強圈放在你的舌頭上，計算圈內出現的圓形隆起物數量。

如果圈內只有十五個以下的味蕾，那麼你可能就是巴托申克歸為普通甚至非品味者。據巴托申克的分類，要是你有四十個以上的味蕾，你就可能是超級品味者。你舌頭上味蕾的數量和你品嘗大部分食物的強烈度息息相關，也就是說，味蕾越多，你感覺到的味道越多。其他的研究也顯示超級品味者品嘗到的味道也較濃烈，鹹會更鹹，甜會更甜，苦則會更苦。

巴托申克說：「超級品味者是在分布圖的盡頭。」意即在一般人口中，品味者的分布是呈典型的鐘型曲線，在曲線範圍左端的人品嘗某些味道時，能力有其限制，巴托申克稱之為非品味者：約有二五％至三〇％的人落在這個範圍。而超級品味者則落在分布圖的右側，占另外的二五％至三〇％，他們品嘗同樣食物，感受到的味道可能是無品味者的三倍強烈。另外還有不少人則屬於中間範圍，這些約占一半人口的人，即是巴托申克所謂的普通品味者。

我很喜歡巴托申克其人，但我對她用的「超級品味者」一詞卻不敢苟同，這教人想到穿著藍色緊身褲、披著披風，在屋頂上一躍而過的優越生物，意味著超人的能力和洞察力，也不免讓人有所評斷：這樣超級的人物必然比較高明。至於「無品味者」一詞，則非但有侮蔑之意，也有誤導之嫌。巴托申克歸類為無品味者的人其實可以嘗到大部分的味道，他們嘗不出的主要是苦味。我想要用不同的名詞來形容人類對品味知覺的差異。

品味者的分類

我把品味者分為三類：旺盛品味者（HyperTasters，取代巴托申克原本的超級品味者類別）、一般品味者（Tasters），和耐受品味者（Tolerant Tasters，取代巴托申克的非品味者類別）。旺盛品味者位於巴托申克鐘型曲線的最右端，因為他們有最高的味蕾數，就像很怕癢的兒童，不需要多少刺激，就能讓他們的味蕾興奮，一如超級敏感的孩子，你還沒碰到他，他就已經咯咯直笑，更不用說哈他的癢了。這些人對他們舌頭上的味道都極其敏感，一丁點刺激就會強烈震撼他們的味蕾。他們常有非常強烈的喜惡，因為他們嘗到了更強烈的味道，可能教他們在好壞兩方面都覺得排山倒海，難以消受。他們對食物往往非常專注，甚至到了瘋狂的地步。而另外也有一些敏感的旺盛品味者會選擇味道平淡的食物，因為他們先前嘗到了強烈的苦或酸味，學到了教訓。羅傑說，這就是為什麼他只吃「安全味道」的食物之故。

旺盛品味者的相反就是耐受品味者，他們在鐘型曲線的另一頭，這種人可能完全沒注意食物的滋味。他們通常可以忍受相當廣的味道和食物。耐受品味者位於鐘型曲線的最左端，擁有的味蕾數量最少，他們不常會感到太多強烈的味道，因此也不太會對食物有強烈的憎惡。他們可以喝不加糖或奶精的黑咖

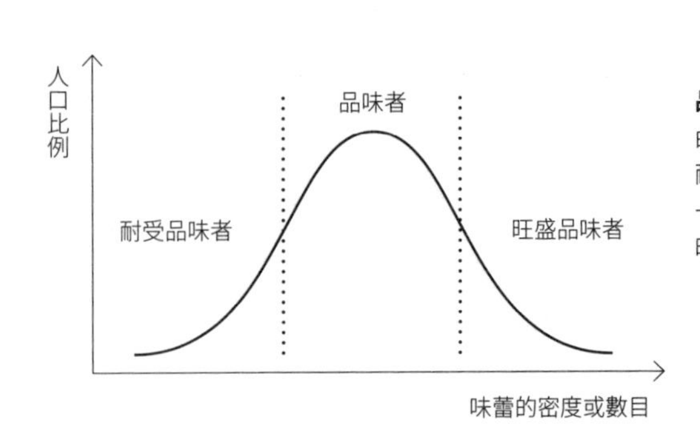

品味者類型的分布
曲線下方代表所有的人類，
耐受品味者佔二五%的人口。
一般品味者佔大多數人口，
旺盛品味者也約佔二五%人口。

啡，因為他們不覺得黑咖啡的味道苦。他們可能會選用味道濃烈而苦的紅酒，因為在他們嘗起來，這些酒並不會太苦。他們比較不會像我這樣對食物有迷戀之情。為耐受品味者煮飯最有趣，因為他們最少抱怨。

巴托申克自己就屬於我所謂的耐受品味者這一類。她形容自己是「極端不敏感的非品味者」，就算她不告訴我，我和她吃了兩次飯之後也能猜出來。她很挑食，但主要是因為她會對食物敏感。她必須避開乳製品、蛋、麩質，因此她說：「簡直沒什麼早餐可吃。」接著她又想到，幸好「我還可以吃薯餅和培根」。

要是有人對你說，你的味覺不夠敏銳，分辨不出好味道，你可以告訴他們，舉世數一數二的味覺專家本人就是耐受品味者，味覺專家未必非得要是旺盛品味者才行。

一般品味者占所有品味者的絕大多數，他們位於巴托申克曲線的中間部分。要記住的是，雖然大部分人（四〇％至五〇％）都屬於這個範疇，但他們卻包羅萬象，其中有些可能舌上幾乎沒有味蕾，意即他們體會不到多少味道（介於和耐受品味者交界之處），但也有些一般品味者和旺盛品味者有幾乎一樣多的味蕾，因此他們可能十分敏感。這全取決於一般品味者在這中間最多數範圍中的落點。

我常會碰到一對夫妻，或者兩名手足，其中一個什麼都吃，另一個卻幾乎什麼都不吃。或許我們會以為挑嘴的那一位不太「擅長」品嘗味道，或者比起什麼都吃的人來，他們比較保守，但這兩個假設都不是放諸四海皆準，而且有時根本大錯特錯。飲食挑剔的人往往是旺盛品味者，雖然這聽來好像不合常識，其實卻有道理。讓我以羅傑和我另一個

《感官小點心》

舌尖的味蕾到十歲時就已經是成年人的大小，但舌後方的味蕾卻一直要到十六歲才長成。不論如何，成人大小的味蕾就和身體其他部位一樣，並不會轉變爲成年的品味習慣。

不同的官能差異來作說明。

我的聽力比羅傑的好很多，他把原因怪罪於年輕時參加太多「險峻海峽合唱團」（Dire Straits）和湯姆・佩蒂（Tom Petty）等搖滾歌手的演唱會，不過我知道他父親也有同樣的毛病，因此很可能是遺傳。有時我看到羅傑在看電視，震耳欲聾的聲音教我很擔心鄰居會來抗議。他和我（以及許多男女）對同樣的分貝都有不同的感覺。在我為羅傑煮菜時，也得時時提醒自己這點。對他來說，奶油南瓜（butternut squash，又稱冬南瓜，南瓜的一種品種）那種植物的苦味十分明顯，但在我看來，這種味道卻讓原本甜滋滋而稠糊糊的南瓜多了一層怡人的風味。我們已經學會相互妥協。他看電視時會把音量轉低，而我則不再勉強他吃不用厚厚蛋黃奶油醬淹沒的苦味青菜。

PROP——苦味測試

把人按品味者類別區分的觀念初發展之時，巴托申克就發現，只要測量人們對一種苦味化學物質PROP（6－n－丙硫氧嘧啶）的反應，就可以區別旺盛品味者和其他品味者的差別。旺盛品味者會覺得這種化學物質苦得不得了，而耐受品味者則覺得它根本沒有味道。這在當時是多麼了不起的發現！只要請人喝一杯加了幾滴PROP的水，如果他們反應強烈，就是旺盛品味者，如果反應中等，就是一般品味者，如果他們嘗不出什麼味道，就是耐受品味者。這真教人鬆了一口氣，因為這總比以往要人嘗數百種不同的食物樣本，然後歸納他們的反應，再決定他們屬於哪一種品味者要容易得多。

不過就像科學家常常發生的一樣，後來的研究證明其實並沒這麼簡單，有些旺盛品味者嘗不出PROP，有些一般品味者卻能。有時候光是PROP這種化學物質的測驗會得到不正確的結果，原來味覺的個別差異比我們最初想像的複雜得多。

影響味覺能力個別差異的有三個主要因素，第一是你舌頭的構造（由計算你的味蕾數測出），第二是你的病史，第三則是你的基因。

你的病史可能影響你的品嘗能力

除了你舌頭上味蕾的密度之外，你屬於哪一種品味者的第二個指標在於你的病史，許多發生在你身上的事都可能會影響你品嘗味道的能力。

比如，耳朵感染可能會破壞你的鼓索神經，這條神經由舌頭向上穿過中耳，通到大腦。包括流感和疱疹等的各種病毒也可能會破壞這個神經，造成味蕾死亡，或者光禿。這就是每年都該施打流感疫苗的重要理由，耳朵一有感染也必須馬上治療（何況治療也能減緩要命的疼痛）。如果你幼時曾有過嚴重的耳朵感染，那麼肥膩、油滋滋，和炸的食物很可能就會教你發狂，因為你的鼓索神經已經受損，而你的三叉神經（傳遞食物質地資料的神經）則可能肆無忌憚盡情發揮。我可以肯定羅傑小時候耳朵的毛病使他現在熱愛鵝肝醬、漢堡、起司和冰淇淋。

意外，尤其是頭部傷害，也可能會造成某些味覺（和嗅覺）功能喪失。因此若你珍惜自己的味覺，坐車時千萬要記得繫上安全帶；騎單車、滑雪、溜冰時務必戴上安全帽；並且不要參加如美式足球和拳擊等這些會撞擊頭部的運動。

拔智齒雖是很普通的手術，但它的位置卻離鼓索神經很近，因此只要手術出點差錯，就很可能會破壞味覺，無法挽救，儘管那未必是牙醫的錯。

另外一個破壞味蕾的罪魁禍首是疾病。比如帕金森氏症就可能使你喪失嗅覺，而嗅覺衰退正是帕金森氏症的預兆。如果你有上述任何一種情況，即使舌頭上有高密度的味蕾，也恐怕難以嘗到某些味道。換言之，就算你在生理結構上身為旺盛品味者，也未必表示你就能比一般品味者或耐受品味者嘗到更多味道，情況並不是非黑即白那麼簡單。

手術和補牙可以解釋我舌頭上的禿處。小時候我舌頭下方長了一個良性囊腫，門診時作了手術去除，此後我很少想到它，除了快要下雨的時候。這個手術有個奇特的結果，就是我可以用舌頭感覺到氣壓的變化。即將下起傾盆大雨之時，我的舌頭就開始抽動——這是我體內的氣壓計。

巴托申克和她的同僚認為，這個舌下手術的另一個結果，就是破壞了我舌頭上的味蕾。我舌頭上禿處的分布位置顯示了我的三叉神經受損，而這神經由我口中傳遞痛覺到我的大腦。我先前提過的那種現象「壓抑的釋放」意味著當這個神經受損時，它和我舌上某處味蕾的連結就被切斷，被遺棄的味蕾凋零枯萎，留下一片光禿，而這卻使我舌頭其他部位能夠更自由地放聲大喊，不受抑制。

羅傑的舌頭也有一些破壞，很可能是因為他作過割除懸雍垂（uvula，俗稱小舌頭，軟顎的一部分）以擴大氣管的口腔手術。他作的這個手術對我有兩點好處，第一，這使他不再有如雷的鼾聲；第二，這使他喪失某些味蕾，因此當我們在味覺對決時，略微挫了一點他的銳氣。

原來羅傑和我都是旺盛品味者，這是巴托申克的研究生史坦普斯花了八小時徹底研究我們倆的舌頭之後的結論。我問她，既然我舌頭上有光禿之處，這話還正確嗎？

她回答說：「你對ＰＲＯＰ試紙的密度比例高達九〇，絕對是旺盛品味者。我知道你三叉神經受損，因為在神經末梢退化之時，會帶走它們所包圍的味蕾，留下孔洞和禿點。你舌尖上味覺的評分或許不如你喪失味蕾之前，但對你還剩下的卻已經足夠，這表示你的鼓索神經味覺纖維運作良好。」

呼！這真教我鬆了一口氣。我不由得想，感謝上蒼，如今我對自己在專業上是否適任，總算沒什麼好隱瞞的。羅傑和我一起飛回加州，因為被確定宣告為旺盛品味者而沾沾自喜。

遺傳造就你的食物經驗

決定品味者類型的第三個因素是遺傳，這也和你繼承父母的特性有關。你可能有讓你嘗得出如ＰＲＯＰ這種苦味物質的基因，也可能沒有，這全取決於基因。我們人的每一種特性，比如藍眼睛或嘗出ＰＲＯＰ的能力，都由一個來自母親和一個來自父親的基因決定。如果你覺得ＰＲＯＰ的味道很苦，很可能你的兩個ＰＲＯＰ味覺基因（一個來自母親，一個來自父親）都開啟；如果你完全嘗不出ＰＲＯＰ的味道，那麼很可能你的兩個ＰＲＯＰ味覺基因都關閉；如果你對ＰＲＯＰ有溫和的反應，那麼你可能有一個基因是開啟的（來自父或母的一個），另一個則關閉（來自雙親中另一個的基因）。也就是說，你需要至少一個「ＰＲＯＰ開啟」的基因，才能對這種化學物質起反應，但你需要兩個基因都開啟，才能對PROP有旺盛品味者的反應。不過請記住，你對PROP的反應並不表示你對其他化學物質的反應。光是因為你嘗不出PROP的味道，並不表示你嘗不出PTC（苯基硫脲，phenylthiocarbamide，另一種味苦的化學物）、球芽甘藍、或啤酒的苦味。其實巴托申克說：「有些嘗不出PROP味道的人，結果卻是超級品味者。」這使得情況更教人困惑。

你獨特的舌頭結構和遺傳以有趣的方式結合，造成你獨特的食物經驗。如果你天生有品嘗PROP的能力，但味蕾密度卻低，那麼你品嘗食物的感受可能會和有高密度味蕾但卻嘗不出PROP截然不同。如果再加上生活經驗，那麼這些特性如何影響你對食物的選擇，就益發複雜。

味覺可以測量嗎？

正因為這樣的複雜性，使巴托申克採用一種十分直接的方法來辨識旺盛品味者：她只問某些東西的味道有多濃烈。我們在佛羅里達時就品嘗了爆米花、義大利千層麵、花生醬，和葡萄果凍。但問題來了。你怎麼測量味覺？如果你各給羅傑和我一盤烤南瓜（請加鼠尾草和焦化奶油），要我們給它評分，結果如何？你怎麼知道他對苦、對甜，或對鹹的感覺，和我的感覺一樣？

其實感覺是發生在大腦，因此幾乎沒辦法正確測量。拿美的感覺來說吧，安潔莉娜裘莉有多漂亮？巴黎這城市有多美？這兩個問題都沒有確定的答案，見仁見智。問人有關食物的問題也同樣複雜，每一個人都因自己的生理結構、遺傳，和人生經驗，而有各自的偏見。味覺乃是在品味者的舌尖和大腦裡。

巴托申克說，這個問題的解決辦法，乃是把味道的濃度定在我們可以測量的事物上——比如用聲音。她作了一個實驗，以可口可樂這種在美國有標準食譜（或者如我們食品開發業用的詞「配方」）的產品為例。由於配方固定，因此不論是你家附近、你所住的都市或州，都和我家附近的可口可樂味道一模一樣（但和墨西哥的就不同，在墨國，可口可樂添加的是糖，而非高果糖玉米糖漿）。如果她用番茄或莓果或牛肉就不行，因為這些食物都會因地點、品種、季節，和貯藏方式而有不同的味道。巴托申克請受測者為可口可樂的甜味打分數，表上的甜度由最低的「完全不甜」，到最高的「這輩子嘗過最甜的食品」。在第一個測試中，幾乎人人都把甜度設在相同的地方，大約在表上三分之二高度的位置。

「你看著結果，心想，哇！大家的味覺果真非常相似。」巴托申克說，但這時候情況開始有意思了。在測驗的第二階段，她把耳機和聲音表盤發給受測者。這回她用了一個稱作「跨通道匹配」（cross- modality matching）的技巧，在這裡，通道就是一種感官知覺，跨通道表示用一種感官知覺（聽覺）來測量另一種（味覺）。她請受測者透過耳機調整音量，到能夠符合可樂甜度的程度，結果發現旺盛品味者的那一組把音量調到火車汽笛的程度，約九十分貝；相反地，耐受品味者的那一組把音量調到電話撥號音的程度，約八十分貝。十分貝的差距相當於人耳聽來音量的兩倍，因此巴托申克說：「透過這樣的匹配法告訴我們，味蕾最多的人體會到兩倍的甜度。」旺盛品味者的最大甜度是耐受品味者最大甜度的兩倍。

「PROP是辨識品味者類別的好方法；如果你嘗了PROP，感覺到強烈的苦味，那麼你在身體結構上就是超級品味者。然而有些嘗不出PROP的人同樣也有超級品味者的結構，只是他們嘗不出PROP來。」這等於是說，根本沒有立見分曉的測驗可以確定你的味覺種類。再怎麼說，也很教人困惑。

同樣教人大惑不解的是，旺盛品味者和耐受品味者的食物選擇根本無法預期。如果到這個時候，你開始擔心自己是不是旺盛品味者，恐怕要註定一輩子嘗不出美食滋味的命運，那麼不必緊張，身為旺盛品味者雖是福，卻也是禍。想想羅傑和其他像他那樣的人就是沒辦法品嘗的那些美好的苦味食物。在飢荒或食物短缺的時代，耐受品味者可以靠苦根馬齒莧（bitterroot）和其他植物存活，羅傑卻恐怕得因為吃不到肉類和馬鈴薯，又忍受不了他非得吃才能活下去的苦味青菜而死亡。

你無法改變你舌頭的結構，也無法改變你的基因組成或身高，但即使五短身材，也不表示你不能訓練自己成為優秀的籃球選手，同理，人人——包括你，都可以訓練自己成為優秀的品味者。

味覺的統計其實無法將你歸類

旺盛品味者的特色就是舌頭上有過量的味蕾，導致過度敏感。接下來一個合理的問題是，這會不會和其他感官過度敏感有所關連？在我看來，這點可能是真的。如果舌上味蕾有突出的神經末梢接收輸入的訊息，那麼其他的神經末梢在其他地方突出來，敏感地接收不同的訊息就很合理。有些科學家注意到動物身上有相關的有趣關連，因此他們也在人身上作測試。他們的假設是，對苦味（如PROP和球芽甘藍的苦味）的敏感可能顯示有更多情緒化的行為。

研究人員招募了一百多名受測者，按照他們對PROP的敏感程度，把他們分為三組：旺盛品味者、一般品味者，和耐受品味者。為了去除個性方面的因素，他們也請受測者作了一份問卷，評估他們的特質，然後加以調整。實驗的內容是請受測者看會激發情緒的電影片段。

其中一個片段是取自一九七九年的拳王電影《天涯赤子心》（*The Champ*），影片中童星瑞奇・薛洛德（Ricky Schroder）為父親的死放聲痛哭，想要把他搖醒，結果只是徒然。這部電影我看過好幾遍，每一次都嚎啕大哭，不能自已。說這一幕感人肺腑，未免還低估了它教我難過的程度。看完這個片段之後，受測者為自己的情緒狀態打分數，作比較之用。過了幾天，他們再為《麻雀變鳳凰》（*Pretty Woman*）的一個片段作同樣的評分，這一幕教人很難看下去，是一個男人強暴未遂，採用這段的用意是讓受測者感到憤怒。第三個片段則是銅的加工和用途，其中並沒有人的角色，這部影片是用作比較控制之用，片子本身並無情感，也不會引發任何情緒。

科學家發現旺盛品味者對引發憤怒的內容有明顯不同的反應，而其他研究也顯示對PTC苦味反應強烈的人和憂鬱沮喪有關係。科學家得出的結論是，旺盛品味者可能較容易產生憤怒和緊張的情緒，因為這些情緒會引發基本的求生反應。對苦味的敏感也會造成求生的行動，亦即拒斥可能有毒的苦味食物。

身為旺盛品味者，我完全贊同這樣的想法，因為我不論正負兩面，都極度情緒化，但同為旺盛品味者的羅傑卻不是這麼回事。其實我們倆之所以合得來，正是因為他如磐石般的穩定讓我高低起伏的心靈能有所依歸。因此這樣的結果又教我百思不得其解。

說來說去，這種互相矛盾的資料——同一種類型的品味者卻有截然不同的行為，就是統計數字之所以麻煩之處。你可能是旺盛品味者，但卻有和羅傑不同的反應。比如先前圖示「美麗舌頭」的主人羅辛在挑選食物時，就和羅傑完全不同。他同樣也覺得許多苦味的食物簡直難以消受，但經由不斷地接觸，並且欣賞它們所帶來的強烈刺激，最後他卻喜歡許多種這樣的味道。他認為自己是雜食動物，並且行遍天下，體會獨特的飲食經驗。我也是旺盛品味者，並且幾乎可算是雜食動物。我刻意去吃前面所提的球芽甘藍，苦味雖苦，但我愛這種感覺，羅傑卻避開它。我的工作要求我對食物味道的些微差異都必須非常敏感，而我也很擅長察覺這些微妙的味道。或許，檸檬皮例外。

我問巴托申克，科學家怎麼能在品味者的種類和我們所作的食物之間找到關聯。她在解釋為什麼同一種品味者類型的人會選擇大不相同的食物時，似乎也和我有同樣的想法，比如我對球芽甘藍可能花更多時間和心思，因此最後培養出對它們的喜愛。在相信苦味對身體有好處的文化中長大的人，通常都會喜歡苦的食物。相反地，如果有人對球芽甘藍有可怕的經驗，比如吃完就嘔吐，那麼這樣的經驗就會制約這個人，不論是刻意或是無意，讓他避開這種食物。

巴托申克說：「重點是，你無法為人作出預測，因為太複雜了。就統計而言，我們可以做很好的分析。你給我一組一百個受測者，另一組也一百個受測者，我就可以告訴你們他們平均會有什麼樣的行為，而且正中要害。但如果是針對個人，卻會天差地別。」

這就是在為品味者分類時最大的問題。人們知道品味者類型之後，總想用自己所屬的類型來解釋為什麼他們會吃他們愛吃的食物，但我們是複雜的生物，每一個人都活在自己個別的感官世界，每一個感官世界又都由不同的生理構造、病史、遺傳、文化，和人生經驗組合而有不同。描述我是什麼樣品味者，最佳的說法就是我是個芭柏·史塔基品味者，而羅傑就是羅傑品味者，你就是「你的名字」品味者。

底線是，你的品味者類型只是你為什麼選擇你所吃食物的許多因素之一。

味道——多重感官的冒險

你剛讀的一切不過是我們一般所謂味覺冰山的一角。味覺、味蕾，和舌頭只不過是你在吃食物時感覺的一小部分，一小咪咪，一丁點兒，一點也不多。這是因為你的舌頭只能嘗出一些味道，那就是甜酸苦鹹和鮮。我們無法證明舌頭在品嘗食物時究竟有多少貢獻。我請教許多專業人士，在品味時，味覺究竟占多少比例，有的人說只占我們整體經驗的五％，他們認為其他的官能——占絕大部分的，是我們用鼻子聞到的氣味。是的，你以為自己所品嘗到的，其實是氣味。

我認為比較好的估計應是一〇％的味覺和九〇％的嗅覺，不過這個比例只限你把飲食經驗分為味覺和嗅覺兩個領域之時。其他三種感官呢？如果你再加上觸覺、聽覺，和視覺的影響，就更有意思。我們對食物的體驗——雖然只稱為味道，其實卻是多種感官的冒險。

首先，我要教你這些感官如何運作，接著我們再探索基本的五種味道，風味的細微差別，最後則探討這一切如何美味地組合起來。

互動練習 1

品嘗你錯過的味道：你是哪種品味者類型

你需要

◉藍色的食物染料（注意：藍色會污染布料，包括地毯和毛巾！）◉小杯子 ◉紙巾 ◉棉花棒 ◉每人一個紙或塑膠製的活頁紙孔加強圈 ◉放大鏡 ◉鏡子

作法

❶把一點藍色食物染料倒入小杯子。
❷用紙巾輕按舌頭，盡量把唾液擦淨。
❸把棉花棒浸入食物染料，然後抹在舌頭上。讓它浸滿舌面，待乾後再套上加強圈。過程中盡量把舌頭伸出來，不然加強圈會變成濕糊糊的。
❹把一個加強圈放在你的舌頭上。
❺用放大鏡和鏡子，數數加強圈內的味蕾數量。

結果＊

0－15＝耐受品味者
16－39＝一般品味者
40以上＝旺盛品味者

＊活頁紙孔加強圈是用來修補活頁紙孔破洞的紙圈，可在文具店買到。

Taste What You're Missing

第一部——感官的運作

第一章

味覺

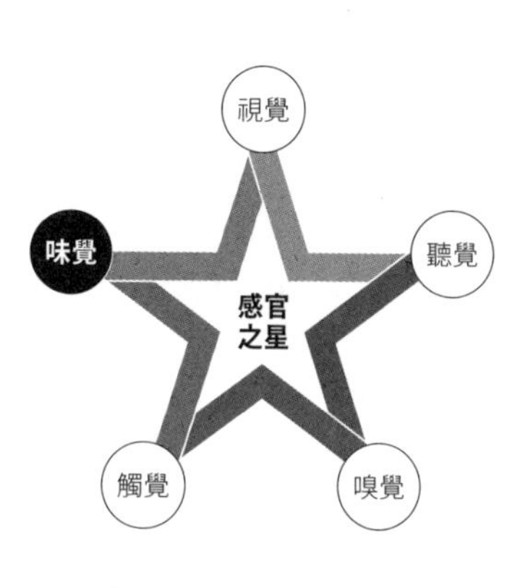

探究味覺與嗅覺奧祕的餐廳

我在費城一輛休旅車上，和莫奈爾化學感官中心的五名研究員朝看佛餐廳（Buddakan，費城餐飲業大亨史塔爾Starr所開設的廣式中餐廳）前進。莫奈爾是一家非營利研究機構，以探究味覺和嗅覺的奧祕為宗旨。坐在我身後的是瑪西．皮查特（Marci Pelchat），她的專業技能包括對食物的熱愛。她是莫奈爾公司比較健談的一位同事，一路上把地標指給我看，她告訴我雷丁果菜市場（Reading Terminal Market）雖然已經成了觀光客必遊的景點，但在費城人的眼裡卻相當於農夫市集。

「不過我想你還是可以在那裡買到鹽漬舌頭。」她說。

「你是說牛舌？」我邊問邊想到我小時候在猶太熟食店看到的景象，兩公斤多的牛舌嚇得我尖叫連連。

「符合猶太人教義方法製作的舌頭？」鮑勃・馬高斯基（Bob Margolskee）問道，他是研究味覺分子的莫奈爾研究員。

「是，你知道，就是像鹽醃牛肉那樣醃過的牛舌，可以把它切片夾三明治，」皮查特說：「我在那裡買了一整個牛舌，作為味覺演講的道具，用它來說明舌上的乳突再合適不過。就和我們人類的一樣，只是更大。」

「我也要一個舌頭。」麥可・托多夫（Michael Tordoff）附議，他在莫奈爾研究的主要是我們對鈣的味覺。

「你說的是人的舌頭？」我問道：「作研究用的？」

「對。」他說。顯然很難得到人類組織的樣本。

「我不是隨便什舌頭都要，」托多夫說：「我要的是新鮮的舌頭。」

「莫奈爾的一些人甚至切下自己的味蕾。」當我們抵達餐廳時，馬高斯基對我說。當你和感官科學家共餐時，常會聽到和他們工作相關的可怕畫面作為配菜。

我初到莫奈爾時，學到的第一件事就是：味道這個詞會讓感官科學家一陣緊張。我因為用味道一詞來形容味覺、嗅覺，和食物的質地，而至少被糾正五次。科學仰賴正確的術語，但我並非科學家，也不懂他們的行話。我用一般人所用的言語說寫，就和你一樣，我會說「我感冒鼻塞，什麼東西都嘗不出味道」。然而這些科學家卻指出，我的味覺系統運作良好，出了問題的是我的嗅覺。味覺只不過是冰山的一角，因為我們以為是味覺的，其實是嗅覺。有些食物的味道，是我們放在鼻子下（口腔外）時嗅到的，但我們所感覺到大部分的食物氣味，卻是在我們口中釋出，由口腔抵達鼻子。

在你嘗試新食物時，是頭一次把它放進口中品嘗，雖然你也嗅、感覺，和接觸它。當別人問你喜不喜歡某種食物時，他問的是你喜不喜歡它的味道，但他真正想知道的是你是否喜歡它的氣味、味道、質地、外觀，和聲音的混合體。只是味道成了進食經驗的設定值，因為我們的確是用我們的口腔來品嘗味道（正確的科學術語）。

你憑直覺就知道，你進食的體驗不但依賴舌頭，也依賴鼻子。研究已經證明：其他每一種官能——視覺、聽覺、觸覺、和嗅覺，都會影響你所品嘗的味道，只是你不用鼻子吃東西，也不會把食物放進耳朵或眼睛裡。如果一切正常，你就會把食物放進嘴裡。

這使我們把食物的風味連結到口腔，因為這是我們品嘗味道的地方，是味覺最初開始發動之處。但你體驗到的風味只有一小部分是發生在舌頭上，把食物的整個經驗都連結在嘴巴上，雖然可以理解，卻是混亂的源頭。

人類如果光用嘴巴，只能覺察五種味道。就技術上而言，如果不屬於這五種味道，就根本不是味覺。我們在口內感受到的其他事物，不是氣味，就是質地。味道、氣味、質地這三種特質結合在一起，就正確無誤地稱作風味（flavor）。比如番茄的味道包括甜、酸和鮮；番茄的氣味則包括草味、青澀、水果味、霉味和土味；番茄的質地則主要是看果子有多熟，以及烹調的方式，由多汁、硬實、生澀，到柔軟、嬌嫩、煨得軟爛都有。而番茄的整體風味正是你所知的整體番茄味。

要以第一手的方式了解味覺和嗅覺的不同，建議你採取本章最後的「味覺嗅覺區分法」。把鼻子塞住，然後拿一顆雷根糖（jelly bean）放在嘴裡嚼食。嚼幾口之後，你就能察覺兩種很明顯的基本味道：甜和酸。一旦你放開鼻孔，它的氣味就會迸發出來：熱帶水果、櫻桃、梨子、瓜類、奶油爆米花。你所選擇的雷根糖，其風味乃是由甜酸兩種基本味道、雷根糖的氣味，和雷根糖軟而耐嚼的質地所組合而來。

當然，你未必非得用雷根糖來隔絕食物的味道和氣味，用小番茄、無花果或草莓，也能讓你有相同的體驗。一捏緊鼻子，你就感覺不到口中食物的風味特質，只會感覺甜、酸、苦、鹹和鮮。放開鼻子呼吸，你就能感覺到番茄、無花果或草莓的氣味。

本書將會採用一般人的語言，儘管我談的是吃番茄的整體多種感官經驗，但我還是會說：「番茄的味道」。不過如果用味道一詞在科學上站不住腳時，我也會用「品嘗」（savor）一詞，比如，「當你品嘗番茄時，會先得到青澀的氣味，接著是甜和酸兩種基本味道。」一說「品嘗」，總教人覺得是愉快地食用，不過韋氏辭典對savor的定義卻是「有某種經驗」，因此品嘗的確可以用在用「味道」會出錯的地方。

用「味道」來表示「風味」這種語言上的傾向並非英語獨有。賓州大學心理學羅辛教授曾請九種語言中會說雙語的人為味道和風味兩個詞提出同義詞，並給他們字典，讓他們查看有沒有更好的選擇。接著又針對他們說明基本味道和氣味之間的不同。結果九種語言中，有七種（西班牙、德文、捷克、希伯來文、印度文、泰米爾）也顯示同樣的傾向，因此如果東西進入你的嘴巴，就是味道。只有匈牙利文和法文，在味道與味道加氣味——也就是風味之間，似乎有所區別。

風味的法文字是saveur，這大概不是巧合。

《感官小點心》

只有味覺和嗅覺是我們會搞混的知覺。想像有人說：「我聽到那幅雷諾瓦時，眞心感動。」或者「我眞想看那廣播。」這就是行不通。

五種基本味道的完美平衡

一旦你了解了味覺的五種基石，就會明白它們如何和其他的感官知覺和諧運作，也使你能以更挑剔的角度，思索自己所品嘗的食物。一般人熟悉的基本味道有四種：甜、酸、鹹，和苦。第五種鮮味（umami）則是比較新的感覺，這個名詞來自日本，它指的是某些蛋白質使清水變雞湯的豐厚鮮醇美味，如果把雞湯或牛肉湯去除所有的鹹味，剩下的就是鮮味。我們並不會單獨渴望這個味道，它必須要和鹹味搭配，這點本書稍後會再詳述。

這五種基本味道是我們光用味覺，而沒有其他感官輔助之下，僅能得到的感覺。在本書中，我會用五角星記號作為工具，協助你了解每一種味道和其他味道是多麼息息相關，也讓你知道在體驗食物時，這五種感官多

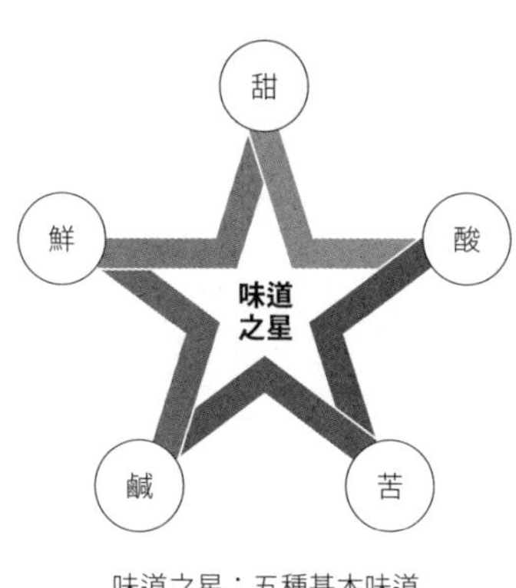

味道之星：五種基本味道

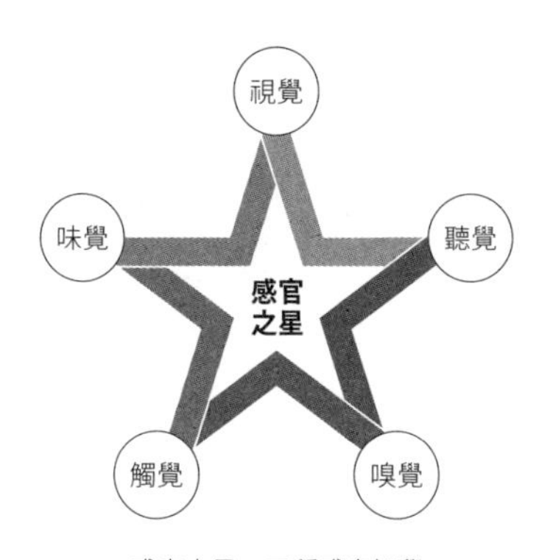

感官之星：五種感官知覺

麼重要。

我採用星形，是因為它正好達到完美的平衡，這是我對五種味道的看法：食物要美味，每一種味道都同等重要。並不是每一種食物都該同時包含這五種基本味道，也並不是每一種食物都該以相同的比例含有這五種味道，比如葡萄酒，大部分的葡萄酒都是酸和苦味，有些是甜味，但幾乎沒有酒是鹹的，這是好事，因為鹹味和酒就是配不來。

當你在烹調或為某道菜調味時，不論是否五種味道並列，都要切忌讓一種味道壓過其他味道。如果一種味道或氣味特別突出，我們就會說這道菜不協調，就像五角星中有一角特別大。鹹味的酒自然是不協調的味道。太鹹太苦的菜色很容易辨識出其口味不協調，因為嘗起來不可口（就像鹹的酒一樣）。較難辨識的是鮮味

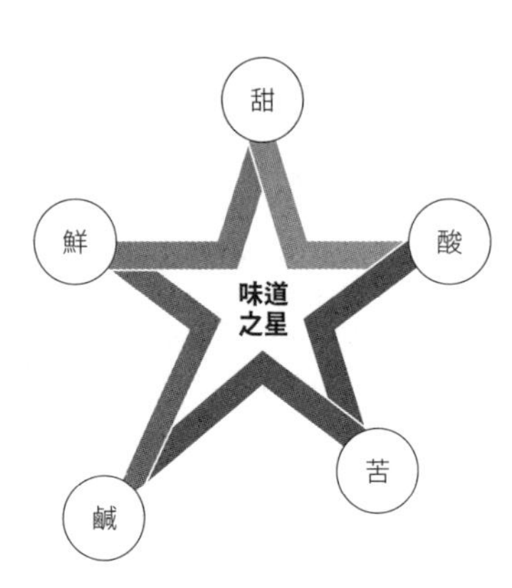

如果一種味道特別突出，就會影響整道菜或飲食的美味。

太重的菜色。等你較熟悉鮮味之後，就能知道它是否過度。讓我們先簡略介紹這五種基本味道，然後再在各章更深入探討。

甜

我們用「甜」來形容如俗稱糖的蔗糖味道，舉世的人都認為甜味可口。雖然糖是這種口味最純粹的形式，但其他許多食物也天生有甜味，比如水果（含果糖）和乳製品（含乳糖）。糖是熱量的直接來源，因此我們天生就喜歡攝取甜的食物。

《感官小點心》

在食品製造業，的確有加鹽的酒，也有其理由。酒裡加鹽，這酒就沒辦法喝了。這正是有大桶大桶的酒存放的食品製造工廠想要的結果；你希望員工不要偷喝酒，藉此使員工毫無興趣。政府把加鹽的酒和不加鹽的酒分別歸類，讓製造醬汁的工廠這類公司可以在配方中使用加鹽的酒，而不必申請酒類執照。

酸

我們用「酸」來形容酸性物質的味道。檸檬汁和醋是最常見的兩種酸性食物，兩種飲料都有很高的酸度（檸檬汁含果酸，而醋則含有醋酸）。酸度通常是可口的，但若酸度太高，則會立刻變得難以入口。幾滴檸檬汁可以為烤魚或冰茶提味，但直接喝檸檬原汁，卻教人難以下嚥。不過有些人卻愛檸檬的極酸，甚至可以一再地吸吮檸檬本身，只是長期且經常這樣做，就會造成牙齒琺瑯質的侵蝕。也因大自然巧妙的設計，因此大部分人都會覺得無福消受侵害牙齒程度的酸。

有些酸會使食物和飲料嘗起來新鮮爽口，但有些酸味卻顯示食物已經腐壞，因此使人立即排拒這些食物。酸也可用來保存食物，比如醃酸菜。

苦

比起其他味道來，人對苦的忍受度差異更大。苦的食物如果單吃，沒有其他味道平衡，往往難以下嚥。咖啡、茶，和紅酒就是若經細心調製可以極為可口的苦味食品。大部分有藥效的化合物都有苦味，只是苦味濃淡有別。我們演化出品嘗苦味的能力，讓我們得以辨識可能有毒的物質。比如咖啡因的味道就極苦，而它也有大家都知道的藥效——刺激，只是如果劑量高，就可能有毒。許多毒物都有苦味，大家都希望能避免它們的藥效——死亡，也因此，人類對苦味發展出複雜而不信任的感受。

鹹

鹹是我們用來形容鈉離子的詞。氯化鈉是鹽最常見的形式，在烹調或進餐時灑在食物裡。許多食物天生就含有鈉，如海鮮和芹菜。鹽攸關生死，但我們無法在體內貯存多餘的鈉，因此我們天生要在食物中尋找鈉。在現時社會，如何用食物取得足夠但不過多的鈉，成為比攝取太少鈉更嚴重的問題。不論我們攝取多少鈉，人體對鹽的渴望都是自然的，而且極其重要。

鮮

鮮是最難解釋的味道，因為umami源自日文字，在食物界之外很少用到。鮮是麩胺酸（glutamates）的味道，這是如牛肉和菇類等食物所含有的胺基酸。鮮味豐富的化合物中最知名的就是菇類和藻類富含的麩胺酸。麩胺酸鈉（monosodium glutamate，味精，MSG）就是麩胺酸的鹽，這種形式常用作食物調味品。我們有時會把鮮味描述為肉味、甘醇厚實、教人滿足。想想生牛絞肉（鮮味很低）和煮熟漢堡肉（鮮味很高）的差異。其他鮮味高的食物有煮過的番茄，和鮮味之王：陳年帕馬森起司。

五味在舌頭上的分布不是截然劃分的

我們究竟怎麼品嘗到這五種基本味道？一個可能是舌上的不同部位處理不同的味道——如下圖，你在小學時應該已經看過類似的圖。

這張味道圖顯示了舌頭的形式，以及哪種味覺對應哪一區。大家喜歡這張

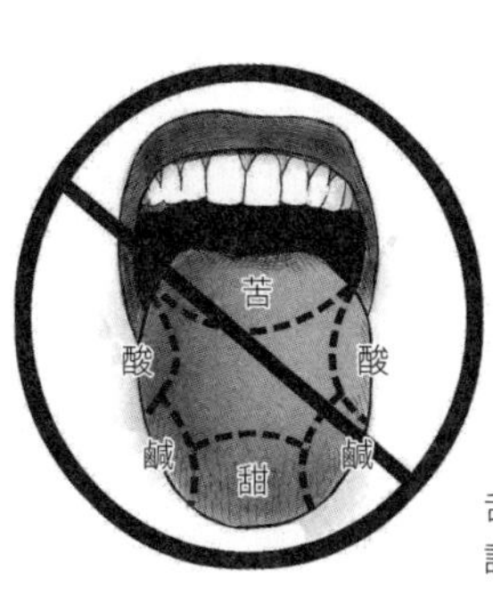

舌頭的味覺分布圖，
請注意你如何闡釋它！

解析圖，因為這正符合你吃東西時口內同時品嘗到的諸多事物。但它有個大問題，那就是它有誤導之嫌，彷彿在說你舌頭的某一區只能嘗到五種基本味道的一種。這是不對的。你在舌頭的所有部位都能嘗到全部的基本味道。有些味道可能在某些部位比較濃烈，但那並不表示你不能在舌頭的其他部位嘗到那些味道。酸在舌頭的兩側十分濃烈，但你也可以在別的位置嘗到酸。你可以試做本章最後的「到處都酸」練習：把棉花棒浸入蒸餾醋中，然後拿棉花棒沾在舌頭上，但不要吞食，你就可以在舌頭的各個部位都嘗到酸味，而不只在舌的兩側。除非你（像我一樣）在舌上有禿點，或者味覺神經受到其他的損害。

分解味覺的四種層面

根據羅格斯（Rutgers）大學的學者，也是莫奈爾中心的研究人員保羅·布瑞斯林（Paul Breslin）所說，一旦你把食物放進嘴裡，就有四個層面的味覺。他把五個基本味道稱為「性質」。我喜歡把五種基本味道想成是味覺的第一個問題：什麼（What）：你嘗到的是什麼？甜？酸？苦？比如番茄的味道性質是甜和酸。

第二個味覺層面是濃度，或者說一種味道的強度。我把這個想成是多麼（How）：這味覺有多濃？多強？多弱？這問題的例子是極甜的番茄和有淡淡酸味的番茄。

布瑞斯林把第三個層面稱為口腔位置，或者「哪裡」（Where）：這味道是在口腔或喉嚨的哪裡嘗到的？最佳的例子是，大部分的人舌頭的兩側都會嘗到最強的酸度。如上所述，你可在舌頭的任何部位嘗到五種基本味道，你在哪裡感覺到它們最強，雖然有關係，但或許並不會影響你享受食物。

◀味覺的四個問題：什麼，多麼，哪裡，何時

什麼？	多麼？	哪裡？	何時？
種類	濃度	位置	時間
基本味道	味覺的強度	感到味覺發生在口腔／喉嚨的何處	何時感覺到味道
甜、酸、苦、鹹、鮮	微甜或強酸	酸味在舌頭的兩側比較容易感覺到	一開始的酸味，接著是苦的餘味

最後一個層面是時間，也就是「何時」（When）：你何時感受到那個味道？它何時開始？何時結束？何時最強烈？你可能會描述家裡自種的小番茄味道，在你咬穿它的外皮時，一開始又苦又澀，這就叫作初始或前味。接著你繼續嚼食，可能會品嘗到酸味，這是味覺經驗的中味。最後，你繼續嚼食吞嚥，可能體驗到甜味，這就是味覺經驗的結尾。味覺的時間可以由我們感覺糖的甜味和人工甘味劑（代糖）的甜味作對照。即使代糖嘗起來是甜的，但不論是蔗糖素、阿斯巴甜、糖精、菊糖等等，每一種在你口內嘗到的時間，不是比糖快，就是比糖慢，而且在糖的甜味由你口腔消失之後，每一種代糖在你口腔內，都會再持續一段長短互異的時間。

若要真正了解甜在你口中的運作方式，請作第十章講甜味的側寫味覺練習，我會在該節作更詳細的說明。用你的嘴品嘗食物就叫作「**賞味**」（gustation），此字源自拉丁文，和「熱情、趣味」（gusto）同源。我喜歡說「**吃得津津有味**」（gustation with gusto），翻譯為拉丁文可以變成——可讓你記住這個味覺的科學術語。而嗅聞氣味則和「**嗅覺**」（olfaction）相關。

味覺＋嗅覺＋質地＝風味

我們會再談到味道和風味的各個要件，但現在先來看看你的口腔如何運作。

重生的味蕾

一九九九年，我才剛進麥特森公司不久，那時我有位素食業的客戶，該公司的老闆聘請我們為他們餐廳的顧客開發新蔬食開胃菜。我苦思數日，想出一道新菜：用玉米粉裹著的油炸綠番茄，我小時候每個夏天的週末，父親都會為我們做這道菜。通常你會用尚未成熟的青綠色番茄來製作這道菜，它們比成熟的紅番茄更堅實而多汁，但因為通常番茄在油炸之前要先切片，因此番茄片往往又濕又薄，要我們的客戶按餐廳所需要的數量來處理恐怕有點困難。我轉著念頭，想到以聖女番茄來取代薄片綠番茄——它們好處理得多。但我們找不到綠的聖女番茄，因此我決定用成熟的紅聖女番茄來實驗看看成果如何。我們稱這為「概念性驗證」（proof of concept）階段。

我們最好的廚師瑪麗安・帕隆西（Marianne Paloncy）找我去食品實驗室，要給我看按照我想法所做的第一批樣品，這是我最喜愛的工作：親眼看到，親口品嘗一個觀念的具體實現。小小的聖女番茄浸在蛋糊裡，薄薄裹上一層玉米粉，看起來非常可愛，保證又酥又脆風味十足，就像餐廳裡完美的開胃小點。

帕隆西拿起一把小番茄放入油炸鍋，我們等了兩分鐘，讓番茄外層的玉米粉變脆，小小的圓番茄在冒著泡泡的油內上下翻滾。等她把它們撈出油鍋，它們已經變成耀眼的金棕色，我抵擋不住誘惑，伸手就往炸籃裡去。帕隆西張口說話，但我還來不及聽清她的警告，已經把一顆番茄丟進嘴裡，用舌頭往上顎推，攝氏一百九十度的炸油使紅番茄（成熟且多汁！）內的大量果汁變得滾燙，以莫大的力道在我口中炸開，我直覺地張開嘴，一口把整個番茄都吐了出來，還連著一大塊口腔上方燒破的皮。我幾乎沒辦法說話。我的品味師生涯完蛋了，我心想。

幸好我受傷的上顎痊癒了，舌頭上和口腔上方被燒掉的數千個細胞也在兩週之內復原了，這是味覺細胞再生所需的正常時間。其實細胞原本就在不斷地新陳代謝，預先就設定好的細胞凋亡自有其道理，因為我們的味蕾細胞生來就是要被濫用的。布瑞斯林說：「如果你能製作一輛零件可再生的車子，那麼你希望它再生的部分，就是輪胎接觸地面的部位。」你可以說，像岩漿一樣滾燙的番茄把我嘴巴上方的橡皮給燒掉了。

滾燙的小番茄既然能燙傷我的嘴，就可以想見要讓我客戶的客人在小番茄像岩漿一樣由滾燙的油鍋中起鍋，到它涼到變成一攤軟趴趴的粉糊這短短的時間內不被燙傷地品嘗這道開胃菜，也同樣會有困難，因此我只好淘汰了這道菜。不過這次的意外卻讓我了解到口腔迅速復原的能力，並體認到有一張能發揮正常功能的嘴是多麼重要。吃的樂趣有大半是來自食物的味道和質地，然而在我復原期間，這兩者都受到了損害（或疼痛）。不過我還是因味覺恢復得多麼迅速而吃了一驚。口腔是我們確保人類這個物種生存最重要的工具之一，就最基本的層面來說，要是我們不吃，就沒辦法獲得營養，而如果我們吃了危險的食物，可能會使自己中毒。要是我們喪失了味覺，就會置身險境。

嗅聞的兩種方法

第一種方式：咀嚼與濕度

當你把食物放入口中之際，你那屬於智人的利牙就併攏起來，把食物撕成小塊。這種啃咬就叫作「咀嚼」，就是我們準備要消化食物的前奏。咀嚼會增加食物的表面積，讓我們身體的酵素得以由其中釋出營養。如果你一口把食物整個囫圇吞下，雖然最後也可以消化，但消化系統卻要作一番苦工。我們之所以有這麼銳利的牙齒，就是為了要迅速啟動由食物獲取能量的過程。把食物咬碎成小塊的另一項益處是，我們一邊咀嚼，一邊也可以享受其風味。食物的美味加強了我們的行為，因此我們繼續吃，以確保我們得到足夠的養分。

當你把食物放在牙齒、舌頭、雙頰和口腔上方（軟顎）壓碎，食物就會釋出香味，在你呼吸時由你的鼻子往上吸。由你的口部至鼻子的氣味流動稱為「**鼻後嗅覺**」（retronasal olfaction），我稱之為「口腔嗅覺」，和你用鼻子聞到體外氣味的那種嗅覺不同。如果食物還在你的口外，你用鼻子嗅聞到它的氣味，那就叫作「**鼻前嗅覺**」（orthonasal olfaction），我稱之為「**鼻子嗅覺**」。

關於這兩個術語的重點是，在這兩種情況下，鼻子都是進行嗅覺處理過程的部位。你的口腔並沒有嗅覺受體，但在口腔嗅覺的情況下，香氣分子來自

味覺和我們嗅聞的兩種方法

鼻子嗅覺

鼻腔嗅覺

味覺

於你的嘴，它們正要進入你的鼻子，在那裡處理。而在鼻子嗅覺的情況下，香氣分子是由你的鼻子進入你的鼻腔，進行處理。因此絕不要說：「我用嘴巴聞。」這句話並不正確，你是藉著鼻後嗅覺，用你的鼻子由口腔內嗅聞。

你常看到人們嘖嘖有聲地品飲葡萄酒，他們這樣做是為了增加鼻後嗅覺，也就是口腔嗅覺。一邊品嘗，一邊在空氣中發出聲響，可以增加香氣的流動，讓你能嗅聞和品嘗更多的味道，而且更快。雖然在許多國家張嘴咀嚼是社交上的禁忌，但這麼做卻能讓我們品嘗出更多的味道，因為它促進了口腔嗅覺。如果大家讀過本書，因而在大庭廣眾下吃飯時發出更大的聲音而毫不感到難為情，那麼我會很驕傲。你發出吸吸呼呼的聲音越大，感受到的口味越多。

當食物中的化合物在你口中變化時，你開始品嘗到它的味道。如果是洋芋片這類易碎的食物，那麼要等它和你的唾液混合，開始分解時，你才會嘗到它的味道。唾液使乾燥的食物濕潤，協助釋出味道和香氣。唾液裡的酵素會把大分子分解為有較多風味的較小分子。唾液本身的結構就在於協助你品嘗味道。

《感官小點心》
下顎是我們人體唯一左右兩側無法獨立運作的關節。

第二種方式：口腔與熱度

你品嘗味道的第二種方式就是：像巧克力這樣的質軟食物因為你口中的熱度而融化。好的巧克力最誘人的特質之一，就是它恰恰就在與人類體溫相同的溫度融化，產生別的食物沒有的口感經驗。這使得巧克力成為自然界最完美的食物之一。

在任何食物上加上濕度或熱度——或兩者皆有，都能讓食物釋放易揮發的氣味，讓你能感受到口腔嗅覺，而這正是你體驗到食物大半香味的部位。舉個例子，不論是洋芋片，或是巧克力棒，在你口腔外的室溫下，都沒有太多香味，即使你貼得非常近，拚命深呼吸亦然。一直要等你把食物放進口腔，濕度和熱度才讓它變成你心中所渴望的食物。

唾液的質量與味覺息息相關

你分泌唾液的質與量也會增強你的味覺。自體免疫疾病修格連氏症候群（Sjögren's syndrome）會使產生水分的腺體關閉，病人常表示他們喪失味覺。這是因為他們口乾舌燥，嚼食和吞嚥困難，而這都是影響到食物風味的重要因素。

由食物釋出的香氣和味道資訊是怎麼進入你的大腦？可以想見，它始於你的舌頭。舌頭的上表層覆滿味蕾，你有多少味蕾就決定你是哪一種品味者（旺盛品味者、一般品味者，或者耐受品味者）。每一個味蕾都含有數百萬細胞，其中大部分的表面都長滿了味覺受體——這是可以辨識食物分子的蛋白質，它把這個資訊傳遞到細胞本身，而後者再把訊號透過神經傳送到大腦。雖然大部分有受體的細胞都長在舌頭上，但它們也出現在你的口腔上顎、兩側，和喉嚨。

吞嚥會啟動口腔嗅覺

有些駭人的報導提到有的人雖然切下了舌頭，但依舊能夠品嘗味道，只是吞嚥成了難題。吞嚥對味覺十分重要，因為它會啟動口腔嗅覺。有的人說他們可以把食物或酒含在口中一漱之後吐掉，卻依然可以品味食物，我覺得很懷疑。就我專業的看法，若你不把食物吞下去，就會錯失細微的風味差異。在你吞嚥食物時，口腔嗅覺會繼續作用，因此把食物吐掉，就切斷了品味知覺過程的自然進展。

我們的唾液與味覺適應現象

比如我們在舌後最容易品嘗到基本味道中的苦味，如果品味者只是把食物在口中漱過就吐掉，不讓它浸潤那些對苦味感覺敏銳的味蕾，它們的知覺就不夠正確。這些不吞食物的人或許會說，在某些情況下，不可能把你嘗到的一切都吞下肚去，比如在葡萄酒比賽中，評審在一天之內要品嘗上百種葡萄酒，要是每種都喝一口，情況難以想像。但我不想談酒精攝取量，我要反駁的是，這種比賽讓評審在一天之內喝了太多的酒。不論是多麼傑出的品味者，任何人都不可能分辨這麼多的酒。當你的舌頭在短暫的時間裡接觸到太多的味道時，就會發生**味覺適應**（*taste adaptation*）的現象。

隨著每一個新增加的味道樣本，你會越來越適應那個味道：這意味著你需要更多的量，才能達到類似的強度。加州大學戴維斯分校食品科學系教授麥可．歐馬哈尼（Michael O'Mahony）寫道：

> 在接受持續的氣味或味道刺激時，其感受的強度和對刺激的敏感度都會遞減，以至於在評估感官知覺時，就會造成問題。這表示在觀察期間，一種味道或氣味會有消失的傾向，而對接下來刺激的敏感度也會起變化。在設計以感官評鑑食物的評量程序上，必須要考慮到人類器官上這種敏感度的移動趨

勢。

我認為這也包括酒在內。味覺和嗅覺適應的現象，使得味道濃烈的酒如果在較晚的時候品賞就占優勢，但若較早品賞，就居劣勢。味道比較細膩的酒則正好相反。要是「人類器官」——我們的口、舌、鼻、眼、耳，和大腦不受人類本身的瑕疵和弱點所限制就好了。

適應也是你無法嘗到自己唾液的原因。你的唾液含有鈉和氯化鉀，因此略呈鹹味，但我相信你絕不會覺得自己的口腔有鹹味，因為你已經適應了。你的味覺細胞一天二十四小時不斷地和它接觸。其實你唾液的成分時時在變，但由於變化很小，因此你並沒注意。只有在鹽迅速集中在你的口中時，才會喚醒你已經適應的味蕾，讓你覺得鹹，而這些都是發生在你進食的時候。

自己的唾液恐怕是舉世唯一你覺得沒味道的東西。就連水的成分都和你的唾液不同，因此你會覺得它有點味道。你甚至可能說過像「它嘗起來像水」這樣的話。

芝加哥艾利尼亞（Alinea）餐廳的名廚葛蘭特・阿奇茲（Grant Achatz）就推出二十三道小口分量的菜單，這是針對味覺適應的影響，他稱之為報酬遞減法則（law of diminishing returns），他知道人並不需要二十四盎斯的大牛排才能滿足他們的渴望，談到他的品味菜單，他說：

這就是為什麼牛排只有兩盎斯的原因。到你咬第五口時，牛排已經吃完了，你知道它的味道，真正的風味已經在你的顎上消失。如果我們讓你再咬十口，那麼當你咬到第十五口時，牛排的味道已經不那麼誘人了。因此如果我們推出一連串二十三道小份量的菜，只在你的顎上散播一下風味，接著你馬上品味完全不同的食物……接著又是完全不同的另一樣食物，這才能讓我們吃到更精彩的一餐。

有意識、無意識和嚴謹的品嘗

如果某樣食物味道不對，你的身體通常不會讓你吞下去，這是好事，表示你的味覺系統正在扮演身體守門員的角色。當你吞食之際，你的鼻竇會因為你的舌頭推到喉嚨後方的食物團而得到一陣有味道的氣體，這團食物稱作球狀的**丸塊**（*bolus*），聽起來比食物團還倒人胃口。而這個過程唯有在你呼吸時才會感覺得到，那也是我建議你在咀嚼時要一直做，在吞嚥時要小心的事。只要這容易揮發的香氣能由正常的咀嚼、呼吸，和吞嚥吸入你的鼻子，你就可以持續地品嘗到食物的滋味。

這就是進食時有意識的品嘗。一言以蔽之，唯有食物在你口和喉中之時，你才能得到品嘗食物的初步樂趣。如果你停下進食的動作仔細想想，這其實很明顯。但問題是，在進食時，我們並不常常去想品味的事，而是急著去吃下一口。如果你真的想要品味什麼食物，那麼讓它留在你口中的時間越長越好。放下你的刀叉，吸幾口氣，再多咀嚼幾下。吸吸呼呼地讓它在嘴裡停留一下，再吞下去。接下來食物就會穿過你的

《感官小點心》

有些味道會增強或遮掩其他的味道。比如牙膏內的月桂基硫酸鈉（sodium laurel sulphate）會讓柳橙汁喝起來極苦，因爲它遮蓋了甜味，結果加強了果汁裡的酸和苦味。

消化道，而這個路徑已經經過詳細的研究，資料十分豐富。

我稱前面這個過程是「**有意識的品嘗**」，因為科學家最近發現了在消化道的更深處還有其他的味覺細胞：在你的胃、小腸和胰臟裡，都有看來和你嘴裡的細胞一樣，動作也如出一轍的細胞。莫奈爾的科學家馬高斯基說，這個發現起先教人頗感吃驚，但是想想卻有道理：胃腸必須要能夠辨識食物，才能知道如何處理它。

「我們的胃腸想要知道我們攝取了些什麼，它們才能分泌消化液，以適當的方式回應。」他說。這種現象稱作**胃腸化學感受**（*gastrointestinal chemosensation*）。雖然我們對於食物到喉嚨之後的品嘗反應並沒有真正的感覺，但我們的腸胃卻能「品嘗」營養，並且作出適應的反應。

到目前為止我所描述的感官過程都有一個共同點：它們和大腦的連結。在味覺方面，這樣的日常連結攸關生死。其他的感官如果做錯了日常的連結，比如聽什麼樣的音樂或者看什麼樣的圖像，雖然可能會傷害你，但恐怕不會讓你死亡。可是如果在食用食物時做錯了決定，卻可能會致命。你的味覺系統是用來提供大腦即時的重要資訊，讓身體可以據以採取行動。就如莫奈爾的科學家丹妮耶・瑞德（Danielle Reed）所說的：「**品嘗的過程就是決定的過程**。」

當然，這套系統也有其瑕疵。許多有毒的菇類據說都很美味，只是嘗試過且這麼說的人，到頭來都不免肝或腎衰竭，這是毒蕈致命毒素的副作用。吃錯了毒蕈的人如果大難不死，未來很可能會對蕈類養成一種制約性的厭惡反應。有這種反應的人，一看到某種食物，就聯想到惡劣的後果，因此有意或無意地避免這種食物。採野菇的人如果不慎採到有毒的死帽蕈（death cap），頭一次可能會喜愛它的味道，但吃下之後卻造成嘔吐或生病的結果，因此他會對所有菇類都產生厭惡的反應，尤其對長得和死帽蕈像孿生兄弟一樣的草菇避之唯恐不及。嘔吐或者肝腎衰竭對你的食物喜惡會造成驚人的影響。俗話說：「有採菇的老手，也有勇敢的採菇新手，但是沒有勇敢的採菇老手。」

我把制約性的厭惡反應稱為「**龍舌蘭酒效應**」（Tequila Effect），曾經喝太多龍舌蘭，之後抱著馬桶大吐特吐的人都會明白我是什麼意思。在你因某種食物而生病之後，會有一段時間，光是聞到它的味道，就會退避三舍。這樣的食物往往需要作些偽裝掩飾，比如加點檸檬汁和橙味利口酒（triple sec），才能讓你再度嚥下它。

大自然可能愚弄我們的另一種方法就是像肉毒桿菌素那樣無味道的化合物。雖然施打Botox品牌的低量肉毒桿菌素可以讓你有異常光滑的前額，但口服較高的劑量卻可能造成肌肉衰弱、癱瘓，甚至死亡。不過這種味覺的例外規則十分罕見，大部分有益健康的安全食物嘗起來都美味，大部分腐壞或有毒的食物嘗起來都不好吃，你的味覺在給你愉快的感受之時，也給了你資訊。

味覺委員會：口腔是個會議室

我曾見過許多有關味覺系統的多種描述，也看過許多難以解讀的專業舌頭和味蕾圖，但或許你對分辨蕈狀乳突（fungiform papillae，分布在舌頭前端的味蕾）和輪狀乳突（vallate papillae，分布在舌頭後端的味蕾）的差異並沒有興趣。莫奈爾的科學家瑞德用了一個譬喻來描述味覺如何運作，既能說明其生理，又不致太過艱澀：它就像在你口中開的委員會。

想像你的口腔是個會議室，擠滿了擔任味覺委員會的企業界同僚，每一位都被選來代表他們在組織中的同伴：這是個真正的民主組織。這些同僚一起合作以處理計畫（食物）。委員會經常聚在一起討論新的計畫（入口的食物），並向主管（大腦）報告。五名委員各自代表味覺團隊的一組：甜、酸、苦、鹹、鮮，有一兩位常常主宰會議，也有時大家都會發言，這全取決於計畫本身（食物）。委員會的努力並不能真正成形，直到鼻後嗅覺團隊的一員橫掃會議室，也就是氣味由你的嘴流向你的嗅覺受體，這時工作才開始定型發揮作用。

除非我們十分注意自己在吃什麼，或者除非某一種味道或風味不和諧，否則我們通常不會分別去想每一種味道或香氣，我們的反應是彷彿接到了味覺和嗅覺系統所作的綜合報告。我們咬一口喜愛的食物，想到的是它是義大利辣味香腸比薩，而不是甜、鹹、酸、鮮味伴隨著番茄、帕馬森起司、醃肉和草本香料植物的氣味……啊，美味的香腸比薩。我們忽略細節，而我們的大腦則把所有的資訊融合成一份整體的資料。

我們可以給人一塊義大利香腸比薩，問他對它的感覺，因為我們很清楚人們對比薩和其他複合食物的反應。但我們對發生在味蕾層面的反應則不甚明白。每一個味蕾都含有許多味覺受體細胞，其中有些會覺察苦味，有些覺察甜味，有些則感受鮮味。味覺細胞針對唯一一種味覺有專門的感受。甜、苦、鮮味和味覺受體結合，就像雙手戴上手套一樣，於是這些味道就被感覺出來。科學家尚未辨識出察覺鹹味的味覺受體，酸和鹹必須經過離子管道，才能感覺到。這種系統較難研究，因此我們尚未辨識出鹹的受體。由於覺察酸和鹹兩者的過程類似，因此人們常會混淆這兩種味道，就像他們對金恩的義式燉飯的反應一樣。

口腔和喉嚨的味覺細胞和頭部的三大主要腦神經相連結，腦神經把味覺訊息傳送至大腦。舌前的味覺細胞和稱作鼓索神經（chorda tympani）的腦神經相連。耳內還有類似的身體部位，稱為鼓膜（tympanum），這兩者都有共同的拉丁字根「tympani」（鼓）。鼓索神經把味覺資訊經由中耳傳送到大腦，舌咽（glossopharyngeal）

神經則連結舌頭的後方。

作為你口中「橡膠輪胎」的味覺受體細胞會傳遞消息給神經，告訴大腦你所品嘗的是什麼。雖然它們因為預先設計的細胞凋亡，存活不到兩週，但取代它們的新味覺細胞會重新和大腦建立連結。這種連結在十天的時間中不斷地切斷再重接，正足以說明味覺系統有多麼重要。

還有其他一些我們以為是味覺的官能，其實並非味覺亦非嗅覺。它們和觸覺相關——和疼痛的感覺相同。這些官能和三叉神經連結，而三叉神經也傳遞觸覺、痛覺，和溫度（你在喝熱飲料時的感受）。三叉神經在口中的其他感受還包括薄荷的涼味和辣椒的辣味。當你吃到辣翻天的墨西哥莎莎醬（salsa），你可能會說它嘗起來很辣，這話其實不正確（現在我也以科學家的方式來思考了），因為你是真正的接觸到火辣的辣椒。三叉神經也是和典型偏頭痛相關的主要顏面神經，由於它們與腦部有共同的傳遞關係，難怪辣味食物常會引發偏頭痛。

我們不知道這些訊號沿著接力系統，由味覺受體細胞傳到神經傳到大腦之後，會到哪裡去，或許將來我們會有大腦地圖，可以把甜味在腦部的位置用一顆星星標起來，就像在美國地圖上標誌首都華盛頓一樣，不過目前我們對味覺在大腦中如何運作所知不多。

互動練習 2　品嘗你錯過的味道：區分味覺和嗅覺

做這項實驗時，請你把雙眼閉上。在做以前，請先讀底下指引到「小心有雷」的部分就先暫停，這樣你才會清楚前因後果。

你需要……

◉一碗各種口味的雷根糖（我偏好用Jelly Belly這個牌子，因爲它們有非常複雜而逼眞的口味）◉如果你不喜歡吃糖果，也可用一籃一口大小的各色水果，比如葡萄、草莓、覆盆子和藍莓代替。

作法……

❶閉上眼睛，用一手捏緊鼻子，因此無法用鼻子呼吸。

❷不要放開捏緊鼻子的手。把另一手放入碗中，混合內容物，然後閉眼挑出一顆，放入嘴裡。（這樣做的用意是，你不知道放進嘴裡的是什麼味道。）

❸慢慢地咀嚼而不要放開捏緊鼻子的手，繼續嚼。

❹繼續嚼，不要放開捏緊鼻子的手。想想你嘗到的是什麼味道。甜？酸？你能說出它的口味嗎？

❺放開捏緊鼻子的手。

小心有雷！！！

說明……

❶當你捏住鼻子之時，可能只能嘗出甜和酸味，那是因爲大部分的雷根糖和水果都只有這兩個基本味道。在鼻子不能發揮作用之時，你的舌頭——或者賞味系統只能辨識有哪種基本味道。

❷等你放開捏住鼻子的手之後，雷根糖的氣味穿過你的鼻腔逸出，進入你的嗅覺系統，讓你感受到氣味。這個系統不只有五種味道而已，據稱人類可以察覺數千種氣味。

互動練習3

品嘗你錯過的味道：到處都酸

你需要

◉一杯蒸餾白醋（用任何醋都可以，但蒸餾醋有最單純的酸味）◉淺缽或淺盤 ◉每人一根棉花棒 ◉每人都有蘇打餅乾和水 ◉一面鏡子

作法

❶把醋倒入淺缽或盤。

❷用棉花棒蘸醋。

❸依序用棉花棒擦拭你的舌頭／口腔各處，小心不要吞食或閉上嘴巴，除非你已經嘗過你想要測試的部位。你可以把這個練習分爲四步：

ⓐ用蘇打餅乾和水去味，然後用棉花棒擦拭你舌頭的中間部位。

ⓑ用蘇打餅乾和水去味，然後用棉花棒擦拭你舌頭的兩側。

ⓒ用蘇打餅乾和水去味，然後用棉花棒擦拭你舌頭的後部。

ⓓ用蘇打餅乾和水去味，然後用棉花棒擦拭你兩頰的內部。

說明

❶棉花棒觸及全口腔各部位時，注意你的感覺。

❷你體驗到的是酸味，大部分的人都能在口腔中所有的部位感受到酸味。

❸你方才證明了味覺分布圖是錯的！

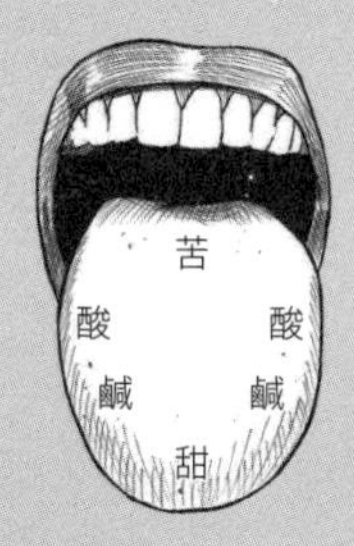

很容易就可以證明你能在舌頭所有部位覺察到的味道。比較難證明的是這個理論徹底錯誤，因爲它並不是全錯。在品嘗食物時，我們舌頭的各部位強度各有不同，味覺分布圖其實是以此爲出發點。

Taste What You're Missing

第二章

嗅覺

視覺
聽覺
嗅覺
觸覺
味覺
感官之星

「揮發物質就是重點所在。」

——哈瑞・克利（Harry Klee），佛羅里達大學教授

我們嘗到的味道，七五%到九五%來自嗅覺

要是你在街上攔住行人，問他們五種感官中他們最願意放棄哪一種，那麼最可能的答案是嗅覺。其實《逃避者》（*The Escapist*）雜誌在網路上對讀者進行了一項調查，結果七百七十二名受訪者的答案都十分一致：他們

會最先放棄嗅覺。只是大部分人都不明白，我們嘗到的味道其實大半是來自於嗅覺。味覺的角色雖然攸關緊要，但讓我們享受食物之樂的，卻是嗅覺。畢竟，若沒有嗅覺，你的味道世界就只剩下五種事物。

一如所有表現傑出的組織機構一樣，我們的嗅覺和味覺必須「攜手合作」，才能達到共同的目標：辨識出我們口中的是什麼，並且做出決定。想想味覺和嗅覺密切合作：鼻後嗅覺正是經由你口中的嗅覺，兩者無法分離。其中哪一種感官挑大樑？功勞屬於哪一種？哪一種有力量？

科學家估計我們嘗到的味道，有七五％至九五％其實是嗅覺。因此這位嗅覺委員對於最後的成果（大腦對味道的知覺）所負的責任比其他委員高得多。嗅覺對品嘗味道舉足輕重，因此失去嗅覺可以導致味覺完全喪失。得過感冒的人都知道這一點。如果你做了上一章雷根糖的練習，也必然有所體驗。

味道著色畫

想像在塞瑞斯餐廳品嘗世界一流的餐點，主廚金恩不但受過專業訓練，也有豐富的實戰經驗，在爐子前更展現出無比的創意和才華。塞瑞斯的菜色是藝術珍品，雖然極度易朽，但依舊是藝術。你的舌頭以五種基本味覺繪出食物的輪廓，就像尚未著色的數字著色畫一樣，然而你的舌頭卻只能收集到這麼多的細節，因為它的顏料只由五種味覺組成：甜酸苦辣鮮。吃東西不用嗅覺，就像看一幅尚未完成的素描一樣。沒有嗅覺，你品嘗到的咖啡就如苦水，牛奶則是微甜的水，而檸檬水則光是甜而酸。

如果食物的氣味不揮發或逸散到空氣中，你就不可能聞到食物，因此氣味的分子就叫作**揮發物質**

（*volatiles*）。有些食物含有許多揮發性的芳香，如柑橘類水果；有些則含有很少或不含揮發物質，比如食鹽。光是用熱就能協助釋出食物的揮發性芳香，像是放在貨架上的麵包沒有多少香氣，但如果把它放進烤箱幾分鐘，廚房就會充滿新鮮烘焙出爐麵包的香味，這是因為麵包的揮發性香氣因烤箱的熱度而釋出之故。幾乎任何東西都可用這個方法得到更多香氣。只要是缺乏香味的東西，就把它放進烤箱一下，讓它釋出揮發物質即可。所有的麵包，不論多麼新鮮，我都採取這個方法。熱麵包當然比冷的好，因為它有較多的揮發物質，因此較有味道（更不用說它會造成質地和風味的改變，使滋味更好）。然而令我驚訝的是，很少有餐廳利用這個簡單的作法，不需多花金錢或力氣就可提高感官的享受。我有時也會把餅乾、墨西哥脆玉米片和洋芋片放進烤箱，只為了喚醒其間的香氣分子。不過這樣做的時候要小心，因為它們原本就乾，因此很容易焦掉。我通常是用預熱到攝氏二百度的烤箱熱兩分鐘就夠了。

一旦你所吃食物的強烈香味藉著口內的嗅覺，由口部傳到鼻子，你就能體驗到這食物的招牌風味。填補這藝術品細節的是食物的香氣。

我最近才在門庭若市的舊金山RN74餐廳裡，品嘗了魚肉白嫩，烹調得盡善盡美的白醬（beurre blanc）大比目魚。要是沒有嗅覺，我就只能體驗醬汁裡的兩種基本味道：檸檬汁和葡萄酒的酸，和鹽的鹹，然而等我辨識出檸檬的香

香氣填補了細節

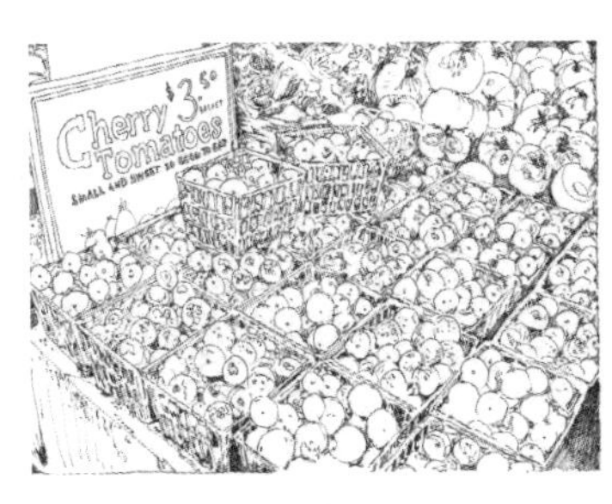

五種基本味道勾勒出輪廓

氣、夏多內（chardonnay）白酒像奶油一般的發酵味道，和奶油的乳品味調和在一起，成為這經典的食譜，它就成為發揮得淋漓盡致的白醬。

我們品嘗到的味道中，有七五%至九五%其實是嗅覺，前頁圖就作了極其清楚的說明。左圖黑色的輪廓線其實只占整個圖極小的比例，只是一個結構，而你舌尖上基本味道真正的調和之美，就和這張圖的主要部分一樣，在於來自你鼻子和口中的嗅覺。

當我吞下白酒和白醬調製的大比目魚的同時，也把它的氣味吞了下去。許多人以為氣味和聲音一樣看不到也摸不著，但這並非完全正確。你可以用電子或數位掌握聲音，但你無法捕捉聲音的分子。而相反的，你可以捕捉氣味的「分子」——逸散入某物體週圍空氣的揮發物質，儘管它們小到肉眼無法看見。每一次呼吸，你都把它們吸入你體內，如果你能吸到它，就能吞下它。如果你面對的是一盤精心烹調的美食，比如把海洋、奶油和葡萄酒的氣味散發到你體內的大比目魚，當然是美好的意象，但若當你面對的是廁所或是貨櫃車廢氣管排出的氣體時，恐怕就有點令人不快了。但不用擔心，氣味分子通常不會被血液吸收。

氣味與記憶

你的鼻子裡面有一層極薄的黏液，它總是在那裡，即使你沒有因為感冒傷風或過敏而讓它流下你的鼻孔或喉嚨，它還是存在。這層黏液裡充滿纖毛，在黏液裡來回揮舞，就像人的頭髮或是海藻在水裡時一樣。一旦氣味陷入黏液之中，這些纖毛就來回舞動，把氣味的分子沖入你的喉嚨。若你用力吸氣（本書會一直鼓勵這樣做），就能不只由鼻前，並且能透過你的口腔，也就是鼻後，更進一步加強你覺察食物味道的能力。這些纖毛也可以當作觸角，在氣味分子被吸進鼻子裡的嗅覺受器時，抓牢它們。這一切幾乎都是同時發生，結果就是氣味的認知：**那是個番茄**。

在你感冒時，這層總是存在的黏液就變厚，如果你的感冒十分嚴重，黏液就厚到氣味無法穿透，而若氣味無法穿透黏液層，你就察覺不到氣味。

◀一在味覺和嗅覺中發揮作用的頭部神經

顱神經	名稱	所傳遞的資訊
第一對	嗅神經	氣味
第五對	三叉神經	質地、熱度和疼痛
第七對	鼓索神經（顏面神經的分支）	舌前所感受的味道
第九對	舌咽神經	舌後所感受的味道

生病時若你想要感受到氣味，可以使用減輕鼻塞充血的噴鼻劑，讓黏液變薄變乾，使氣味能夠再度穿過。但只要你的鼻孔還有一邊可以通氣，你就能聞得到。儘管你有兩個鼻孔，但研究已經證明你無法分辨用來嗅聞的究竟是哪一個。因此就是有一邊鼻塞也不必擔心，因為你的大腦根本分不出差別。

一旦氣味穿過黏液，和鼻子頂端的嗅覺受器細胞結合，那個細胞就會發生電化學（electrochemical）反應，向大腦發出一個訊息。嗅覺神經是第一對顱神經嗅神經，它直接穿過鼻梁，進入腦腔。

一方面由於科學界亟於找到嗅覺受器，一方面也由於其重要性，因此發現這種受器的兩位學者琳達・巴克（Linda B.

Buck）和理查・艾克索（Richard Axel）獲得了二〇〇四年諾貝爾醫學獎。下面，艾克索就對嗅覺和視覺的複雜性作了比較：

> 就我們所檢查過的每一種氣味都有不同的特徵，由大腦中神經放電的空間格局代表。眼睛而言，我們藉由可以辨識光線不同波長的受器分子，區分幾百種不同的色彩，但我們只有三種這樣的受器分子。而在嗅覺系統中，至少有上千個受器分子……腦中有一千個（嗅覺）點。一個特定的氣味就會啟動一「組」（這是我們用來稱呼一個組合的用法）這樣的點，因此這氣味的特性就會由腦中神經元活化的空間格局來決定。

這種「氣味特徵」也和你的大腦部位溝通，使你對氣味的記憶和你所聞的氣味相配。我和多位嗅覺專家談過，他們大部分都認為，我們對氣味的喜好是後天學來的。顯然我們可以學會把氣味和某個經驗連結在一起。

芳香重現：嗅覺就像記憶的海綿

我在馬里蘭州巴爾的摩市長大，市中心奇沙比克灣（Chesapeake Bay）的內港（Inner Harbor）原是舉世最大調味料公司味好美（McCormick）的總公司所在地。我小時候，味好美的調味料工廠就在市區運轉[2]，釋出芬芳調料的氣味，就像有著廚房香味的雲朵一樣，在市區繚繞不去。一直到我長大成人，開始工作之後，才明白我的故鄉有一股獨特的氣味。有一天我在麥特森公司的一名同事正忙著把香料容器倒乾淨，把各種各樣的調味料全都倒進垃圾筒。想像一下肉桂、百里香、黑胡椒、孜然、奧勒岡草、蒔蘿、芹子鹽、小豆蔻、丁香，和其他一打左右的辛香料混在一起，這時我恰好走過，一聞到這氣味立刻動彈不得。才吸了一口，我就馬上回到故鄉，回到童年，和父母站在內港邊。自我離開巴爾的摩以來，從沒有再聞到那純屬無心的奇特香料組合。

這就是氣味的力量：讓一位成年女性把頭埋進垃圾筒裡，淚如泉湧。氣味可以這樣感動我們，是因為我們生理結構的緣故：嗅覺是唯一不需要經過大腦感官訊息轉運站——丘腦的感覺。它基本上是直接走捷徑通往感官的主人，而不經過僕人。這的確是非常有力量的官能。

任何一種味覺信號頭一次抵達你大腦之時，就在你的記憶中蝕刻了一個標誌。我站在垃圾筒前，體驗到我所謂的「**芬芳重現**」（*Fragrant Flashback*）。迪士尼電影《料理鼠王》（*Ratatouille*）中也有一幕說明了這個觀念，那是在家喻戶曉的美食評論家安東・伊果（Anton Ego）一頭埋進老鼠廚師雷米所做的熱騰騰普羅旺斯青蔬燉菜，立即回到童年。這並不是因為童年是我們編輯氣味記憶碼的時候，而是因為伊果頭一次吃普羅旺斯燉菜是在幼時，而我也是在童年頭一次聞到數十種辛香料混在一起的氣味。若你頭一次聞到普羅旺斯燉菜是在三十七歲，那麼下一次你聞到它時，就會把它和你三十七歲時的人生聯想在一起。嗅覺的記憶十分強烈，可以帶你回到你

[2] 可惜的是，味好美後來在一九八九年，把生產設備由市區移到郊區了。如今巴爾的摩已經不再有當年的招牌氣味。我得駕車到杭特谷（Hunt Valley），才能讓自己再回到從前。

頭一次體驗到那種食物的當下。只是我們大半都是在年輕之時品嘗大部分的食物。個人的歷史、文化，和學養會決定我們對氣味的偏好。巴托申克說，我們的嗅覺就像情感的海綿一樣：

若你嗅到某種氣味，結果被猛獸咬了一口，那麼你就會學到猛獸不好。而更勝一籌的是，若你吃了某種有氣味的東西，而且由有這種氣味的食物得到了熱量：太好了！那種食物就會在你的大腦裡留下對你非常有益的印象。如果壞事發生在你身上，你就會厭惡伴隨它的嗅覺信號；如果好事發生在你身上，你就會喜愛那種氣味。

這樣的觀念稱之為「**制約偏好**」（*conditioned preference*）或「**制約嫌惡**」（*conditioned aversion*）。你受制約喜歡或不喜歡某種食物，部分是因為你攝取它時的經驗，這就像著名的帕夫洛夫（Pavlov）制約他的狗的反應。狗受到制約，聽到鈴聲就被餵食，到最後，光是鈴聲就讓牠們流口水。

但即使你和你的手足在同一個屋簷下長大，都吃普羅旺斯燉菜，這卻並不一定表示你們對這道菜的氣味會有同樣的反應。除了我們個人的遭遇之外，我們的嗅覺受基因（先天）和教養（後天）的影響一樣深遠。我們的基因決定我們可以嗅聞到多強烈的氣味，就如它們決定我們中有些人是旺盛品味者，有些則是耐受品味者一樣。

有些人天生就有特定的「嗅覺喪失」傾向：他們無法嗅聞某種特定的化合物，或者可說他們是嗅盲。有個大家都知道的例子，比如許多人吃了蘆筍之後，都會注意到他們的尿液有一種強烈的氣味，有點植物氣味、像硫磺，又像汽油，有點錫味。但有些人對這個味道渾然不覺。幾乎每個吃蘆筍的人，都會產生有氣味的尿液，但若你幸運，就完全聞不到這個味道。這樣的現象也存在其他許多有氣味的化合物上。

鼻嗅和口聞的差別：臭氣沖天的珍饈

莫奈爾化學感官中心實驗室主任約翰．隆史卓姆（Johan N. Lundström）在瑞典土生土長，他對氣味一向就很著迷，不過真正讓他走上研究嗅覺之路的，是他的德國狼犬艾拉。他帶著艾拉遛躂時，注意到牠總會找到其他狗的尿，但他卻什麼也聞不到。他知道狗的嗅覺比人靈敏，但他更有興趣的是牠聞了其他狗的尿之後的反應：有時牠的尾巴會猛搖、有時則會顯得焦灼、有時則春心蕩漾。

「牠一定是由尿中察覺了某些信號。」隆史卓姆說。看到艾拉對其他狗尿中祕密訊息的反應，讓他對費洛蒙產生興趣，這是許多生物都會散發的氣味，據說是作訊號之用。隆史卓姆最後取得心理學博士，他領導的莫奈爾團隊研究的是人類的氣味科學，以及這如何影響我們的行為舉止。

身為瑞典人、又是嗅覺專家的隆史卓姆告訴我，他從沒聞過任何味道更可怕、更腐臭、更教人噁心的珍饈——**瑞典鹽醃臭鯡魚罐頭**（*surströmming*）。

「其味道是我所聞過舉世第一臭，而我在嗅覺這一行已經工作十年了。」隆史卓姆說。

古瑞典人用鹽來保存一切食物，包括瑞典的主食：魚在內。在鯡魚漁獲豐收，而古時奇貨可居的鹽量很少之時，瑞典人就得動動腦筋。他們不用鹽醃魚，而用另一種方法來保存漁獲：他們把魚和水放在罐子裡，加上僅夠控制（但並不能完全阻止）微生物生長的鹽量，然後封上罐子存放。由於鹽水中的鹽量不夠高，不能阻止所有的微生物生長，因此罐內就成了一種無氧——厭氧發酵。在食物處理過程中，我們總是不厭其煩地避免厭氧發酵，通常這樣的腐敗會發出訊號，讓你知道不要吃這樣的食物。有時在鹽醃臭鯡魚罐中產生的氣體強到使罐子都鼓起來的地步：這是十分明顯的警告。然而在瑞典，這只是提升了罐裡腐魚的價值。

隆史卓姆很正確地指出上述的過程就是**腐爛**。這種臭鯡魚產品至今在瑞典還有生產出售，只是你一定要非常熱愛它才會想吃。瑞典法律明文規定公寓房客不得在自家開這種腐爛的罐頭，因為其臭味繞梁三日，餘韻不絕。一些國際航線班機也禁止這種罐頭上機。要開這種臭魚罐頭，最好的辦法是在水裡開它，讓開罐時逸出的臭氣能消失在水裡，而不致散發到空氣當中。此法亦能控制臭氣沖天的內容物不致濺到站在罐頭附近的人身上，因為在發酵的過程中，許多氣體會堆積在其內。數年前，隆史卓姆帶他的加拿大女友到瑞典去，為了要向她介紹他的文化，因此他找了幾個朋友來開一場臭鯡魚派對，當然，是在戶外。主魚登場：腐臭發酵的罐頭鯡魚。可是這位老外女友竟然不識好歹，才聞了一下，就吐了出來。

只要是吃的東西，我一向好奇，因此上網從瑞典訂購這種臭鯡魚，只是每一次嘗試都未能成功，美國海關和境管單位看到貼著外語標籤的鼓凸金屬罐根本不肯放行。因此我只好請教隆史卓姆，究竟它味道如何。

「把它放進嘴裡時，滋味真是天壤之別。」隆史卓姆描述鯡魚罐頭以經典的方式和其他食物搭配端上桌佐餐的味道，和它教人作嘔的沖天臭氣之別。

> 它有點酸，你可以嘗到爽脆的麵包上有非常新鮮的洋蔥味。溫的水煮馬鈴薯，和鯡魚的酸調，融合起

來極其爽口。在你把它吃下去之前，可以由鼻子察覺到鼻後和鼻前嗅覺複雜的差異，而沒有人明白那究竟是什麼。

巴托申克對這個難解的問題也很著迷，在她的佛羅里達大學嗅覺與味覺中心裡，也體驗到同樣這兩種口腔內外感受到香氣的歧異。

「你明明接受的是同樣的分子，可是你聞就喜歡它，放在嘴裡就不喜歡它。」她解釋同一種食物發生的兩種不同現象。

巴托申克告訴我幾個月前一名病人因教人毛骨悚然的意外傷了舌頭，所以到嗅覺與味覺中心求診。這女病人開了一個罐頭，把舌頭伸進去舔，結果被罐頭裡面的利面割傷，切斷了神經。巴托申克原本以為她會因舌頭受傷而喪失味覺，因為舌頭是我們品嘗食物的地方，但她在受傷後數個月來求診，是因為她受不了婆婆的義大利千層麵。

這名病人在發生意外之前，原本很愛吃她婆婆做的這道美食；發生意外之後，一聞到這道菜的香氣，義大利起司和番茄糊在烤箱裡冒泡到黏糊彈牙的地步，依舊使她垂涎三尺，但問題是等她終於吃到它時，卻覺得它味如嚼蠟。

巴托申克聽了病人的敘述，頭一個反應就是這病人在說謊，可能是為了申報保險理賠。不過身為科學家的她還是做了一個實驗，想要複製這種傷害的結果。她先吃了一口好時（Hershey's）巧克力，記下感覺，香醇濃郁的奶味，巧克力味，有一點苦一點酸，一點烘烤的味道。接著她把舌頭麻醉起來——這對她很容易，因為中心附屬於牙醫學系，不過她並沒有做任何改變味覺的舉動，因為她要複製女病人的醫學狀況，女病人只有舌頭割傷，嗅覺卻沒有受損。舌頭麻痺之後，巴托申克又吃了同樣的巧克力，結果教她十分震驚：

> 它不再是巧克力了。鼻後嗅覺應該還是正常的情況，它應該照常往上往後，進入我的鼻腔，沒有問題。我想發生的情況是，大腦要尋找線索，告訴它那特定的氣味是由鼻子還是口腔進來的。線索就是：在你嗅聞時，大腦知道氣味是來自你的鼻孔，而當你嚼食、吞嚥，在你的口中得到味覺和觸時，大腦就知道它來自你的口腔。它依據這樣的線索，把嗅覺資訊傳送到大腦不同的部位處理。這名舌神經遭割斷的女子得不到這兩種線索。她把千層麵放進嘴裡時並沒有嗅聞它，但大腦也沒有由口腔獲得線索，舌神經既已割斷，就喪失了這則資訊。可是大腦需要味覺系統的資訊，才能處理鼻後嗅覺（口腔嗅覺）。

味覺和嗅覺正常的人都大大低估了口腔嗅覺，不過科學家並沒有忽略這個領域，如今它是熱門的研究課題。你可以藉著本章末的練習，不用味覺，就體驗到口腔嗅覺。

呼吸有氣味的空氣

分子廚藝（molecular gastronomy）這股二十一世紀之後在烹飪界如火如荼發展的「高概念」（high-concept）

趨勢，用食品科學創造教人難忘的食物，不只視覺上賞心悅目，而且以挑戰性的新形式、味道和口感呈現，通常也都十分美味。廚師說他們的菜經過冷凍乾燥、發泡，或者真空密封，以固定溫度放入熱水烹調（真空低溫烹調法）；這些手法和我們在麥特森所用的一些技巧相同。分子廚藝的許多成分及技巧，在我們這一行裡都很常見。比如，我們在麥特森用水狀膠質（hydrocolloids，用在食物中的化合物，控制質地和黏度）作功能性成分已經有三十多年的歷史。

在食品發展專業中，我們努力在廚藝與科學之間取得平衡。不過我們和分子廚藝餐廳的不同之處在於，我們努力減少科學的蹤影。消費者一般總覺得吃較少加工的食物總比多加工的好，因此我們盡量採用最少的加工處理，而且我們絕不會向消費者宣傳我們是怎麼做它的。其實消費者在購買生鮮食物時，對於造成他們食物的安全、延長保鮮的時限，或者提供某些營養益處的資訊這些有關食物的科學，知道得越少越好。像美國芝加哥的艾利尼亞餐廳和西班牙的鬥牛犬（El Bulli）餐廳把食品加工的科學放在最顯眼的位置，教我頗有點不自在，可是其他食客卻趨之若鶩。

在分子廚藝餐廳吃飯要花不少心思，我指的不只是廚師而已，在知性這方面，食客也要花不少工夫。我欣賞把食品科技的原則運用在餐廳食物上的見解和應用，只是其中有些未免太過密切，教我難以消受。

就像受過經典美術訓練的大師畢卡索一樣，大部分的分子廚藝廚師也經過經典廚藝訓練，只是跨到了抽象的範圍，伸展藝術與食物的意義。畢卡索的畫當然是藝術品，但有一些卻是我無法承受的，比如我一點也不想每天看到牆上掛著他描繪西班牙慘遭法西斯迫害的名作《格爾尼卡》（*Guernica*）。我對分子廚藝也有同樣的想法。我欣賞其創意和對成分與技巧的掌握，可是我不可能像渴望我們家附近義大利餐廳的義式乾麵條那樣，渴望它的菜色。說到食物，越是高概念，教人渴望的程度就越低。我所愛的分子廚藝，只在於它拓展界限，讓你放慢步調，更謹慎更深入地考量你眼前的這盤食物——可能還包括此後你吃的其他餐點。

多年前，我曾和幾位手帕交在艾利尼亞餐廳（Alinea）享用共有二十三道菜色的一餐。大約在第七、十二，或者甚至是第十七道菜時，服務員送了三個小枕頭來我們這桌，在我們每人面前該放餐墊的地方，小心翼翼地各放一個枕頭，教我們別碰它。接著傳菜員很快地由廚房把三盤熱騰騰的羊肉送上來，他們一絲不苟地把盤子放在我們的枕頭上。接著服務員解釋說：「你們的盤子放在充滿咖啡香味的枕頭上。在你們切羊肉時，施加在盤子上的壓力會把枕頭裡的空氣擠出來，讓咖啡香氣瀰漫四周。這是我們用來搭配羊肉，以便創造全新的味覺經驗。請品嘗。」

我們三個人面面相覷，爆笑出聲。等平靜下來才能開始吃這道菜。我聽過艾利尼亞餐廳的主廚阿奇茲接受訪問，談到這個技巧，他解釋說他的目標是要讓客人增添另一種感官的對應。我雖同意此說，但他的技巧增添的是環境的香氣，而非食物的香味，兩者的差異在於鼻子的嗅覺和口腔的嗅覺。

我把這道「高概念」的菜告訴巴托申克，她也捧腹大笑。她說，我們人類非常擅於分辨環境中的香味和由口中攝入體內香味之不同。舉個例子，比如在過節時火雞大餐的桌上有人放了芳香的花束，她說，花朵所散發的芳香並不會干擾你的進食經驗，也就是說，花朵並不會使桌上的火雞嘗起來像玫瑰，也不會讓馬鈴薯泥吃起來像海芋，那是因為我們只有用鼻子嗅到花朵，而火雞的味道則是來自鼻子和口腔兩者。亦即我們可以聞到花朵，但我們卻品嘗到食物的滋味。因此咖啡氣味的空氣也不會改變食物的風味，因為我們很擅長分辨留在我們體外的氣味，和我們由體內體驗到的氣味。味道和香氣兩者融合，難以分離，而在進食時，以人為的方式添加鼻子所嗅的氣味，和在你口腔裡融合味道和香氣是不同的。

不過，餐桌上海芋的香氣可以勾起與這花朵相關的回憶、情感，和聯想，正如阿奇茲想要以咖啡香引發「芬芳重現」的經驗一樣。他也藉著焚燒橡樹葉片，產生落葉營火的芳香氣味，藉以創造秋高氣爽的印象。

用鼻子聞到原本不該在菜裡出現的味道，非但不能加強，反而干擾了我們體驗它風味的能力，因為食物的風味原是結合了鼻子和口腔的嗅覺，以及味覺和觸覺。因此像我們在麥特森公司的食品實驗室不喜歡員工用濃重的香水。儘管你能分辨氣味由何（鼻或嘴）而來，但在評估食物時，保持中性的環境還是比較有用。在你所吃食物的周遭噴灑香氣，會改變你感受一道菜的方式，即使你並沒有察覺。

指出那種氣味：嗅覺是我們最細緻的感官

人類對氣味特別敏感，可以說，嗅覺是我們最細微的感官。我們可以覺察到十億分之一（ppb）程度的氣味——這相當於在奧運標準規格的游泳池中滴幾滴液體的情況。如果你作個實驗，選擇兩個分別密封的游泳池，其中一個滴入三滴乙硫醇這種化學物，另一個不添加，憑藉這種化學物所釋出宛如臭鼬的氣味，大部分人都可以分辨出是哪個池子添加此物。乙硫醇的氣味強烈，因此常用在和丁烷和丙烷這類的氣體中，當作警告的媒介，因此即便只有一點點瓦斯漏氣，我們也可以覺察。當然，並非所有的氣味都如此強烈，但這個例子的確說明了我們嗅覺的敏感。相較之下，我們的味覺敏感只到百分之幾的程度而已。

那麼照理說，如果我們閉上眼睛，就應該可以不假思索就說出那是什麼氣味了，可惜不然。研究一再的證明我們在這方面碰壁。很難憑空就說出氣味的名稱，主要是因為我們沒學到這個技巧。食物的香氣伴隨著味道、口感、溫度、視覺，以及最重要的——環境，把這些感官分離開來，然後要指出這塊拼圖上一小片的名稱，並非我們熟悉的技巧。

在精彩電視節目《頂尖主廚》（*Top Chef*）中，對決的廚師得參加反應必須十分迅速的挑戰「說出它的成分」單元，而這正好證明這項技巧有多難。其中一集由專業廚師瑞克・莫恩（Rick Moonen）、李國緯（Susur Lee），和強納森・魏克斯曼（Jonathan Waxman）挑戰含有二十九種成分的泰式綠咖哩醬汁，這種醬汁香氣逼人，充滿異國風味的成分，比如南薑、魚露、泰國檸檬葉（kaffir lime leaves）和香茅。我本以為這些大廚只要嗅一下，就可以得到他們需要的資料，不過他們也可以品嘗醬汁再說，藉此取得味覺和鼻後嗅覺之助。接著他們就得說出其中的成分，一次說一個，頭一個說出不是醬汁成分的廚師就算輸。

魏克斯曼馬上就可以知道他嘗到的是什麼，他告訴鏡頭前的觀眾說：「我的葡萄酒味覺相當優異，因此我的醬汁味覺應該也很不錯。這當然是泰式咖哩醬汁，再簡單不過。」然而當魏克斯曼說這個醬裡有奶油時，就被淘汰出局，這時他才說出了其他四種成分而已（椰奶、大蒜、香茅和泰國檸檬葉）。魏克斯曼把自己出局的原因歸咎於太過急躁，想要說出比較大膽的成分，但他才說到第五個成分就遭淘汰，也未免太有趣了。

原來我們區分混合物（醬汁、調味料、湯）成分氣味的能力只限於四種。只要想想大部分的食譜中都融入了多少成分，就會知道這個數字聽來驚人。這樣的任務表面上簡單，但就連專業主廚都經常失誤。

不過並不是沒有辦法補救！研究證明學習和練習可以改進我們區分氣味的能力。品酒師只要一聞酒杯中的葡萄酒，就知道杯中是什麼，比非專業人士高明得多。在香水店工作的人則比一般人更容易說出氣味的名字。

我的工作也可以證實這一點。若你想要改進自己，憑嗅覺「說出那樣食物」的能力，我建議你做本章最後的香料架氣味挑戰練習。光憑氣味就說出香料名稱，這任務聽起來好像容易，尤其如果你經常使用香料烹飪更該易如反掌，但我卻練習再練習，花了好幾週時間才終於成功。如今我可以分辨丁香和小豆蔻，百里香和墨角蘭（marjoram）。但如果把我可以憑氣味聞出來的香料混合五、六種以上，那麼恐怕在說出三、四種之後，我一樣會被考倒。不過如果由好的方面來看，至少我可以重溫巴爾的摩孩提時代「芬芳重現」的記憶。

要是你是這方面的新手，那麼光是由嗅聞一種香料，就想辨別出它是什麼，必然會令你抓狂。因此你採取的方法是辨識這氣味的範疇，比如它是你用來作南瓜或蘋果派那種溫暖的香料嗎？如果是，那麼有哪些香料也屬於這個範疇？信手捻來的就有肉桂、肉荳蔻、丁香和五香。它的氣味是否像麝香、汗臭，或者有動物的氣味？這些是我由孜然和白胡椒聞出的氣味。它是否有草味？乾蒔蘿和荷蘭芹在我聞起來就像剛割過的草地。辨識這些香氣的範疇，能讓你由整個香草和調味料的領域縮小到次分類。

喪失嗅覺的風險

憑空辨識氣味既然這麼困難，那麼該怎麼評估喪失嗅覺的病人？如果你讓這些病人聞東西，該怎麼知道他們究竟聞到了沒有？即使嗅覺和味覺都正常作用，大部分的人都還覺得這個任務很困難，因此醫師通常用選擇題來作測驗。

也有人用嗅覺測定器（olfactometer），這種特別的設備把揮發性的氣體分子噴入一根管子或圓筒中，你挺身向前吸，電腦顯示幕或試卷會讓你作選擇題的測驗。測定器藉著氣味的濃度變化，不只能測量你能不能聞到味道，也能測出你的嗅覺有多敏銳。

在診所做一年一度的體檢可能會包括眼睛和耳朵的檢查，卻很少會測到你的嗅覺能力。這是個重大的疏忽，因為喪失嗅覺可能會危害你的健康。喪失嗅覺會改變你吃東西時的可口程度，往往影響到你吃多少、吃什麼。它還會讓你面臨其他的危險，比如你會聞不到瓦斯漏氣、燜燒的煙，或者腐臭的食物。

醫生並不需要昂貴的儀器，就能作嗅覺測驗。有個標準的紙筆測驗，稱作賓州大學味覺辨識測驗（UPSIT，University of Pennsylvania Smell Identification Test），是很方便的一本小手冊，有許多刮刮聞的問題，你的醫師只要花幾分鐘讓你做就可以了。你先刮一塊以棕色微膠囊包裝的氣味，然後塗黑你答案前的圓圈，就像電腦答題一樣。你的選擇就會和答案相比評分。這個測驗還可以辨識你是否故意做出錯誤的選擇，這是為了避免有人為了詐騙保險費，假裝喪失嗅覺，而來作這個測驗。

簡明嗅覺辨識測驗（Brief Smell Identification Test）和UPSIT都採用選擇題，因為若沒有線索，人類就很難說出氣味。典型的刮刮聞問題如下。

這氣味聞起來最像：

a、水果
b、肉桂
c、木頭
d、椰子

你可以由 www.tastewhatyouremissing.com 訂一份來試看看。

何謂味道？

哈瑞・克利是佛羅里達大學園藝學教授，他的實驗室努力要了解蔬果味道的化學和基因組成。最近他最有興趣的研究是「番茄計畫」，促使他做這項研究的，是我們消費者老是買外表美觀、色澤誘人，但一口咬下卻感到大失所望的番茄。

克利說：「自一九八〇年代以來，我們就知道店裡賣的番茄全都是垃圾，難吃得要命。」

講求在地、當令食材的老前輩——名廚愛莉絲・華特斯（Alice Waters）說，這是因為美國工業食物系統走錯了路，人應該只吃在地、當令的食物。她在校園裡推動「食材園」（Edible Schoolyard），使種菜成為公立學校的課程，學生得以用古早的傳家種籽（指在一九五一年雜交配種流行之前的老植物株）種植他們自己的番茄。這樣的番茄成熟時碩大、美味、多汁，部分是因為它們是由老株的種子培育，部分也因為它們在採摘之後很快就吃掉。可是如果農夫要出售這種由老株植物培養出來的農產品，他們就得小心翼翼地把這些如水球般的番茄運送到離農場只

《感官小點心》

我們對新鮮的感覺，主要來自於酸度。不過同樣的，揮發物質才是真正的關鍵！小火慢燉或罐裝的醬汁雖然有教人驚艷的酸度，但因爲它已經煮太久了，所有的揮發物質的前味都蒸發殆盡。醬汁就喪失了鮮度。湯、墨西哥莎莎醬、水果……一切都如此。吃新鮮的食物不只有益健康，而且因爲它含有較多的揮發分子，因此味道的確也比較好。

有一些路程的地方，而且一年中只有幾個月能販售，由於量少，因此價昂。在這幾個月裡，消費者嘗到有番茄味的番茄，能夠比較健康快樂，而農夫也能賺點錢。可是在美國，大部分的農產品都是由飛機或卡車由產地送到市場，老株番茄禁不起這樣的折騰。

克利認為，如果能了解老株番茄為什麼味道這麼好，我們就可以重新改造它們，讓它們能夠在二月之時，由四季如春的佛羅里達採收，用卡車送到酷寒的明尼蘇達，而不至犧牲其風味。不要因此而驚駭，因為克利用的手法並非基因工程，而是千百年來農民一直都在採用的傳統植物育種。不過如果要培育出最好的番茄，他就得知道組成番茄風味的每一種化學成分，然後想出其中大家覺得哪一些分子美味。可是究竟番茄的風味是什麼？

「番茄的風味基本上就是糖、酸和揮發物質，」克利說：「非得要有糖，非得要有酸，這兩者的平衡是好風味的重點。糖和酸是基礎，但我們認為揮發物才是真正的關鍵。你不可能光憑糖和酸，就重組出番茄的風味。」

捕捉氣味

要重組番茄的風味，可以用一種稱作氣相層析質譜儀（gas chromatograph mass spectrometer，GC-MS）的設備，這正是許多香水公司用來分析香氣的工具。這個機器可以解讀食物的揮發香味。把磨碎的新鮮番茄送進這個神祕的黑盒子裡，它就會吐出表單，列出樣本中所含的揮發物質，以及每一種成分強弱的圖表，不論這揮發氣味是否在人類可以嗅聞到的範圍內。然而就算你拿著這張單子，依舊像你在看可口可樂的成分表一樣，儘管知道它含有碳酸水、糖、焦糖色素、磷酸、天然香料和咖啡因，卻不能因此就讓你調出可口可樂的味道。它同樣也並沒有告訴你，哪些成分是因為什麼原因而在配方中。GC－MS的分析讓你得到一些資料，但並不能告訴你全貌。想要知道我們之所以喜愛番茄，究竟是因為它含有哪些揮發成分，GC－MS黑盒子測驗的結果根本沒用。而克利想做的卻正是這一點。

味道只有五種，但氣味的數量卻多得多。番茄裡共有約四百種揮發氣味，其中許多含量太低，人類無法覺察。讓番茄有它獨特風味的，大約是十五種揮發化學物質。

「有趣的是，如果你分別聞到這些化學物質，沒有一種會讓你覺得它是番茄。」克利說。不過並非每一種食物都是這樣，比如肉桂就有一種十分明顯獨特的揮發物肉桂醛（cinnaminic aldehyde）、丁香（含有丁香酚eugenol）和奶油（含有丁二酮diacetyl）亦然。

「番茄並非如此，它是由各部分的總和，給你番茄的氣味。」克利說。人類可以聞到的番茄揮發物質「部分」請見下頁表格。比如有一種青草調，聞起來就像你剛割完草時，青草在你草地上的味道，它們對番茄的風味極其重要。克利說，你買的帶莖番茄就是利用這一點：「這是很厲害的小技巧。消費者在超市裡拿起帶莖番茄，把莖拔掉，聞到那股青草氣味就覺得『很甜美』。他們聞到的其實不是番茄，而是藤蔓。」

生、熟番茄之別在於烹調（或處理）的過程除去了令許多人厭惡的生番茄揮發物質。煮過的番茄不再有那種青澀、青草、泥土的前調，這些分子量低的化合物對熱度極其敏感。前調是你所感覺到食物最強烈的氣味，因為它們重量輕，因此很快就會揮發。這種現象說明了為什麼現榨柳橙汁比經過加熱殺菌保存的好喝。果汁裡分子量低的揮發物質在加熱消毒的過程中消失了，而它們正是讓果汁有新鮮風味的物質。

有哪些自然揮發化學物讓番茄的滋味像番茄

氣味	揮發物質	濃度
種類	濃度	位置
番茄青澀味	順式－3－己烯醇（cis-3-hexenal）	12000
青草味	己烯醇（hexenal）	3100
堅果／水果味	2－苯乙醇（2-Phenylethanol）	1900
水果／花香／青澀味	1－戊烯－3－酮（1-penten-3-one）	520
大地／陳腐味	3－甲基丁醛（3-methylbutanol）	380
青澀味	2－已烯醛（trans-2-hexenal）	270
青澀味	葉醇（cis-3-hexenol）	150
水果／花香味	6－甲基－5－庚烯－2－酮（6-methyl-5-hepten-2-one）	130

氣味	揮發物質	濃度
種類	濃度	位置
青澀味	反－2－己烯醛（trans-2-hexenal）	60
冬青味	水楊酸甲酯（methyl salicylate）	48
番茄藤蔓味	2－異丁基噻唑（2-Isobutylthiazole）	36
陳腐味	2＋3－甲基丁醛（2+3-methylbutanal）	27
陳腐／泥土味	1－硝基－2－乙基苯（1-nitro-2-phenylethane）	17
花／酒精味	苯乙醛（phenylacetaldehyde）	15
水果／花香味	β－紫羅蘭酮（β-ionone）	4
水果味	β－大馬烯酮（β-damascenone）	1

※取材自「番茄計畫」網頁：hos.ufl.edu/kleeweb/flavorresearch.html

番茄的後味可以經得起烹煮是因為它們分子量重，使它們對熱度不那麼敏感。我不知道羅傑厭惡的究竟是2－已烯醛、β－紫羅蘭酮，還是3－甲基丁醛，我只知道只要在平底鍋裡煮個四、五分鐘，就可以把它去掉。

現在讓我建議各位做一個真實世界的實驗，這是我父親（他並非科學家）在我五歲時教我的實驗。選個八月中旬，到你家附近最好的超市或農夫市集，找個老株品種的番茄，要深重飽實，充滿果汁，但不要軟糊糊的。回家之後把紙巾圍在你脖子上當圍兜，到洗碗槽把番茄洗乾淨，灑點海鹽，然後像吃蘋果一樣，一口咬下，看看你能不能嘗出苯乙醛？不能？很好。現在把揮發物質徹底忘掉，好好享受大地之母完美的果實。

互動練習 4 品嘗你錯過的味道：加熱對揮發物質有什麼樣的影響

你需要

◉紙膠帶和簽字筆 ◉兩個玻璃量杯 ◉每人兩個檸檬 ◉榨汁機 ◉中碗 ◉保鮮膜 ◉一個不會起化學反應的小湯鍋 ◉清除口腔餘味的蘇打餅乾

作法

❶用紙膠帶標識玻璃量杯。量杯一：新鮮果汁，量杯二：加熱過的果汁。
❷把所有的檸檬都榨汁，裝入碗內。
❸把檸檬汁平均倒進兩個量杯。
❹以保鮮膜蓋住標識「新鮮果汁」的量杯，放進冰箱。
❺把另一量杯的果汁倒進小湯鍋，高溫加熱至果汁沸騰，轉中火煮三分鐘。
❻熄火，再把果汁倒回標有「加熱過的果汁」量杯。
❼將加熱過的果汁放進冰箱，等約兩小時後，確定它和另一量杯的新鮮果汁溫度相同。

品嘗

❽先嘗新鮮果汁。
❾吃一塊蘇打餅乾，喝點水，去除餘味。
❿再嘗煮沸過的果汁。

說明

❶品嘗新鮮果汁時，你會感到兩或三種基本味道，甜和酸味一定嘗得出來（主要是酸），或許還有一點苦味，端視你擠了多少果皮和果皮下的白層進去。
❷嘗過味道之後，把焦點集中在氣味上。現榨的檸檬汁有一種清新強烈的前味，使它有招牌風味。
❸品嘗煮沸的果汁時，你會感到同樣的基本味道，但卻少了什麼，它的氣味不如新鮮果汁那般強烈，這是因爲煮沸果汁釋出了較輕的化合物，讓它們逸散到空氣中，結果果汁含有的氣味化學物質就減少。
❹煮沸果汁的過程和果汁（或其他液體）加熱消毒的過程差不多，以熱度殺死細菌，讓果汁可以保鮮較久。熱度殺死了有害人體的微生物，同時也讓微妙可愛的氣味消失。下次你在餐廳喝果汁時，試試是否能察覺到那些細膩的前味，就可知道餐廳提供的是不是現榨果汁！

Taste What You're Missing

互動練習 5

品嘗你錯過的味道：鼻子嗅覺和口腔嗅覺

你需要……

◉一瓶的甜味果汁，如梨子、桃子或芒果汁◉三個玻璃杯或附蓋塑膠杯◉保鮮膜◉一條奶油，自然在室溫中軟化（不要用加熱的方法！）◉一罐保持在室溫的花生醬◉試食用的湯匙和杯子◉每人三支可彎吸管◉紙和筆

作法……

準備動作

❶用把半杯果汁倒進一個杯子。用保鮮膜或杯蓋把它蓋緊。

❷把兩湯匙奶油放進剩餘的其中一個杯子裡，用保鮮膜或杯蓋把它蓋緊。

❸把兩湯匙花生醬放進最後一個杯子裡，用保鮮膜或杯蓋把它蓋緊。

❹把所有的杯子都靜置約一小時，讓果汁、奶油和花生醬的揮發氣體填滿杯內空間，這個空間就稱作頂隙（headspace）。

把剩下的果汁、奶油和花生醬放在一旁與杯子分開之處，讓人自由嗅聞。

嗅聞和討論

- 把吸管短的那端戳進保鮮膜或杯蓋，但不要碰觸到食物，確定它留在頂隙。你要嗅聞的是空氣，而不是食物或果汁本身。
- 封妥吸管周圍，然後用吸管吸氣呼氣，這是味覺刺激的鼻後嗅覺或口腔嗅覺。讓大家輪流做（如有需要，可用新的吸管）。
- 現在再用鼻子如平常一般聞你的嗅覺刺激物。
- 最後用口腔品嘗這個刺激物。
- 討論你的經驗。

將彎曲吸管較短的一端放入杯內，但不碰觸到食物。把嘴唇放在吸管上吸氣呼氣，體驗沒有用鼻子而光用口腔嗅覺的感受。

互動練習 6

品嘗你錯過的味道：香料架氣味挑戰練習

這是需要持續的練習，可能要花幾週或幾個月才能有成果。

你需要

◉你經常使用的十至十五種調味料或香草（你可以試著列出自己的香料表，並不需要依照下表所列樣本。）◉紙膠帶◉彩色筆◉紙

作法

❶用紙膠帶把成分的名字貼在容器底部。

❷用紙遮住容器標籤，讓你無法分辨。

❸任意選擇容器，打開來嗅聞，試著不看底部的標籤，說出內容物。（最好有夥伴一起做，因爲自己一個人時，作弊的誘惑很大，如果你先看標籤再嗅聞，什麼也學不到，必須先聞，再猜。）

❹一開始要光憑嗅覺就分辨出是什麼香料十分困難。原本你以爲你經常聞這些香料，早就熟記於心，其實不然，因爲你從沒有被迫在不用其他線索的情況下辨識它們。

❺如果你覺得這麼做很困難，不妨自問下列這一些問題：

ⓐ這是否是你經常使用的成分？如果不是，問題就大了！如果是，請往下。

ⓑ這是否是熟悉的氣味？

ⓒ如果它很熟悉，不妨聯想它所引起的情感，比如你常煮的一道菜裡是否有用到它？如果是，自然有幫助，如果不是，一樣也可以給你線索。它是否是你經常在母親的家裡聞到的氣味？還是在朋友家？街角的印度餐館？

ⓓ分辨它的氣味屬於何種範圍？是像柑橘，還是麝香？有草味，還是很豐富？如果能辨識它的範疇，就能縮小它的可能性。

ⓔ你覺得它是什麼？猜猜看，再看標示。這是你學習的唯一方法！

草味※	辛辣	溫暖	歐亞	柑橘味	麝香、強烈	煙味	花香
羅勒（乾）	胡椒	肉桂	羅勒	芫荽粉	孜然	碎紅辣椒	薰衣草
奧勒岡草（乾）	芥末	丁香	茴香	月桂葉	白胡椒	墨西哥辣椒粉 Chipotle chile powder	普羅旺斯香料 herbes de Provence
蒔蘿（乾）	白胡椒	五香	葛縷籽 caraway seeds			煙燻紅椒粉 smoked paprika	
鼠尾草（乾）	薑	小荳蔻	八角			番椒 cayenne pepper	
荷蘭芹（乾）		肉荳蔻					

取材自：L. Barthomeuf, S. Rosset 與 S. Droit-Volet 的 *Emotion and Food*

※這些香料新鮮時未必有草味。

互動練習 7　品嘗你錯過的味道：欣賞口腔嗅覺

這個練習說明你把食品放在口腔之內，並且用口腔嗅覺延長品味時，這個味覺經驗可以持續多久。

你需要

◉為每一名參與者提供吉利丁（jelatin）甜點（比如果凍Jell-O）◉每人一只湯匙 ◉清除口腔餘味的蘇打餅乾和水 ◉記分用的紙筆

作法

❶本實驗的目的是要計算每個樣本吉利丁的味道在你口中持續多久。由吉利丁甜點入口開始計時，直到味道完全喪失為止。

❷把一匙吉利丁甜點放到口腔後方，盡快吞下，不要多嚼。

❸計算吉利丁的味道在你口中持續多久。

❹吃一塊蘇打餅乾，並喝水去除口腔餘味。

❺把一匙吉利丁甜點放到舌頭中央，閉上嘴，把它含住，時間越長越好，保持呼吸。一邊呼吸，一邊用舌頭推它，讓它盡量延長在你舌上的時間不要吞下去。

❻計算吉利丁的味道持續多久。

討論

- 吉利丁化掉之後，其餘味在你口中又持續了多久？
- 想想你可以用這麼簡單的方法，讓吃的一切都在你口中保持更久的風味。
- 你只需要更小心地把食物含在口中，讓它在口中運轉，接觸所有的味蕾，並且持續呼吸，以體驗揮發的香氣。

Taste What You're Missing

Taste
What You're
Missing

第三章

觸覺

如果你想像要**感覺**一顆新鮮的番茄，你可能想像自己會用手觸摸它，這是有道理的，因為你得用手才能把番茄放進嘴裡，也因為手是你身體最敏感的部位；身體第二敏感的部位則是嘴唇和舌頭。用手摸過番茄之後，如果你還想要徹底地感覺它，那麼最合理的方式就是把它放進你的嘴裡，因為你的嘴唇和舌頭有幾乎和你指尖同樣多的末梢神經。

下頁圖代表的是觸覺的敏感度，稱作「感覺小人」（Sensory Homunculus），身體每一部位的大小按照其敏感的程度而放大或縮小，請注意雙手、嘴唇和舌頭有多大。

假設朋友買了一件新的喀什米爾羊毛衣，她愛不釋手，對你說：「真柔軟，來，你試試看。」你恐怕不會湊上前去，一把抓起她的毛衣，然後把它塞進你的嘴裡。然而小嬰兒卻會這麼做！在你長大成人的過程中，你會發現伸舌頭舔朋友的毛衣是不當的行為，即便這個做法最能讓你感覺到毛衣的質地。你的觸覺和你以舌頭品嘗東西，其實密不可分。

對食物有觸覺的人

大多數人都大大低估了他們的觸覺對所吃食物的感受，卡麥隆·佛萊德曼（Cameron Fredman）有感於此，於是自封為欣賞食物口感的非官方發言人。

在洛杉磯生長的佛萊德曼現年三十多歲，擔任訴訟律師，他由食物中獲得許多樂趣，但這三十多年來卻從沒有聞到或品嘗到它。他喜歡烹飪，也經常外食，然而他只能鑑賞食物的質地，這是由於他天生就患有「無味覺症」（ageusia）和「無嗅覺症」（anosmia），完全喪失味覺和嗅覺之故。他永遠沒辦法了解食物真正的風味——味覺、嗅覺，和質地結合在一起。他的品味經驗完全只有口感。

就像在法庭上為客戶辯護一樣，佛萊德曼也振振有詞地為食物的口感辯護，他談起食物的質地，就像大廚在談美食的風味一樣。「和其他人談食物滋味之時，我總是主張質地，我總說他們喜愛的食物風味其實是來自口感，美好的食物有好的口感，做得不好的食物，口感不好。」

視覺小人

佛萊德曼長篇大論地談起食物口感的層次和複雜，他描述他最喜愛的食物——壽司時說：「壽司只有一口大小，卻有許多種不同層次的口感。」他說好的壽司是用煮得恰到好處的飽滿米飯，搭配質地堅實的肥厚魚肉。相對的，做的不好的壽司口感則乏善可陳。

一般人總覺得米餅（rice cakes）嘗起來，好像在吃保麗龍一樣，這是因為米餅沒有強烈的味道或香氣，可是這種大家覺得味同嚼蠟，純粹為了節食才吃的食物，在只憑口感品嘗食物的佛萊德曼看來，卻什麼也不缺。「只要你停下來，想想米怎麼脫離剩餘的部分入口，就會覺得米餅嘗起來很有趣，我認為它比其他餅乾都有趣。」

佛萊德曼只憑口感來品嘗食物的一個問題是，如果食物的質地不如他的預期，他就會很快地喪失食欲，藏在一球新鮮優格下的胡桃可能就會引發他的嘔吐反應。大部分人可以先嘗到胡桃皮的苦味，然後藉由口腔嗅覺感受到，嗯，**有胡桃**，可是佛萊德曼接收不到這樣的味覺和嗅覺線索，對他而言，優格裡有一顆胡桃，就和有一塊人體部位或塑膠是一樣的感覺，因此他常會吐出質地不同的異物，這是他處理可能有危險的食物的作法。他也十分在意食品上的有效期限，因為他沒辦法憑鼻子聞出罐中的牛奶是否新鮮，只能憑視覺上食物腐壞的線索，比如起司上長了黴，或者腐爛蔬菜表面上出現的黏液。然而他未必總能避開危險。如果某種食物的口感沒錯，但味道和氣味卻不對，就可能不知不覺被他吞下肚中，就像一個酷熱而沒有空調的夜晚，他在加州威尼斯（Venice）海灘的經歷一樣。

危險！所有的液體「嘗起來」都像水一樣

那天夜裡佛萊德曼和女友躺在床上，他渾身冒汗，又累又渴，很不舒服。他的女友平常總會在床邊準備一瓶水，因此他問她水在哪裡，她告訴他就在桌上，於是他坐起身來一陣摸索，拿起瓶子一口氣就灌了下去。吞了幾口之後，佛萊德曼突然明白他覺得頭暈想吐並不是因為在酷熱之中突然坐起身來之故，而是因為他所喝的不知道是什麼東西。等他女友開了燈，他由她驚駭的表情就知道大事不妙了。於是他看看手上的瓶子，上面寫著：**松香牌萬能全效清潔液**（Pine Sol）。

佛萊德曼欠缺兩種感官系統——嗅覺和味覺，因此不像一般人能感知危險而不會喝下清潔液，而且又因缺乏另一種區分清潔液和水差別的感官元素，因此佛萊德曼根本是盲目地喝下清潔液，他察覺不到水和清潔液在口感上的差異，兩者在聽覺上亦無差別，再加上夜裡沒開燈，使他看不見顏色和標籤。

然而這並不表示他的身體就能把清潔液當成水，因此他嘔吐了好幾小時，不過電話那頭九一一的調度員卻告訴他們這是好現象。等到危機解除，佛萊德曼雖然受了驚嚇但無大礙之後，他的女友忍不住開起玩笑，看著他滿是肥皂泡沫的嘔吐物說：「你該吐到浴室地板上去，邊吐邊擦。」他不只是男朋友，還可以當成地板蠟來用。

佛萊德曼只用視覺、聲音和觸覺來品嘗食物，但卻能由其中得到樂趣，這證明了我們可以——而且的確也由食物的口感獲得了莫大的享受。可是在我們想到飲食經驗時，卻很少會把口感列為第一，除非它含有極高的脂肪。我母親在她最愛的墨西哥餐廳裡，一嘗到焦糖布丁如絲綢般的滑順口感，就飄飄欲仙。我也聽過羅傑滿懷敬意地談起舊金山手工冰淇淋店韓福瑞史洛坎比（Humphry Slocombe）的招牌產品——祕密早餐（波本威士忌加玉米片的組合）口味的冰淇淋，羅傑喜歡它，就是因為它的威士忌含量極高，因此無法徹底凍結，即使貯存在零下的低溫，依舊保持柔軟。香草冰淇淋中有波本威士忌搭配玉米片，成了教人心曠神怡而能解宿醉的早餐，我早該明白的。

為什麼巧克力脆片這麼大塊

美國食物中的偉大口感經驗，莫過於每一家超市都有售內含大塊配料的冰淇淋了，可是以前並沒有這樣的產品。一九七八年，兩名年輕人成立公司，製作乳脂肪超高的冰淇淋。冰淇淋含乳脂肪越高，就越濃郁香醇，口感也越豐富。

原來這家乳品公司的創辦人之一和佛萊德曼有同樣的毛病：**無嗅覺症**。公司創辦之初，兩人在研發冰淇淋口味時，無嗅覺的這位創辦人總是要冰淇淋裡有更多的配料：更大塊的巧克力、更多的胡桃、更多的布朗尼、更多的櫻桃。他聞不到櫻桃的水果杏仁味、巧克力的烘焙堅果味、焦糖的甜香味，因此他要用食物的質地來取代他所失去的嗅覺。他把冰淇淋塞滿了焦糖的渦紋、巧克力塊、水果，和其他配料，作為他所喪失感官的補償。

高品質的冰淇淋加上每一口都有一塊配料的豐富組合，成了班傑利（Ben & Jerry's）的招牌。班・柯恩（Ben Cohen）的無嗅覺症是促成這個品牌冰淇淋講求質地的功臣，迄今依舊是他和夥伴傑利合創冰淇淋的特色，儘管有許多對手都模仿他們的風格，但班傑利依舊是箇中翹楚，是講求食物質地者的最愛，比如胖老公（Chubby Hubby）口味就用香草麥芽冰淇淋配上內含花生醬的鹹脆餅，再淋上巧克力軟糖，配料豐富。

口感其實是觸覺

口感是我們經由觸覺體驗的一種風味。如果你再添上視、聽、味，和嗅覺，食物的體驗就已經完整。好的餐廳知道該如何刺激這五者。

約書亞．斯奇尼斯（Joshua Skenes）這位雖古怪卻才華洋溢的廚師在舊金山開了一家可愛的「季節」（Saison）餐廳，提供多道試食菜單，挑戰食客改變對食物搭配及風味的思維。季節餐廳初開張時，不但與傳統的作風不同，也震驚食客的感官。餐廳位於原本用來做外燴的廚房空間，在向來與美食無緣地區的後巷，客人得要越過洗碗台，才能走到勉強可稱為餐廳的十幾張木桌前。最後斯奇尼斯的廚藝引起轟動，客人希望他能夠開個餐廳，他大可開出高昂的價格，顧客一樣會甘願支付。斯奇尼斯在裝修餐廳時，以獨特的方式考慮到觸覺，他說，「你得要有美食、好的服務、佳釀、舒適的環境，而舒適的環境就是一切，它意味著你所碰觸的一切、餐盤、重量適中的銀器。所以我們在椅子背後放了薄毯。」

我在和廚師談質地時，並沒有料到會聽到這樣的說法。我原本要和斯奇尼斯討論的觸覺經驗，是以食物的質地為主，但他的說法也有道理，身體的舒適是美食享受經驗的一環，而在我親身到「季節」餐廳體驗之後，更覺得餐椅上放條薄毯應該是標準的餐廳配備，把自己緊裹在超細纖維抱毯裡，使奢華的享受更上一層樓，尤其在舊金山，沁涼如水的夏夜往往會使你寒冷徹骨。

食物的網路

食物的質地（口感）是由**食物中分子網路之間的化學互動**所決定，這種描述法雖然聽來枯燥乏味，但香蕉之所以和椒鹽蝴蝶脆餅乾不同，正是因為分子特別的排列所致。這也包括了分子之間結合的強弱，當食物在你口中溫度改變時，這些分子的變化，以及當食物開始在你口中融化時，它改變形式的方式。

蔬菜和水果獨特的質地來自於其細胞壁的聯結。這也是番茄和黏果酸漿（tomatillo，果實如番茄的茄科酸漿屬植物）不同的原因所在。當然，在經過處理、烹調、冷藏、冷凍，或貯藏一段時間之後，這兩種食物的分子都會有極大的變化。新鮮番茄和罐頭番茄的質地截然不同，因為新鮮番茄的細胞壁未受影響，而番茄在加熱裝罐之時，細胞壁瓦解，使其質地產生改變。同樣的情況也發生在冷凍番茄（或其他食物）上，一旦細胞經冷凍，就起了永遠的變化。把冷凍番茄解凍時，可以由兩方面看出細胞壁的破損：番茄不如新鮮時堅實，細胞壁內的水也會由番茄中流出。

如果要評估番茄的質地，首先要明定描述它的詞彙，包括「多汁」，這或許不像形容質地的文字，但造成番茄有（或無）多汁感的原因卻正是質地。新鮮番茄在細胞壁裡會儲存許多水分，而在烤箱中烤過的番茄則沒有。

在英文中，我們用來形容質地的一個字是consistency（黏稠），比如「那碗番茄濃湯的黏稠度（consistency）

◀「番茄術語」新鮮和人工處理過的番茄質地特性專門詞彙

特性	定義
纖維度	你感覺有多少纖維？
多汁	你咬嚼時有多少液體流出來？
粉狀	就像法院給色情的定義：看到就會知道。嘗來不舒服的細柔分子，不應在番茄中出現。
果肉量	果肉是指固體，和番茄的皮及所含汁液相比，有多少「肉」。
皮	皮可算好也可算壞。
種籽	有沒有種籽？
厚度	皮有多厚？果汁有多濃？番茄中果肉壁有多厚？
黏稠度	果汁倒出來有多快？液態程度如何？
澀味	有沒有一種乾縮的口感？
金屬味	嘗起來是否像錫罐或鋁箔？

※改編自Pairin Hongsoongnern和Edgar Chambers IV的報告

如何？」這時consistency指的是質地，但這個字還有另一個意思，用來表示**一貫性**，比如「羅傑冷靜的言行舉止使我們的關係保持一貫性（consistency）。」這時這個英文字的意思是**和諧齊一**。但如果把它用在評鑑食物上，就會出問題，比如：「這一批番茄湯不如上一批好，我有consistency的問題。」這時consistency是指黏稠度，還是指每一次作湯時的品質不一？這樣的表達不夠清楚。為避免這樣的混淆，因此我採用viscosity來形容質地。

覺得有苦味嗎？

大部分人都認為澀就是苦的一種，其實未必。許多苦或酸的食物也會有澀味，這可能是造成混淆誤解的原因。然而澀味是三叉神經或觸覺神經來感受，它是一種質地。最常見最廣為人知的澀味物質是單寧（tannin），紅酒、咖啡和茶都因此而有乾澀的口感。另一種為人喜愛的澀味是酒精，有脫水之感。酒精使舌頭脫水，讓舌頭感覺乾，而這種乾就是澀味。

單寧在你舌頭上的作用方式，是讓你唾液中的一些黏蛋白（mucoprotein）冒出來，腫脹起來，這些蛋白質和其他蛋白質無法融合，因此在你的口中造成騷動，產生摩擦，使你的唾液不那麼潤滑，結果你就覺得口乾，這就是單寧造成的澀味。

要感覺單寧的澀味，只需要一顆紅葡萄，色澤越紅越深越好。選擇多水而不要太硬的紅葡萄，放進口中，然後不要用牙齒，光用舌頭把它頂在你的口腔上方，並且用舌頭把皮和多汁的果肉分開。接著把又甜又酸的果肉吞下，但把葡萄皮留在嘴裡，現在你已經準備好要品嘗澀味。把葡萄皮推到你口腔後方的臼齒去，然後開始咬嚼，嚼到覺得口乾而有點皺縮之感，那就是澀味。現在你可以品嘗澀味的獨特，並且了解為什麼它常會和苦味混為一談。澀是你在舌上感受到的觸覺。

單寧是**多酚**（polyphenols）的一種，這是植物所含有益健康的抗氧化物。紅酒所含的單寧則來自於壓碎的葡萄皮，茶、咖啡、石榴和堅果內也含有單寧。這些食物通常都會搭配一兩種對比的基本味覺，比如茶的澀味往往和檸檬的酸和（或）糖的甜產生平衡。紅酒的釀酒師就試圖創造出單寧、酸和甜的完美平衡。由於澀味來自於減少潤滑，因此含有單寧的食物就該以像脂肪這種滑潤的物質作為平衡，在咖啡裡加奶精就是為了達到這樣的效果。紅酒配牛排的經典組合也屬同理。在啜飲乾澀的山吉歐維榭（Sangiovese，義大利的紅酒葡萄品種）或是卡貝內蘇維翁（cabernet sauvignon）紅酒時，紅肉裡的脂肪正是最完美的潤滑劑。

觸覺的解剖

成年男子口腔的空間可以容納約三十公克的水，女子的口腔則大約二十六公克。你含著水到吞下去大約只有一秒鐘時間，因為水沒有什麼味道或氣味，因此你沒有理由把它含在口腔中太久以便品嘗。而且因為它很稀薄，又是液體，因此你毋需作什麼準備，就可以把它吞下去。液體越濃，你把它含在口腔中的時間就會越長。蜂蜜在你口腔大約就要三秒，才會被吞下去。在你吃固體食物時，其改變更加明顯。比如男人吃一口香蕉的量平均約十八克，女人則約十三克，約是水量的一半，這是因為你的口腔內需要額外的空間，才能讓固體食物在其中移動並吞下肚去。

你以牙齒感覺食物質地的方式有幾種：固定食物、咬成碎塊，嚼食以減少食物的尺寸，直到它小到可以吞下去。牙齒協助你感覺食物質地的另一個方法是透過它們的神經纖維。在你用牙齒向食物施力時，壓力輕輕搖晃齒槽裡的牙齒，沿著神經纖維發送資訊到中樞神經系統，以辨識食物的質地，這個過程往往並不自覺。

「肌肉」一詞教人想到的第一個印象是因為啞鈴的重量而虯結的二頭肌，或者手臂、腿、軀幹。我們從沒想到舌頭是肌肉，但事實的確如此。你用舌頭肌肉的力量和技巧來推動口中的食物，就像你用手臂上的肌肉來移動袋子、嬰兒、書本和啞鈴一樣。

在辨識和品味食物質地時，唾液會為食物碎塊潤滑，這讓舌頭可以輕而易舉地在口腔內移動食物。若沒有唾液，我們就無法讓食物濕潤而形成可以吞嚥的球狀體（食物團塊）。唾液腺就像口腔的灌溉系統，在需要時釋出水分，不需要時則減少水分。晚上我們睡覺時，唾液腺就關閉。我們起床時會口乾舌燥，並且口氣難聞，這是因為睡覺時不需要唾液來沖洗灌溉，因此不像我們清醒時那樣經常清新口腔。

吞嚥是體驗食物質地的最後一步，吞嚥動作的開始，是當舌頭把食物形成團塊，然後把它推到口腔後方。此時喉部的肌肉收縮，協助你把食物吞到咽喉更深處。教人驚奇的是，這些自動反射和重力無關，即使肌肉遭麻醉，或者你頭下腳上倒懸著，反射動作依舊會把食物推下喉嚨，因此太空人在零重力的情況下，一樣可以飲食。

質地（口感）的聲音

我們對食物質地（口感）的知覺，也受到食物聲音的影響。如果你把洋芋片放進嘴裡，卻沒有聽到清脆的聲響，不用多說，你馬上知道這洋芋片不是放太久了、受潮了，就是沒炸透。研究人員想了解他們能否在消費者吃東西時，藉著操縱食物的聲音，來影響他們對食物質地的感覺。他們以洋芋片為測試樣本，而為了要衡量聲音的大小，因此他們需要確定每一塊受測的洋芋片大小都相同，如果用一般的洋芋片，是不可能的任務，不過他們靈機一動：用品客洋芋片，這當然是舉世最整齊畫一的洋芋片。

在這個實驗中，受測者同樣戴上耳機，就像巴托申克在作「跨通道匹配」實驗要受測者調整耳機聲音的音調，以配合可樂的甜味一樣。在巴托申克的實驗中，她要受測者調整音量大小，而在目前的這個實驗中，研究人員已經為所有的參與者調整了不同的音量。受測者咬下大小和形狀都一模一樣的品客洋芋片之後，研究人員改變了每個人所聽到聲音的分貝大小，結果發現咬嚼洋芋片的清脆聲響越高，受測者就覺得洋芋片越爽脆越新鮮，聲響越低，受測者就覺得洋芋片越不新鮮而且越軟。

沒有觸感的食物

如果你其他的官能都照常發揮作用，只有口感除外，會是什麼情況？你能不能分辨自己在吃的是什麼？如果把柳橙榨汁，你就去除了它的質地，但你依舊可以說出柳橙汁的味道，對吧？

研究人員測驗這個說法，讓三組受測者（健康的大學生、肥胖者和老年人）品嘗各種缺乏正常口感線索的食物（藉此分辨肥胖與非肥胖病人味覺的能力，或者研究人的老化如何影響味覺的分辨。）。他們請受測者品嘗不同的食物，這些食物全都煮到柔軟呈濃漿狀，口感都幾乎一樣，他們也用了代表五種基本味道中的四種食物：鹽、咖啡（苦）、糖（甜）和檸檬（酸），混入玉米粉，以達到固體食物打成濃漿狀的相同口感。受測者不能看食物，但可以在品嘗之前用鼻子嗅聞它，等他們把食物放進口中之後，也可以讓它在口中移動，以體驗其味道和口感，好分辨它究竟是什麼。

沒有食物平常有的質地線索，一半以上的受測者都無法辨識出如牛肉、梨子，和青花菜等很熟悉的日常食物。有些氣味濃烈十分特別的食物如青椒（綠色蔬菜）比平常難辨識得多。只有一九％的健康學生可以認得出漿狀的青椒。因此對於許多食物，我們依舊需要觸覺才能知道它基本的資訊——我們剛放進嘴裡的究竟是什麼。（詳見左頁圖表）

漿狀食物	正確辨識出食物者的百分比：體重正常的大學生	肥胖的受測者	高齡受測者
鹽（鹹的味道基準）	89	94	89
咖啡（苦的味道基準）	89	87	70
蘋果	81	88	55
魚	78	81	59
草莓	78	81	33
鳳梨	70	75	37
玉米	67	69	38
糖（甜的味道基準）	63	88	57
胡蘿蔔	63	44	7
西洋芹	59	63	24
番茄	52	69	69

漿狀食物	正確辨識出食物者的百分比：體重正常的大學生	肥胖的受測者	高齡受測者
檸檬（酸的味道基準）	52	25	24
香蕉	41	69	24
牛肉	41	50	28
梨	41	44	33
胡桃	33	50	21
青花菜	30	50	0
米飯	22	12	15
馬鈴薯	19	69	38
青椒	19	25	11
豬肉	15	6	7
黃瓜	7	0	0
包心菜	4	0	7

※基本味道代表食物以玉米粉和水調爲漿狀，直到黏稠度與其他食物相同爲止。

資料來源：Susan S. Schiffman et al., “Application of Multidimensional Scaling to Ratings of Foods for Obese and Normal Weight Individuals,” Physiology & Behavior 21: 417-22; 以及Susan Schiffman, “Food Recognition by the Elderly,” Journal of Gerontology 32, no.5 (1977) : 586-92

只有不到一半的受測者可以分辨
這許多沒有質地線索的食物。

評量食物的質地（口感）

我們可以用一種工具輕而易舉地評量食物的酸度——酸鹼度計，即pH儀（pH meter）可以告訴我們食物會有多酸。測量食物的質地則有許多方法，但並不如測酸度那般容易，因為沒有單一的工具能測量所有食物的質地，受過訓練的品味者會比任何工具都更有用。

我們在麥特森公司的食品實驗室中，有一種稱作Instron的材料試驗機，這個機器讓我們能測試如蛋捲、雞翅，和洋芋片等食物的脆度。它是用來測量刺穿外殼或硬皮時所需要的力量，可是它無法測量液體，因為你不能刺穿液體。液體得用包氏黏度計（Bostwick Consistometer），這個儀器看起來像有門的水庫，把液態食物或飲料倒入上方的槽，打開閘門，記錄內容物有多快流下斜面即可。但這個設備對如雞翅等無法流動的物品就沒有作用。布克菲德公司（Bookfield）的質地測定儀（Texture Analyzer）則可以探針插入受測物體，測試固體和流體兩者的質地。探針旋轉或穿刺的難易程度，就可以告訴你食物口感相當多的資料，比如成熟度、堅實度、硬度和膠黏力。

但縱使我們可以衡量質地，卻依舊無法告訴我們這樣的質地是好是壞，是可以接受，還是不能接受。光是知道包氏黏度計五點五的分數並沒有什麼用處，除非把它和某種食物該是多少黏度相比較，這時又需要人的介入。機器可以給我們數據，但不能告訴我們它嘗起來好吃與否。

食物質地（口感）的對比反差

食物質地研究的前輩艾莉娜．薛采希尼亞克（Alina S. Szczesniak）說，我們喜歡質地（口感）的對比感覺是天性使然：

> 所有的人自出生起都是由液態食物演進到咬嚼固態食物。這種由液態演進到固態的順序，以及被動吞食液態食物的感受……和主動咬嚼之間的差異很重要，創造了質地經驗和組合的界限。

好廚師會努力添加菜色中食物質地的對比，他們運用的是四種不同的作法：一餐之內、一盤之內、一種複合的食物之內，和一種單純的食物之內。

一餐之內

一餐之內的對照指的是在整個用餐過程中不同食物的口感，比如先由蘑菇濃湯滑順細緻舒適的質地開始，以不需要花費多少力氣就可以享受的食物開胃，只要用湯匙舀起來，讓它在口腔咻咻繞一圈（以便得到最多的風味），然後吞下即可。接著送上的是爽脆新鮮的蘿蔓生菜沙拉，灑上滑潤的醬汁，再混以香脆的烤堅果。等主菜上桌時，你在口感的享受上已經暖好身，可以咬嚼肉質堅實的紐約客牛排或是可口的龍蝦。等到主食吃完，甜點通常又是軟嫩香滑，如一開始那般輕鬆自如地結束這一頓美食。甜點中較硬的質地，比如法式焦糖布丁的焦糖脆皮，只是作裝點之用，以免一餐結束得太耗力氣。大部分的食客都喜歡以質地較軟的食物結束一餐。

一盤之內

在一盤之內，同樣也有食物質地的對比，以紐約客牛排為例，以牛排配馬鈴薯泥的傳統搭配，有部分原因是因薯泥搭配了奶油、乳脂，說不定會配上法式酸奶油，質地柔軟滑順，和較堅韌的牛排肉質成對比。你的下顎用力嚼厚片牛排，然後獲得一叉子滑嫩的薯泥作為報償，毋需費力，只要把它推到你的口腔上方，然後吞下即可。用力、放鬆；用力、放鬆。再搭配洋蔥圈，堅實爽口的洋蔥包覆在炸得酥脆的白脫牛奶麵團裡。

在複雜的食物組合中

舊金山戴菲納餐廳的主廚兼老闆克雷格．史托爾（Craig Stoll）在烹調時，把同樣的成分在不同的時候放進菜裡，一層層的質地構成了複雜的菜色。他說：

> 我們用螃蟹和菊苣來做這道義大利燉飯，分兩個階段添加菊苣。起先我們用油和蒜瓣爆香菊苣，讓它有點焦黃，產生糖分，然後再以此為底作燉飯，加米煮熟，然後再加螃蟹。等煮到三分之二或四分之三的階段，我們再加更多的菊苣，產生更豐富的口感，也就是在這道菜中，以不同階段分置食物的質地。

有時感受到出乎意料之外的口感會教人恐懼，就如前述欠缺味覺和嗅覺的那位律師佛萊德曼一樣，但有時這種經驗卻是享受。如英國肥鴨餐廳（The Fat Duck）的赫斯頓．布魯門索（Heston Blumenthal），紐約市wd~50餐廳的威利．杜佛斯尼（Wylie Dufresne），和芝加哥艾利尼亞餐廳的阿奇茲等才華洋溢的名廚都喜歡思索再創造，讓熟悉的食物為客人帶來驚喜。比如他們把食物充氣，使原本硬、鬆、脆的食物質地變成泡沫或「空氣」，在舌頭上迅速融化。把如鵝肝醬等口感豐潤的食物充氣可以保留同樣濃的風味，卻不會有飽滿之感。

塞瑞斯餐廳大廚金恩的「五味塔啤酒泡泡」是以Racer 5英式印度淡啤酒（India Pale ALe）為底，加上檸檬汁、蜂蜜、鹽，和海藻酸鈉（sodium alginate），在送上桌前，再把它一匙匙地投入結蘭膠（gellan gum，具抗熱性的膠化物質）、水，和六偏磷酸鈉（sodium hexametaphosphate），它們在啤酒周遭形成半固體的殼。泡泡入口即化。若非金恩巧手慧心運用高科技成分，這啤酒所有的成分就只有獨特而熟悉的同質性液體質地，可是在他發揮了藝術造詣之後，啤酒完全改頭換面。就如薛采希尼亞克說的：「由固態突然變成液態，教人無比驚喜。」

不過不要以為非得要有這樣的廚藝（或者名字長得不得了的成分），才能顯示一種複合食物中質地的對照。光是一塊奧利奧（Oreo）巧克力餅乾，甜膩的乳脂夾心塞在兩塊酥脆的巧克力餅乾裡，就是同一食物中質地對照的好例子。

單純的食物之內

而單純食物的質地對照，則是隨著你口中的熱度改變了食物質地之際所產生的對照，毋需施力或耗費精力。所有巧克力狂都知道，只要把一塊高品質的巧克力放在舌頭上，閉上嘴巴，就能在它由固態化為液態的變化中體會到幸福，不需要下顎、舌頭或牙齒。舔一塊硬糖或冰塊也能同樣感覺到這種與時並進的質地變化，由固態到液態，只是其速度（和享受程度）不如巧克力。

羅格斯大學的學者布瑞斯林認為，我們天生就會享受這種由固態到液態的質地變化，因為通常這代表著它含有脂肪，而脂肪是熱量最高的來源——正是原始人在打獵或採集時所需要的。在熱量方面，脂肪是碳水化合物和蛋白質的兩倍高。當然，如果我們尋獵的是比較靠近購物中心入口的停車位，或者躺在沙發上動也不動時，並不需要這些脂肪，可是這種演化的反應依舊存在。如果你專心觀察如奶油、起司和冰淇淋，這種高脂肪的食物在你口中的變化，就能體會到這種由硬凍化為軟滑的快樂，真是舉世無雙。

從唾液的基因了解我們對食物的偏愛

美式的巧克力布丁——吉利（Jell-O）牌出的那種甜點，是用牛奶與可可、糖，和澱粉一起煮至黏稠製成的，這種布丁是靠著澱粉，產生質地。

在莫奈爾中心，二〇〇九年至二〇一一年的博士後研究員艾畢蓋·曼德爾（Abigail Mandel）把少許神祕配方和布丁一起放進質地測定儀，她的同僚布瑞斯林說，這神祕配方接觸到布丁中的澱粉時，就把布丁「粉末化」，意即它幾乎立刻改變了布丁，由黏稠厚重的質地變為稀薄如水狀的質地。他們加進布丁的是口水，即人類的唾液。

接下來我得先澄清他們怎麼取得唾液來做實驗——因為我聽了之後，最想知道的第一件事就是這個。「我們就讓大家把唾液吐進杯子裡。」布瑞斯林一本正經地說。他接著解釋，這項發現讓我們對於自己為什麼喜歡某些食物有深刻的了解。就和其他許多事物一樣，這和遺傳有關。

人體有種基因可以決定我們的唾液中含有多少澱粉酶（amylase），如果你身上的這種基因越多，唾液中所含的澱粉酶就越高，而若你含有大量的這種基因，擁有大量的這種澱粉酶，你就會比其他人更快也可能更強烈地注意到布丁的質地在你口中起了變化。由於人類喜歡食物中質地的對照，因此比起唾液中澱粉酶較少的人，你就更能享受含有澱粉的濃稠食物。

想想你對以澱粉增加濃稠度的低脂食物有什麼反應，比如布丁、美式無脂優格，或低脂冰淇淋。也許你因唾液含有較高量的澱粉酶，因此不太喜歡這些食物，因為它們無法讓你得到高脂食物給你的質地變化感受。

主持這項實驗的曼德爾說：「另一方面，在澱粉分解之時，高澱粉酶的人口中的確會產生更大量的麥芽糖和葡萄糖（意即他們吃這些東西時，口中會產生更多的糖分），因此這類的人也可能會覺得澱粉類食物更好吃，更喜歡它們。

曼德爾解釋說：「這個知覺怎麼影響偏好，讓人們喜歡以澱粉增稠的食物，就是奧妙之所在。很有可能這個人已經習慣了他自己的『澱粉黏度經驗』。一般人總喜歡他們習慣的食物，至少在質地上是如此，因此也有可能不論高或低澱粉酶的人都同樣喜歡澱粉的口感，儘管每個人的經驗截然不同。」

有刺激感的味道

莫奈爾中心的主任是蓋瑞・鮑夏（Gary Beauchamp），在他作味覺和嗅覺的研究時，曾刻意去嘗異丁苯丙酸（Ibuprofen，常用名為普羅芬、布洛芬、異丁洛芬，是一種非類固醇消炎藥）的味道，一般吃這種藥時，總是一口把它整個吞下去，就算嘗到什麼味道，也只是各不同品牌如Advil止痛劑藥丸外掩飾它真正味道的肉桂味。普羅芬味道極苦，在喉部後方會造成獨特的刺痛感，不過鮑夏卻對這一點摸的一清二楚。

鮮榨橄欖油

有一年，鮑夏到西西里去參加分子烹飪法的研討會，沒想到卻對橄欖油有了新的認識。其實就算你酷愛最高等級的初榨特級冷壓（extra virgin）橄欖油，也未必嘗過它的精華，那唯有在它初榨之後的若干分鐘、小時、數天，或數週能捕捉。橄欖的綠色油脂聞起來像新冒芽的植物，充滿了生命的清新和光彩，聞起來生氣蓬勃，讓你忍不住想把它塗在手腕上、浸浴其中，倒在你所吃的任何食物上，它的氣味舉世無雙。我滿幸運的，朋友種了橄欖樹，我心甘情願幫他們摘橄欖，交換一瓶珍貴的鮮榨橄欖油，在它裝瓶之後的幾天之內，吃什麼麵包都沾著它，並且把它灑在所有的食物上，一瓶馬上就吃完了。鮮榨橄欖油不耐久放，運送不慎也會喪失生氣。（最罪大惡極的莫過於把橄欖油放在熱源旁邊，不但使它喪失清新的前味，也會讓它變味。）在去西西里之前，鮑夏從沒嘗過這麼新鮮的橄欖油，他在那裡嘗了一口，立即心醉神馳。

鮑夏說：「先前我在研究普羅芬造成的官能屬性時，經常吞嚥它，並感到喉嚨的刺痛，因此當我品嘗鮮榨橄欖油時，很驚訝地發現它在我喉嚨造成的感覺竟然與普羅芬一樣。」

這種感覺是鮮榨橄欖油的特色，它發生在你喉嚨後方，即使你已經把油吞下去，它還久久不散。鮑夏覺得它太像普羅芬的刺痛感，因此更進一步研究，想了解橄欖油是否如普羅芬一樣含有抗炎的特性。地中海國家的人民心臟病、中風，和癌症罹患率低，說不定有部分原因就是攝取大量有抗炎特性的橄欖油所致。

當有東西使你的舌頭、口腔，或喉嚨好像叮螫一樣刺痛或者發冷發熱，你所感覺的就是化學合成味覺（chemesthesis），提供這種感覺的物質其實就是刺激——未必是壞的，但它們刺激傳達痛覺到腦部的是同一條神經：三叉神經。我把這些感覺稱為「**刺激味道**」（Irritastes），包括墨西哥辣椒（jalapeño）、薑，和肉桂的辛辣；碳酸氣的刺痛，和薄荷腦或薄荷的清涼，當然，也包括鮮榨橄欖油的招牌刺激感。

《感官小點心》

雖然碳酸氣也是一種刺激，但人們卻喜歡這種感覺。二次大戰時，常有人在危急時想要爲救生衣充氣，卻發現充氣用的二氧化碳罐子已經空了，或者不翼而飛。……很可能是同袍拿去作汽水了。

辣椒素

辣椒素（Capsaicin）是紅辣椒的活性成分，刺激觸覺神經，一方面它可能造成極度的疼痛，任何吃過太多是拉差（sriracha）或喬魯拉（Cholula）牌辣醬的人都可以證明，如果刺激太過，會使口腔內柔軟的組織發炎，讓人覺得嘴巴著了火一樣。耶魯大學醫學院的教授貝瑞．葛林（Barry Green）是觸覺和熱學心理物理專家，他曾作了許多辣椒素的實驗。他要求受測者說明辣椒素的感覺時，他們往往同意說這種感覺其實是疼痛而非熱度，但我們經常把辣和熱聯想在一起，因此會用有關熱的詞彙來形容辣椒的痛感觸覺，它們就像火燒一樣，所以嘗起來是燙的。

另一方面，高濃度的辣椒素可以用來治療疼痛。市面上許多不同的乳膏，比如號稱「暫時緩解因關節炎、單純背痛、扭傷、拉傷，和瘀青等導致的肌肉和關節疼痛」的 Capzasin-P Cream 乳膏，就是運用辣椒素的刺激效果。我問葛林，導致疼痛的物質怎麼能緩解疼痛？

「在重複施塗高濃度辣椒素之後，治療的部位對它就比較不敏感。它之所以被當成鎮痛藥物，是因為藥界認為它可以使痛覺纖維不那麼敏感，因此使患部對其他疼痛的刺激也不敏感，」他說，「但從沒有人證明辣椒素能滲入肌肉或關節，使其中的痛覺纖維真正變得不敏感。我們知道它可以在皮膚上做得到，但能不能深入發炎的肌肉組織，真正促成緩解，則不得而知。」因此在你運動過度腰酸背痛時，先別在肌肉上亂擦是拉差辣醬。

口中的溫度

口中溫度的資訊也是由三叉神經運送，如果溫度不對，比如一杯半溫的咖啡，或者一碗冷的雞湯麵，可以讓你完全喪失食欲。我最近在芝加哥的 Mercat a la Planxa 餐廳用餐，這是在南密西根大道上的名店，在活潑悸動的空間裡提供西班牙加泰隆尼亞的食物。我點了一道小扁豆和鷹嘴豆沙拉，但它端上來時卻熱氣騰騰，我的豆子「沙拉」泡在番茄濃醬中熱呼呼的送上桌來，不要誤會，它十分美味，豆子適口彈牙，醬汁也有番茄的甘鮮，與適量的乳製品味道平衡。只是我認為沙拉應該是冷的，它和我的期待不符，而我們對食物口感的體驗則是以期待為基礎。設定口感期待的最佳方法就是稍作說明，如果我在菜單上看到的是「熱小扁豆鷹嘴豆沙拉」，就不會在豆子上桌時大感意外。同樣地，如果超市在賣的產品標明「味同乾粉的麥金塔種蘋果」，「硬如磐石的哈蜜瓜」，買回來時吃到這樣的東西就不會感到失望。

油質

不明白脂肪如何運作，就不可能徹底了解食物的質地。這裡先略作說明，在探討基本味道的章節中，我會再更深入談脂肪的味道、質地和香氣。

脂肪和其他物質都不一樣，它包覆在舌頭外層，使口腔內充滿食物風味，因此含脂肪量高的食物在你舌頭上的味道更持久。比如草莓在含脂肪的冰淇淋中，味道就比在不含脂肪的冰沙（sorbet）中持久。我們喜愛有脂肪的食物，部分是因為它讓我們每一口都可以獲得更多的風味。

脂肪也有獨特的融化方式，它在你口裡慢慢由固體變為液體，就是一種我們天生喜愛的質地對照。每一公克脂肪含有九大卡的熱量，是其他主要營養物質提供熱量的兩倍多：碳水化合物每公克四大卡，蛋白質每公克四大卡。由於我們天生就會尋覓富含能源（就是熱量）的好來源，因此我們很容易就受脂肪吸引。脂肪富含熱量，因此被擁護低脂飲食的人視為妖魔，降低食物熱量的一個好方法就是去除其間的脂肪，但這樣做也去除了食物的風味，因為脂肪就帶著風味。

脂肪是改變食物質地的觸媒，用在烘烤時，就會把麵糰縮短，意即麵糰內的蛋白質不會發展成讓它有嚼感的長纖維，而會變得使它鬆軟的短纖維。想想含有奶油的比斯吉（biscuit）、司康（scone）和派皮就知道。在熱脂肪內烹調的食物之所以會有酥脆的質地，是因為高量的熱能由油轉入食物之中，這種熱能的轉變在烘烤時發生得較慢。在炒炸時，脂肪會轉移至氣泡或水泡之中，但烘烤時就不會。事實上，有些食物上的脂肪在烘焙或用其他方式烹調時會流出。脂肪會使如咖啡之類的液體更不透明，而且因為脂肪可以防止微生物寄生，因此食用油和酥油（shortening，固態油脂）不需要冷藏。

業界一直努力想要複製脂肪獨特的特性，我有第一手的資料，因為麥特森公司在九〇年代一直在脂肪戰的前線，然而即使是我們最有才華的食品專家，能做到的也只有這麼多，它實在難以取代。

困難的抉擇

享受美食時，最常受到低估的是食物的質地，它其實包含我們的觸覺、視覺和聽覺。我問那位缺乏味覺和嗅覺的律師佛萊德曼，如果奇蹟出現，讓他在現有的三種感覺之外，再選擇一種感覺，他想要增加的是味覺或嗅覺？他猶豫良久才回答。

「選擇兩者中的任一項都未必容易。萬一這世界聞起來很糟呢？萬一我有了嗅覺之後再也不想吃東西了呢？

「我喜歡我現在的生活，」這位對食物主要的知覺是口感的人說：「我並不覺得殘缺。」

互動練習 8
品嘗你錯過的味道：不用質地辨識食物

你需要

◉四罐單品項嬰兒食物，比如：（純）蘋果、（純）梨子、（純）桃子、（純）香蕉、（純）四季豆、（純）青豆、（純）胡蘿蔔、（純）雞肉等 ◉食用色素 ◉供每個人品嘗用的湯匙 ◉清除口腔餘味的蘇打餅乾和水

作法

❶去除嬰兒食品罐上的標籤，把產品名稱貼在瓶底。
❷用少量的食物色素改變食物泥的色澤，讓它們全都變成類似的棕色。此舉的目的是去除食物色澤的線索，小心使用色素，尤其是藍和綠！先把一滴色素滴在湯匙上，再混進食物裡。

品嘗

- 讓受測者嘗試四種食物，看他們是否能分辨這些食物。
- 讓受測者以蘇打餅乾和水清除口腔的餘味。

討論

- 有沒有人說對了食物內容？
- 食物的色澤怎麼影響受測者的答案？
- 去除食物的質地怎麼影響受測者對其風味的感受？

Taste What You're Missing

Taste What You're Missing

第四章

視覺

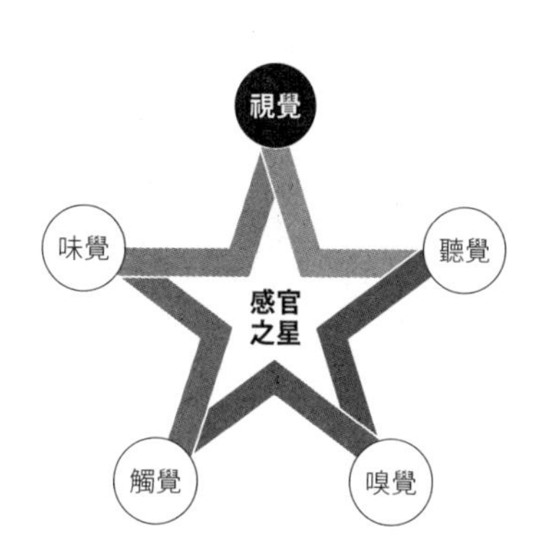

黑暗中的晚餐

我正在伸手不見五指的地方吃晚餐，這裡不只是一片漆黑，而是完全看不見。我的手在盤子上摸索，發現顯然是蘆筍尖的東西，我把它拿到鼻子前來聞，沒錯，一定是蘆筍，我繼續在盤子上找答案，彷彿它是通靈板一樣，結果摸到一個像海綿的東西。海綿？什麼食物會像海綿？我在腦海裡搜尋答案。羊肚菌！菇類。是的，它們就像美味而飢餓的海綿一樣，急著要吸收奶油醬。是的，那些黏糊糊的東西一定是菇類，不過也可能是雞肉。很難分辨。羅傑就坐在我旁邊，他最討厭菇類，因此我的手就伸到平滑的桌布到他的盤子上，因為我相信我一定能找到羊菇菌，神不知鬼不覺地把它們移到我的盤子裡來。如果他吃到羊菇菌，這位旺盛品味者一定會有不良反應，尤其在這一片漆黑之中，我擔心他不知道會把它們吐到什麼地方去。

他伸手把我的手推開。沒有得逞！

「你的手為什麼伸到我盤子這邊來？」他質問我。

「嗯，我覺得菜裡面有菇類。」我說。

「真的嗎？它們有什麼味道？」

我們參加的是「黑暗中的晚餐」（Dining in the Dark），這是失明基金會（Foundation Fighting Blindness，FFB）一年一度的募款活動，餐券收入都捐給基金會作研究經費，研究如何治療導致失明的網膜疾病。

「黑暗中的晚餐」是在明亮的燈光下開始。就像參加其他活動一樣，我們下車後跟著旅館的服務生魚貫進入宴會廳，報到之後領到餐桌號碼和酒杯。等我們在主餐廳的桌前坐下，也和同桌的其他賓客寒暄。

我們的沙拉已經放好在桌上，視力正常的侍者提供奧勒岡油醋醬汁，並以大勺為我們灑在生菜黃瓜上，接著他消失在旅館深處。我們在五官並用的情況下吃完沙拉，然後今晚我們這桌接下來的侍者凱蒂上場，取代原來的服務生。她靠在羅傑的椅背後自我介紹，說她出生時即失明，此時燈光逐漸黯淡下來。

「黑暗中的晚餐」這項活動，是要讓與會者體會受他們之惠的人每天都會碰到的感官情況。餐廳裡由暗到更暗到一片漆黑，不過這個過程速度緩慢，讓我們幾乎沒有注意到，直到最後我們完全看不見為止。由於主辦單位已經在門上貼了膠布，讓室內徹底黑暗，因此我明白即使我想開溜也不成，這教我胸口一緊。我身陷黑暗之中，進退不得，突然只能依賴日常使用五官中的四種感覺。

當我們喪失一種官能時，我們對食物的經驗會有什麼不同？這個問題很難回答，因為想要封閉一種官能並不容易。我們總會有選擇——和本能，把矇眼布、耳塞，或者鼻夾取下來。我曾領教到這樣的教訓，把鼻子或耳朵塞住出門，往往無法得到標準的經驗，因為大家想要知道你為什麼做這樣奇怪的事。因此「黑暗中的晚餐」可以說是了不起的做法，大家全都參與相同的體驗，而且沒有你可以自己去除的矇眼布。

我的好友泰莉坐在我的另一側，燈光暗下來時她靠到我身旁悄聲說：「我沒辦法吃下去了。」

「為什麼？」我問道。

「因為我噁心想吐。」泰莉說。她的食欲超級敏感，如果三明治被人咬過一口，她就絕不再碰。如果她的盤子上有一根頭髮，她會奪門而逃，接下來一小時都不可能進食而不作嘔。

「什麼？」我問道。她的盤子上一定有什麼東西教她噁心。

「我不是遲鈍或者有意諷刺，可是我的盤子上好像有個人的眼球。」

我在盤子四周撥弄，果然發現她說得對。大廚用烤小番茄作為雞肉的盤飾，他可能出於無心，但卻造成毛骨悚然的效果。

自我開始投身食物開發這一行，就明白視覺對飲食攸關緊要。不論任何試食會議，總有人會提到「人是用眼睛吃的」。通常這話是對賣相不佳的食物，不過當我們提到視覺，總免不了談到食物的顏色或包裝或盤子怎麼影響消費者的喜好。如今坐在黑暗中進食，我才發現不用眼睛幾乎難以辨別你吃的究竟是什麼。

不用眼睛真的那麼難分辨你吃的蘑菇是蘑菇，你吃的胡蘿蔔是胡蘿蔔嗎？如果你是一夕之間失明，那麼答案絕對是肯定的。旅館的燈光熄滅之後，賓客茫然不知所措。但大部分失明的人並不是這麼突然就喪失視力，比如ＦＦＢ想要治療的一種疾病：視網膜色素病變，其患者就是逐漸失明，而因為這是漸進的，因此他們可以學習如何以其他的官能來彌補。

詹妮・莉哈－史坦（Janni Lehrer-Stein）是我們這場餐會的主持人，身高五呎的她一頭鬈曲的棕色長髮，活力充沛。猶太裔的她形容自己是老饕，也已經身為人母，讓我有極好的第一印象。她聰明絕頂，為人風趣，而且樂善好施，參加許多非營利組織，失明基金會只是其中之一。我初見她就十分喜歡她。

詹妮年方二十六，在華府執業擔任律師時，碰上一場教她永生難忘的暴風雪，她感到眼睛不舒服，但無法外出就醫，只好請住在同一棟公寓的眼科醫師看診，他把她散瞳之後，十分肯定地宣布說：「你半年之內就會失明。」[3]

僥倖的是，他對詹妮失明時間的預言是錯的，但他預言她會失明卻是正確的。如今詹妮已經年逾五十，與另一半和三名子女住在舊金山。如果她在超市裡撞上你，她會直視你的眼睛，以她平素親切而友善的方式向你道歉，而你可能只會以為她是行動有點笨拙，而不是失明。詹妮依舊還有「最後一段路」，因此她總說自己在完全失明前還剩下多少時間。她可以看得見形狀、對比，如果字夠大，距離夠近，她也可以看得見。不過這一切情況正在惡化。

我想要了解詹妮怎麼挑選她的食物，怎麼烹調，因此致電邀她和我一起做菜。

我們一起上超市買菜時，詹妮把她的黑色導盲犬納奈莫拴在Cal-Mart超市外，然後就像數十年來在這家超市買菜的老顧客一樣，推著推車就走進去。詹妮在這家超市買菜的原因，並不是因為它離她家近，而是因為

[3] 視網膜色素病變是先天遺傳疾病，並非眼睛感染造成。

它很少變換店內貨架的位置。幾年前有一次它重整蔬果貨架，害得她得在一夕之間重新學習蔬果區的地勢。

我們在蔬果區時，詹妮打開裝水果的塑膠盒，用手指摸其中的莓果，確定那是她想要用來作覆盆子雞肉主菜所要用的果實。她還抓了幾把甜菜根，並且告訴我她最近一次做甜菜沙拉的糗事。她原本想像甜菜根煮熟之後的鮮紅色澤和柑橘的酸甜會是很好的搭配，可是等沙拉做好之後，卻左看右看都不對勁。她問孩子怎麼回事，孩子笑著告訴她：「因為它們是黃甜菜。」

詹妮和我接著走到番茄區，我看到她選了帶莖番茄，但又把它們放下，換成堅實的老種番茄。詹妮並沒有像一般消費者一樣，因為番茄莖蔓的氣味而以為它比實際上更香甜。我不知道自己買多少蔬果是因為它的外表漂亮，要是農民得針對盲人行銷農作物，那麼我們這些視力正常的人也會受惠，得以享受嘗起來味道更好的番茄。

視覺：感官的獨裁者

我們的視覺讓我們對自以為品嘗的食物產生混淆。研究人員一次又一次地證實，即使味覺和嗅覺功能良好，我們依舊會以視覺為重。消費者品嘗顏色不對的飲料時，往往就無法辨識其風味。如果給你一杯橙色的蘋果汁，很有可能會覺得自己喝的是柳橙汁。如果給你一杯沒有顏色卻有味道的液體，你很可能嘗不出它是你每天都喝的可樂。除了飲料之外，若以其他食物如果凍、雪酪（sherbet），和糖果來作相同的實驗，也會得出同樣的結果：改變食物或飲料的顏色，就能改變你所嘗到的味道。

這些測驗都是以一般的消費者為對象。你或許會以為專業的飲食界人士不會上當，但他們一樣會。在下面兩個實驗中，葡萄酒和啤酒兩種專業人士都被他們自己的眼睛騙了。

在其中一個研究中，受測者共拿到三個品牌的九種啤酒，包括三杯Pelforth（法國啤酒）、三杯Ch'ti（法國啤酒），和三杯Leffe(比利時啤酒）。研究人員在啤酒裡都添加了無味的色素，因此九杯啤酒分為三種色澤：三種淡色、三種中色，和三種深色。

起先這些啤酒界人士要在看不見顏色的情況下，喝全部九種啤酒。試飲的地點是點著霓虹燈的小房間，而且啤酒全都以黑色的杯子盛裝，讓啤酒的顏色更加難以分辨。如此一來，試飲者對研究人員究竟想要隱藏啤酒的哪些視覺特性一無所知，就像矇住他們眼睛的效果一樣。接下來，受測者以較正常的情況品嘗啤酒，可以看得見啤酒顏色。在這兩次試飲中，他們都得要把啤酒分類。

受測者可以看到啤酒時，他們是按顏色來分類。更有趣的是，如果問他們為什麼把它們這樣分成三類，他們的答案都不是顏色。他們覺得他們是憑著專業的感官味覺技巧，把這些啤酒分為三種不同的風味。

而當他們在看不見啤酒的情況下品嘗時，則是依品牌分類，也就是說，他們是按風味分類。在眼睛當不成官能的獨裁者時，他們才得以自由發揮嗅覺和味覺的官能。由此可見，就連專業的品酒者，都會受到食物的視覺線索左右。

另一個名聞遐邇的顏色研究是在法國波爾多大學所作的葡萄酒研究。研究人員先列出了描述酒味的專門辭彙，白酒是檸檬、荔枝、奶油、白肉桃子，和柑橘，而紅酒則是梅子、丁香、櫻桃、巧克力和菸草。

研究人員選了一款典型的白酒，一九九六年分的AOC波爾多，採用的是榭密雍（semillon）和蘇維翁

（sauvignon）兩種白葡萄；他們也選了一款典型的紅酒，同為一九九六年分的卡貝內蘇維翁和梅洛（merlot）波爾多紅葡萄酒。接著他們把無味的紅色素加入白酒中，讓它和紅酒一樣顏色，作為實驗中的第三種酒。這種紅色的白酒和第一種白酒只有顏色的差異。

品酒者拿到形容酒味的辭彙單，並且給了各種酒的樣品，然後要求他們選擇哪一種酒最貼近形容的辭彙。結果受測者都認為紅色的白酒味道像紅酒。研究報告的作者寫道：「葡萄酒的色澤似乎提供非常重要的感官資訊，誤導受測者評斷風味的能力。」

為什麼我們這麼容易受到眼睛的誤導？一個原因可能是我們的視覺速度就是比嗅覺快。我們以視力覺察事物的能力——它是葡萄酒，而且是紅色，發生的速度比我們察覺其氣味的能力快十倍。在沒有其他感官線索的情況下，我們人類辨識氣味的能力特別差，《頂尖主廚》節目中的「說出它的成分」挑戰單元，和香料架氣味挑戰練習即可證明。即使我們能辨識氣味，並且引發強烈的情感反應時，我們也依舊難以形容這些氣味。光是說：「它聞起來像喬治叔叔。」或者「這讓我想到我三年級時。」雖然頗有意思，但卻未能給我們具體的資訊，說明那氣味究竟是什麼。我們就是不擅長運用無比敏銳的嗅覺來做基礎的測驗。而相對地，看到一杯紅酒卻錯說它是白酒，這樣的事很少發生。我們就是對視覺辨識十分在行。

視覺和聽覺都可以在一段距離之外發生。你可以坐在《料理鐵人》（*Iron Chef*）節目廚房現場離舞台數十呎之外，依舊看見和聽見節目的進行。味覺則無法發揮得這麼遠。即使你看到聽到大廚在切洋蔥，也不可能在遠處嘗到洋蔥味。要品嘗它的味道，非得把它放進口中不可。味覺就和觸覺一樣，是必須接觸才能產生的感覺，要啟動這樣的感官，必須有物體接觸到其受器。

嗅覺則兼具兩者，你可以在遠處和近處都聞到洋蔥味，只是你聞到洋蔥味的距離遠比看到它的距離短得多。因此視覺再度勝過嗅覺。

我們天生仰賴視覺就重於嗅覺或味覺，這是因為內外之別。視覺和聽覺在我們體外發生，但我們得把食物放到夠近的距離才能聞到它，或者要把它放進口中，才能嘗到和聞到它，而且這通常都發生在我們看到它之後，這就是為什麼很難推翻你的眼睛。當你看到橙色的飲料時，你就預期它嘗起來像柳橙，如果它的味道不符期望，你就覺得大惑不解。品嘗顏色適當（橙色／橙味）飲料的受測者，回答比顏色不當（綠色／橙味）的受測者快。證明當我們不能憑藉視覺時，大腦就會開始搜尋更多的資訊——而當必要的資訊來自於雖敏銳卻充滿情感的嗅覺時，卻是沒有多少幫助的。

當我們不用視覺烹飪時

詹妮一家住在舊金山最豪華的太平高地（Pacific Heights）區，他們的房子十分美觀，高達四層，廚房簡直會讓視力健全的美食家痛哭流涕。仔細一看，才會明白這廚房是為一位很快就會失明的婦女所設計。白色的大理石檯面是出於它像白紙一樣的功能考量，詹妮在選擇檯面之時，放了一粒青豆在所有她中意的檯面上，結果發現白色是以她僅餘視力尋覓細小物體之時的最佳選擇。櫃台採斜角，每一個邊角都是平滑的，因此萬一她不小心撞上，也不會瘀青。

對詹妮來說，烹飪是一種接觸運動。當你看不到自己在廚房裡做什麼時，最好的器具就是你的雙手，它能藉著觸覺，讓你得到更多資訊。她混合馬鈴薯泥和酸奶，好做炸餅的內餡，那方式讓我想到兒童在海灘上玩濕的沙子。她自認很會烘烤食物，也自豪地展示放在抽屜裡方便取用體積龐大的五十磅麵粉和鹽。糖則和愛犬的狗食共用同一個抽屜，讓我腦中馬上呈現用紅茶、檸檬、水，和狗食混合調製的一壺「加糖」冰紅茶印象。

少數詹妮不用雙手做的事，是需要用到利器時，美膳雅（Cuisinart）食物調理機的安全蓋，對失明的人別具意義。詹妮的刀工不太高明，我攪拌她切的洋蔥時，得要除去洋蔥不齊的邊緣，還要由冒著煙的平底鍋裡挑出奶油的鋁箔碎塊。但在我們填馬鈴薯餅的內餡時，我發現她做的比我的大，但封口封得比我好。她的經驗比我豐富，就算喪失視力，她已經學會如何不用看而能夠烹調。

失明的人是否會培養出比視力正常的人更敏銳的觸、嗅、味或聽覺，還眾說紛云，但不論如何，他們的確更善於運用這四種剩餘的知覺。

我看到你吃了……

同為老饕的同事甘蒂絲·林（Candice Lin）有一天帶了一罐蠶蛹來，也就是蠶在結繭的階段。她是在逛韓國超市時發現這教人寒毛直豎的玩意兒，忍不住買下來。而且不知道為了什麼原因，她覺得我非得和她一起嘗嘗，她才要開罐。先前我一直渴求瑞典鹽醃臭鯡魚而未能如願，因此區區幾個昆蟲的繭根本是小兒科，何況包裝上分明寫著「高蛋白質——可口下酒小菜」，聽起來好像鹽炒花生一樣。

另一位同僚瑞奇·戈斯基（Rich Gorski）聽到我們兩個女孩的談話，但在我們倆還扭扭捏捏鼓不起勇氣嘗試之前，就伸手由罐裡混濁的水中撈出一隻蟲塞進嘴裡，這位已臻化境的專家嚼了又嚼，又抓了幾隻再嚼，臉上顯露的是無動於衷的漠然表情，不好吃，但也絕對不壞。在他顯然可以接受的表情鼓舞之下，林和我也把手伸了進去，林嚼的動作大約比我快二十秒，可是她立即的反應可絕非漠然，她的臉上流露出厭惡至極的表情，而我一口咬下——一邊看著她咬嚼、皺眉、畏縮的神情，一邊也馬上感覺大事不妙。我的牙齒咬下蠶蛹，咬了幾下，接著火速跑到水槽那裡去把它吐掉。

回想起來，這小小的肉蟲木乃伊風味也並不比我在墨西哥蒙特雷（Monterrey）吃的脆炸小蝗蟲（chapulines）差到哪裡去，老實說，加點檸檬汁和乾辣椒粉，搞不好兩者嘗起來味道還差不多呢。為什麼我會受到林痛苦的表情而非戈斯基中性的表情這麼大的影響？

法國的研究人員想要了解某人臉上的表情是否會影響我們吃某種食物的欲望。他們選了受測者喜歡的三種食物（麵包、四季豆、巧克力棒），和三種他們不喜歡的食物（帶血的紅肉、腰子、血腸），然後把每一種食物和三種人類表情搭配：一種是高興、一種是中性、一種是厭惡的表情。結果這些表情威力十足。如果有厭惡表情的臉孔出現，受測者就比較不想吃他們喜歡的食物，而如果有高興表情的臉孔出現，受測者就比較想要吃他們不喜歡的食物。

你可能會說，別人臉上的表情讓看到這些表情的「讀者」得到有關這些食物的資訊，但這項研究中的六種食物都是受測者日常生活中熟悉的食物，他們早就知道它們的味道，而且在實驗中，並沒有人真正的吃這些食物，因此可以假設參與者並不擔心這些食物的安全或新鮮。我認為或許有另一個以溝通為主的理由，可以作為解釋。

感同身受

體現理論（embodiment theory）主張，看到其他人臉上的情緒，就會引發觀者本身的情緒。亦即當你看到其他人痛苦，你自己就會體會到一點痛苦。若把這個理論應用到吃的經驗，你就可以想見，當你看到某人吃了蠶蛹而努力壓抑乾嘔之時，你自己也會有點想吐。當你看到其他人吃了酥炸蝗蟲而興高采烈之時，也會發生同樣的情況，就像我在墨西哥與一名從小吃炸蝗蟲長大的墨籍客戶吉塞爾·馬斯（Giselle Marce）一起時的體驗。我們還一起喝酒，因為酥炸蝗蟲在當地是下酒用的鹹味零嘴，這似乎是昆蟲在菜單上的理想歸宿。馬斯不動聲色地把蝗蟲吞下肚去，使我也能比吃蠶蛹更輕鬆地品嘗它的味道。

有一種名為「**變色龍效應**」（chameleon effect）的類似研究，研究人員只要在不相關的作業中，作出他們想要受測者模仿的動作，比如摸鼻子或抖腳，受測者就會跟著模仿。如果我坐在你對面，只要我抓鼻子，你可能也會跟著抓鼻子。如果我敲手指頭，你可能也會跟著敲手指頭。如果你懷疑這是人類的基本行為，下回和朋友在一起，或者在公司開會時，不妨試試把雙手抱在頭後方，伸開雙肘往後躺，很快地你周遭的人也會這樣做。這是無意識的模仿結果，研究的作者認為這是變色龍要融入環境時，所作的行為。研究報告說：「變色龍效應符合了人類對於歸屬的基本需要……一種有力、基本，而極端普遍的動機。」

人類很擅長察言觀色。看到別人痛苦，我們也會畏縮，作出感同身受的反應，只是我們並不明白這些情緒影響我們的行為多深。我們吃東西時，用眼睛讀其他人臉上的表情，一旦我們看到什麼，不論是有意或無意，都會立刻反應。

如果你希望孩子對食物有開放的態度，這個觀念就有其意義。兒童希望有所歸屬，而他們很小開始就會模仿。我小時看到母親吃青豆或四季豆露出痛苦的表情，因此一直到我二十歲之前，都不敢吃它們，我不知道它們竟然味道不錯。你也可能在無意之間，把你對食物的喜惡傳達給家人，如果你刻意這樣做，為家人好，那是有用的。你吃球芽甘藍或鮭魚時，如果對家人表現出歡喜愉快的神情，可以提升他們對這些有益健康食物的欲望。如果你要孩子避開某些食物，那麼和他們一起吃它的時候就表現出無比的厭惡，就像我母親向我傳送豆子很難吃的訊息一樣，你也可以傳送巧克力蛋糕很難吃的訊息。

在評量感官、開發產品的生涯中，我們也很熟悉這種變色龍效應，並且設法改正它。在麥特森公司原型產品試食活動中，我們要請試食者在各自獨立的小房間裡試食，以免他們看其他人的表情。我們很清楚只要一個人露出「噯喲」的表情，就會影響整個房間裡的人，因此得先預防。

買菜：單一感官的採購

對視力正常的人而言，買菜主要是視覺的作業，因為你不可能真正試吃番茄、牛奶或麵包，因此只好用眼睛確保你買的是你想要的東西。在蔬果區，或許我們可以用嗅覺來試試某些蔬果是否新鮮甜美（桃子、番茄），但並非全部都能這樣做（洋蔥、胡蘿蔔、封裝在袋內的生菜）。對於包裝食物，我們則只能靠上面的照片或圖案，告訴我們裡面裝的是什麼。

這種只用單一感官的採購經驗讓我們的超市有志一同，鼓勵我們吃我們一直都在吃的食物。在櫃台和走道上提供試吃的食品不足以讓我們跳脫我們感覺安心的安全區，鼓起勇氣以實驗的心態買一袋菊芋（Jerusalem artichoke），或者一顆黑蒜，一塊魔鬼魚（skate wing）。在當今這種乾淨無菌的超市裡，你怎麼可能知道它們是什麼味道？有些零售業者比較高明，會在走道上提供試吃，但這還不夠，我的憧憬是有朝一日店裡的每一樣東西都可以先試吃再買。如果沒辦法提供真正的可食樣品，提供聞看的樣品也可以，至少我們能略有依憑。將來回顧我們眼前的超市，會被當成無聊乏味，毫無官能的太平間。全食超市公司（Whole Foods）之所以有忠實的顧客群，部分是因為它勝過對手，把買菜變成了感官經驗。但在我看來，就連全食做的也不夠，到頭來零售業者都得接受高或初級的科技，在販售時把食物化為多種官能的資訊，和當今我們只依賴視覺的作法截然不同。

視覺與飲食：眼睛決定你吃多少

你吃多少，是由眼睛決定。康乃爾大學食物和商標實驗室（Food and Brand Lab）主任布萊恩・溫辛克（Brian Wansink）所作的研究就是要了解人怎麼決定要吃什麼。其中一個有關飲食分量的研究採用了一個設計精巧的自動填充湯碗。想像一張桌巾長到地面的餐桌，參與實驗者只會看到桌面上放了一碗看來很普通的湯，卻看不到桌下有個自動填充的裝置，只要湯碗空了，就會自動再把它裝滿。

溫辛克測量受測者由正常湯碗和自動填充永遠不會空的湯碗所喝的湯量，結果並不稀奇，稀奇的是兩者差異之下：由自動填充湯碗喝的湯量，比一般正常湯碗的喝湯量高七三％，但等事後請受測者自己評估喝湯量，他們估計的卻是由自動填充的湯碗喝的湯，和正常湯碗喝的不相上下，更糟的是，他們也並沒有因攝取了額外的熱量，而感覺更為飽足。結果一清二楚：人是用眼睛決定他們吃多少，這使他們在攝取時有偏見，造成攝取過度。有多少肥胖的問題是來自於那句老話：「眼睛大肚子小」（Your eyes are bigger than your stomach）？

我們用食物的外觀得知一份食物正常的分量大小，眼睛告訴我們，在休閒餐廳（casual dining restaurants）的一盤食物是正常的分量，我們按照那樣的標準來調整飲食，儘管那個標準可能提供我們足夠一整天的熱量。我們把一整條巧克力棒當成正常分量的點心，儘管它已經是二十年前巧克力棒的三倍大。我們還沒有把自己的行為和一個簡單的事實聯想在一起：大分量、大包裝，和大盤子，造成我們日漸寬廣的腰圍。

對於該如何避免這些視覺陷阱，康乃爾研究團隊有個建議。如果它們可以藉著無底的碗，讓人多吃七三％的食物，那麼你可能也可以用較小的碗盤和杯子騙自己少吃一點。重新包裝點心（或其他大包裝的食物）讓它們變成適合你飲食分量的小包。其實飲食業本身也注意到這種問題，而在二〇〇〇年代中期推出單份包裝，如今你已經可以在超市貨架上看到僅一百卡的包裝零食。研究人員還建議說，把空酒瓶留在桌上，可以提醒客人他們已經喝夠了；而反過來，餐飲業者如果想要顧客多點飲料，就趕緊把餐桌上的空杯空瓶收走。看起來我們人類似乎天生對空杯空盤就會有所反應，一如大自然憎惡空白一樣。

雖然我們非常依賴視覺，但烹飪和飲食的樂趣並不因喪失視覺而降低。對於視覺如何影響你自以為你所品味的食物和分量若能有正確的了解，可以協助你做出更明智的決定。

互動練習 9

品嘗你錯過的味道：顏色會影響味道嗎？

這個練習的目的是要體驗果汁顏色的變化如何混淆我們所嘗到的味道。告訴受測者就算弄錯答案也沒關係，那正是樂趣之所在。

在準備這個練習時，你需要「製作」五杯不同顏色的果汁，全都看起來有天然的色澤，就像不同的天然果汁一樣。小心使用色素！最好先把一滴色素放在湯匙上，再混入果汁內。這樣可以避免誤用太多色素。確定在受測者抵達之前調製好果汁，並且把瓶子藏起來。

你需要

◉紙膠帶和彩色筆◉五個透明杯，玻璃杯或碗均可◉二分之一杯蘋果汁◉二分之一杯檸檬水（只含檸檬汁、水，和糖）◉二分之一杯白葡萄汁◉二分之一杯蔓越橘混合果汁◉二分之一杯梨子汁（或其他淡色的果汁）◉一包食用色素（包括藍、紅、黃、綠等色）◉供品嘗用的湯匙◉清除口腔餘味的蘇打餅乾◉紙筆

（以上果汁建議採用非濃縮果汁或新鮮水果現榨果汁，因爲其味道比較明顯。）

作法

❶用紙膠帶在玻璃杯底下，寫下果汁的名稱。
❷按照各杯下的果汁名稱，倒四分之一杯的同名果汁。
❸在蘋果汁杯子裡加兩滴紅色素（目標：紅色）。
❹在檸檬水杯子裡加二分之一滴紅色素（目標：粉紅色）。
❺在葡萄汁杯子裡加一滴紅、一滴黃、一滴藍色的色素（目標：棕色）。
❻在蔓越莓汁杯子裡加一滴紅、一滴藍色的色素（目標：深紫色）。
❼在梨子汁杯子裡加一滴黃色的色素（目標：橙色）。
❽要受測者告訴你他們喝到的是什麼果汁，要他們說得越詳盡越好，比如要他們不只告訴你喝的是柳橙汁，而且要說是哪種柳橙。臍橙？橘子？在每一次品嘗之前，請他們先用蘇打餅乾清除果汁餘味。
❾等受測者寫下他們的答案之後，公布謎底。

觀察與討論

- 有沒有人全都說對？
- 食物的色澤怎麼影響受測者的答案？

Taste What You're Missing

互動練習10

品嘗你錯過的味道：矇眼的試食者

你需要

◉一名志願廚師準備餐點 ◉你所選擇要烹調或提供的餐點
◉一名試食者 ◉矇眼布

一起體驗

❶爲你喜愛的受測者備餐。盡量讓氣味不致傳到試食區，以免洩露你所烹調的內容。

❷和受測者一起在餐桌前坐下，解釋你將要做的程序，他們對你的信任十分重要，而你也不能辜負他們。告訴他們你要提供的一切都是他們熟悉的安全食物，並且希望也很美味。

在這個場合，不要提供受測者不熟悉的新食物，也不要讓他們吃他們不喜歡的食物。那並非這個練習的目的。矇眼試食的目的是要看我們是否不用視覺也能分辨所吃的東西。

❸你和受測者同坐時，讓他們習慣餐桌、餐具和杯子的位置，直到他們百分之百熟悉環境之後，再矇住他們的眼睛。整個實驗過程都讓他們坐在座位上。

❹像在餐廳一樣上菜，一次一道，坐下來看他們吃，回答他們的任何問題，等他們猜完所吃的食物之後，你可揭開謎底。

❺讓他們再吃一次，這回他們依舊矇著眼睛，但已經知道他們吃的是什麼。

❻然後除去矇眼布。讓他們不用矇眼，把這道菜吃完。在下一道菜上菜前，再矇住他們的眼睛。

❼好好享受這當中的樂趣。

Taste What You're Missing

Taste
What You're
Missing

第五章

聽覺

視覺
聽覺
嗅覺
觸覺
味覺
感官之星

「不要賣牛排——要賣牛排滋滋的聲響」

——美國知名的業務推銷員兼作家艾瑪．惠勒（Elmer Wheeler），一九三七年

用聲音選餐廳？

平常你怎麼選擇餐廳？或許你會上餐廳點評網站如Zagat或餐廳訂位網站OpenTable，或者你會在搜尋引

擎上鍵入城市名字加上一些詞句，比如「最佳餐廳」或者「前十大餐廳」。不論你在網路上得到什麼結果，都可能因感官經驗之所限，使你難以抉擇，因為在餐廳用餐是我們日常生活中最徹底的多感官經驗。除非科技有新的進步，否則你不可能在網路上聞到或嘗到你想知道的餐廳菜色。如果老闆有心，或許會貼上照片，甚至影片，雖然這種情況很少。有些餐廳甚至會配上一首招牌歌或配樂，好讓你身歷其境。只是這大概已經是你在選擇餐廳時，所能得到感官資訊的極限了。

戴菲納餐廳則以不同的手法來運用網路這個媒介。它的網站用餐廳附近的聲音，把你帶到舊金山教會區（Mission District，此區為拉丁裔移民聚居處）十八街和葛瑞洛（Guerrero）街交口附近，你可以感受到這個地方的活力和脈動，聽到椅子刮擦硬木地板的聲音、刀叉在盤子上鏗鏘之聲、杯盤被收走的聲音、觥籌交錯之聲、電話鈴聲此起彼落、吃得開心的群眾吸食義大利麵的聲音，飲酒顧客乾杯的聲音。這些喧鬧的聲量恰到好處，活力充沛卻不至震耳欲聾，充滿感染力，讓你也想起身加入其中。

但戴菲納並不是一直都維持這樣的聲響，它在一九九八年剛開幕時，舊金山食評家保羅．瑞丁格（Paul Reidinger）這麼描寫它：「空盪盪的牆面，石頭地面，和閃亮冷涼的鍍鋅桌面，讓它成了傳送分貝的理想環境……聲音漸強，就像火車逼近一樣，只差汽笛和警示的閃光。」店東史托爾記得，另一位食評稱戴菲納餐廳為「吵死人的地獄」。

這餐廳能夠開到現在，證明了它的食物的確有獨到之處，因為在那裡吃飯是痛苦的經驗。當時的餐廳有和現在一樣悸動興奮的氣氛，但只有當今三分之一的大小，因此噪音很大，十分不舒服。如今史托爾卻得意洋洋地指著戴菲納的天花板、酒吧和牆面誇口。

「你眼前是價值一萬美元的吸音板，」他說：「這地方雖吵，但聲音卻很好，是高品質的聲音。」

就算音量已經減低，但史托爾依舊得用心設計他的菜單，才能和餐廳的活力競爭。「這個地方盈滿各種感官，而且我們就喜歡它這樣。許多活動同時進行，周遭喧鬧不已，而這盤食物得爭取你的注意力。我們的食物不只細膩，而且要超過細膩。」

根據聯合利華（Unilever）和曼徹斯特大學所作的研究，史托爾這麼做自有他的用意。這項研究想要了解哪種背景聲音會影響對食物風味的知覺，結果發現如果喧鬧的聲音增大，食客就會覺得食物比較不甜也不鹹，如果喧鬧的聲音減小，對這些味道的感覺就增強。這樣的結果顯示噪音有遮蔽味道的效果，飛機上的食物吃起來沒那麼美味就是這個道理。引擎震耳欲聾的聲音讓食物既不甜又不鹹（恐怕也缺少其他的味道，只是研究人員並沒有做其他味道的研究。）

當然，為什麼三萬英呎高的食物沒那麼好吃，還有其他理由，比如機上濕度較低，讓你脫水，使你用來溶解五種基本味道的唾液和吸入香氣的鼻內黏液都較少。大部分的熱食都在食用之前數小時做好。然而兩個噴射引擎轟轟作響對於微妙的味覺自然也有其影響。同樣地，史托爾讓他的食物達到「超過細膩」的程度，正是調高食物的音量，讓它與餐廳的喧鬧聲一較短長。

有一家名叫「消音」（Acoustiblok）的公司就販售一種稱作安靜纖維（QuietFiber）的物品，來對抗這種遮蔽味道的雜音。他們建議消費者把這種纖維切成條狀和方塊，貼在吵鬧的餐廳裡：餐桌下、吧台下、椅子下等等。

《感官小點心》

德航（Lufthansa）在停在地面的飛機上測試他們的機上食物，這架飛機的氣壓、聲音、溫度，和濕度，都調整和飛機在三萬呎高時一樣。

下回你到餐廳去用餐時，摸摸餐桌下方，說不定就會摸到像史托爾這樣善體人意的老闆所貼的安靜纖維。在餐廳裡能看到吸音板是好現象，意味著店主考慮你在進食時不只用主要的兩三種官能而已，他知道降低噪音能讓你更完全的體驗食物風味，也知道如何運用每一種人類的官能，就像平衡五味一樣小心翼翼地平衡這些官能，讓你可以欣賞他的食物。

用餐時慎選音樂

如果你覺得某種食物味道不好，可以把它吐出來，如果你聞到不好的氣味，也可以捏住鼻子，看到不愉快的畫面，大可以閉上眼睛。但因為耳朵沒有蓋子，因此不管你同不同意，噪音都會入侵你的耳朵。聲音代理公司（The Sound Agency）的創辦人朱利安・崔傑爾（Julian Treasure）一直都和特易購（Tesco）和瑪莎百貨（Marks & Spencer）等食品零售業者合作，幫助他們調整空間，降低負面效果的聲音，提高悅耳的聲響。崔傑爾說：「如果賣場有刺耳的聲音，那麼就算你播放悅耳的背景音樂或其他合適的音樂，也沒有意義，這樣做，就像『在爛泥上裝飾糖霜』。」

崔傑爾提到他朋友的一次遭遇。他的四位朋友一起走進倫敦一家旅館的酒吧，就座之後，酒保馬上播放活潑的跳舞音樂，而且調到震耳欲聾的音量，害得他們說話只能用吼的。他們要酒保把音樂關掉，並且問他為什麼要開音樂，因為他們是唯一的一桌客人，而且並沒有要求要放音樂。原來經理已經下指示給所有的員工，只要顧客一走進酒吧，就把音樂開起來，以便「創造氣氛」。

「這是餐飲業最常錯用的詞，」崔傑爾說，「總是和噪音脫不了關係，聲音大並不等於氣氛。」崔傑爾的意思是，音樂如果沒有動作、活力，以及最重要的，顧客的認同，那麼它並不能馬上讓酒吧或餐廳充滿生氣。要是能這麼簡單就好了！

喧鬧的音樂可能會使有些人受不了，但卻能有效促進酒類的銷售。一項在兩間酒吧所作的研究顯示，如果背景音樂節奏又快聲音又響亮，酒客就會叫更多的飲料，喝啤酒的速度也更快，如果降低音樂的音量，飲料就銷得慢，喝酒的速度也比較慢。亦即快的節奏會使酒客動作加快，也使他們花更多的錢買飲料。

音樂的節奏對食客進食的速度也有影響，因此如果餐廳業者希望食客逗留久一點，就該播放慢一點的樂曲，相反地，如果他們希望你進了餐廳趕快吃完付帳走人，那麼播放節奏快的音樂就比較有用。下回你在擁擠的餐廳聽到快速音樂而心跳加速時，就會明白老闆不言而喻要你快吃快走的意思了。

不過這些研究的心得是針對平均數，可是如果以為一兩個人也會有和平均數同樣的反應就危險了。崔傑爾提醒說：

> 聲音的效果視人數的多寡而有極大的不同。比如，在空蕩蕩的酒吧裡大聲播放音樂，和在人多的酒吧播放同樣的音樂，和人多卻不放音樂的酒吧，效果都不同。顧客體驗到情況的變化，而這本身也會產生效果——在我朋友的例子裡，正是反效果。他們一心想趕快溜走，而非快點喝酒！

他也提到其他的相關因素。顧客喜歡這音樂嗎？它合適嗎？比如「皇后」合唱團（Queen's）的招牌歌《我們要讓你搖滾》（*We Will Rock You*），如果在高雅的餐廳中播放，是否能產生和在運動場上播放時同樣的效果？恐怕不行。聲音的品質也很重要，不論餐廳所挑選的樂曲和食物搭配得多麼完美，如果音效太差，就等於昭告顧客——你不覺得高品質的音效環境有什麼重要。如果眼看、耳聽、鼻聞、口嘗，這麼明顯的東西都還慳吝不捨得花錢求精，那麼其他看不見的地方不曉得有多摳——你可不想讓顧客有這樣的想法。

聲音會影響食物的風味

我最喜愛的聲音影響食物風味研究，是由智利蒙帝斯酒莊的奧雷利歐．蒙帝斯（Aurelio Montes）所贊助，他深信音樂的力量，因此為他的陳年卡貝內蘇維翁酒桶播放葛利果聖歌（Gregorian Chant）。他的這種作法啟發了一位教授，研究音樂是否會影響葡萄酒的味道，結果對如今已垂垂老矣的八〇年代樂團是福音。原來邊喝卡貝內蘇維翁紅酒邊聽重金屬樂團的演奏，比如「槍與玫瑰」（Guns n' Roses）的招牌歌《甜小孩》（*Sweet Child O' Mine*），可以讓酒味更顯醇厚。根據一個理論，「槍與玫瑰」的主唱艾克索．羅斯（Axl Rose）的號叫喚醒了你大腦的某個部位，讓它能對重、濃、厚、烈的東西起反應，而這樣的刺激可能也讓你的大腦對葡萄酒起相同的反應。

這種聲音研究對美食別具意義，因此已經有廚師開始採用。其中一位就是英國肥鴨餐廳的布魯門索，而該餐廳也在二〇一〇年登上聖沛黎洛（San Pellegrino）全球五十家最佳餐廳的第三名。

布魯門索和查爾斯．史賓斯（Charles Spence）教授密切合作，這位教授在牛津大學主持交叉知覺研究實驗

葡萄酒品種	體會酒味精華的建議曲目
梅洛（Merlot）	*Sitting on the Dock of the Bay*（奧提斯・瑞汀 Otis Redding） *Easy*（萊諾・李奇 Lionel Ritchie） *Over the Rainbow*（伊娃・卡希迪 Eva Cassidy） *Heartbeats*（荷西・岡薩雷斯 Jose Gonzalez）
卡貝內蘇維翁（Cabernet sauvignon）	*All Along the Watchtower*（吉米・罕醉克斯 Jimi Hendrix） *Honky Tonk Woman*（滾石 Rolling Stones） *Live and Let Die*（保羅麥卡尼與翅膀樂團 Paul McCartney and Wings） *Won't Get Fooled Again*（誰合唱團 The Who）
夏多內（Chardo-nnay）	*Atomic*（金髮美女 Blondie） *Rock DJ*（羅比・威廉斯 Robbie Williams） *What's Love Got to do with It*（蒂娜・透娜 Tina Turner） *Spinning Around*（凱莉・米洛 Kylie Minogue）
席哈（Syrah）	誰都不許睡（*Nessun Dorma*）（普契尼 Giacomo Puccini 歌劇《杜蘭朵公主》） *Orinoco Flow*（恩雅 Enya） 火戰車（*Chariots of Fire*）（范吉利斯 Vangelis） 卡農（*Canon*）（約翰・帕赫貝爾 Johann Pachelbel）

※資料來源：蒙帝斯酒莊

室（Crossmodal Research Laboratory），所謂的交叉知覺，指的是一種感官方式，比如聲音，如何跨越界限而影響另一種感官，比如味道。大廚和教授兩人一起作了兩個實驗，說明環境中的聲音如何影響食物味道的感受。第一個實驗採用的是通常在自然界找不到的冰淇淋口味——培根和雞蛋。布魯門索大廚的冰淇淋搭配一片炸麵包一起送上餐桌，這麵包讓味道得以融合，並且添加了酥脆的口感，讓人想到真正的培根和雞蛋。這項實驗在有關藝術和感官的會議中進行，請品嘗者評估冰淇淋的雞蛋和培根味道有多濃，同時播放一、兩種聲音的背景音效。

如果播放的是在鍋子裡煎培根的滋滋聲，那麼品嘗者就會覺得培根味高過雞蛋味，但若播放的是雞在後院咯咯叫的聲音，品嘗者就會覺得雞蛋味高過培根味。彷彿用聽覺為誘餌，就能把味道朝一方或另一方扭轉。

第二個實驗的用意則是想要了解，如果不靠烹調的技巧，他們是否能操縱一種看起來可能很恐怖的食物的可口程度——生蠔。《格列佛遊記》的作者強納森・史威佛特（Jonathan Swift, 1667-1745）曾說，頭一位吃生蠔的人，大概是有史以來舉世最勇敢的人。任何神智清醒的人，怎麼可能會想到敲開看似史前時代的石塊，在裡面找到一個抖動的膠狀黏乎乎的灰色物體，然後想道：「這看來很美味？」

這個實驗的第一個生蠔是像一般餐廳上生蠔的方式一樣，放在半殼上。此時背景播放海浪拍岸的音樂。第二個生蠔則是放在培養皿上，讓那個抖動的灰色黏稠物看來彷彿是正待移植的器官[4]。這回的背景音樂是不協調的咯咯雞叫。可以想見，食客認為放在半殼上伴著浪花聲響的生蠔，比放在培養皿上配著咯咯雞叫的生蠔美味得多。

布魯門索在肥鴨餐廳也證明了生蠔實驗的結果。他設計了一道海鮮「海洋之聲」，為顧客送上一個大海螺，裡面有個iPod，接著再以放在一盒沙子上的玻璃盤，送上可食泡沫和海鮮。顧客要戴上iPod的耳機聆聽大海的聲音，然後才動刀叉。

布魯門索和史賓斯指出，這道菜做到了三點。第一，它使顧客想到我們原本習以為常的聲音，對欣賞美食會產生什麼樣的效果。第二，就如在其研究中所證明的，浪花拍岸的聲響讓你彷彿置身海邊，喚起鹹水泡沫和海風的氣息，讓你和所吃的食物聯想在一起。

---

[4] 史賓斯應該同樣以半殼上生蠔，才能確定影響可口評鑑的純是聲音因素。在此例中，生蠔的呈現方式必然也影響了人們所感受的風味。

第三，耳機使得食客專心在菜色上，而非一起進食的同伴或對話上。

大聲的吃

在你把食物放進口中之後，聽覺也一樣重要。想像若你吃洋芋片卻沒有聽到它碎裂的酥脆聲響、吃早餐脆穀片卻沒有刺耳的卡滋聲、或者吃一袋椒鹽蝴蝶形脆餅卻沒有那教你悸動的咬嚼聲，這正是電影院裡只有爆米花作零食的主要原因。想像一下若你在電影院中吃多力多滋，恐怕免不了會遭白眼。其實大部分的電影院販賣部都不賣酥脆的零食，因為它們吃起來太大聲，不只在你的腦海裡太吵（影響你欣賞電影），在你的腦袋外也太吵（影響鄰座的聽覺），而爆米花在你的口中則靜靜地發出嘎吱聲，不會影響電影的音響效果。

儘管大聲吃東西很惹人生厭，但人們吃東西的聲音，卻能傳達關於食物的許多資訊。在實驗室的研究中，光是聆聽別人吃西洋芹、蕪菁和薄脆鹹餅乾的聲音，就能讓沒吃這些食物的人感覺到有吃這些食物相同的口感。下回如果有人旁若無人的吃東西時，你就可以運用這則資訊，對他說：「光是由你吃洋芋片的響亮聲音，我就知道它們很新鮮。」應該可以讓他安靜一點。

聲音如何影響一般人對洋芋片的感受？要作這樣的實驗，首先要讓刺激物——洋芋片大小一致。吃到厚實洋芋片的人，感覺一定和吃到薄脆洋芋片的人不同。這回科學家再次求助於最完美的答案——品客洋芋片。每一片雙曲線的馬鞍形薄片大小都一致，是食物研究人員的夢想。有個研究證明消費者聽到人們吃品客洋芋片的響亮聲音，就覺得它比較爽脆新鮮。吃的時候聲音較小的洋芋片，往往就被人認為是陳腐而走味。同樣的測驗也適用於汽水，氣泡的聲音越大，受測者就覺得它越有氣。

這讓我想到一些順理成章的問題：如果有人的聽覺受到傷害，他的食物經驗會有什麼不同？他是否在嘗爽脆的食物時，會覺得比較不爽脆？有氣泡的食物比較沒有氣？以此類推。我找不到相關的研究，因此決定自己來做。

後天聽障人協會（Association of Late-Deafened Adults, ALDA）正是由我所尋覓的聽障人士所組成——出生時聽得見，但後來聽覺有了障礙。我去參加他們在加州聖荷西舉行的會議時，發現喪失聽覺會影響他們對食物的經驗，但和我預想的並不同。

「我聽不見水開時的茶壺嗶叫聲，因此得觀察它是否冒水蒸氣。」曾擔任酒保的吉姆．賴特（Jim Letter）說。

「有些事我們沒辦法再做，比如拍拍西瓜，聽聽它是否有成熟的空洞聲。這是無可奈何的事。」琳達．德拉泰爾（Linda Drattell）說。

喪失聽覺後，還聽得到洋芋片嘎吱的聲音嗎？

「你可以在腦海裡感覺它的聲音。」德拉泰爾說。蒂芙妮．佛雷米勒（Tiffany Freymiller）則告訴我們，她在優格店裡刻意選擇如跳跳糖（Pop Rocks，在口中融化時會產生氣泡）之類的配料：「我喜歡它們的泡泡，雖然我聽不見它們，但它們卻添加了某種感受。」

這一群人的每一位成員都說，餐廳在他們後天聽障的社交生活中扮演要角。大部分的電影院、戲劇院和演唱會場所都沒有考慮到聽障人士的需求。餐飲是他們唯一能完全參與的社交活動，不過它依然有其限制，其中一個就是每日特餐很少有書面的說明。

「侍者以飛快的速度把每日特餐的菜單背出來，並不能為餐廳加分。」德拉泰爾說，她對侍者火速唸完特餐菜單好去照顧下一桌客人的作法非常惱火。極簡主義的裝潢潮流和開放式的廚房，也造成了近乎挑戰的噪音。這些聽障人士告訴我，他們希望能有安靜的區域，讓他們能夠較舒適地用餐。是的，聽不見的人希望餐廳能更安靜。喧鬧餐廳的刺耳聲響折磨他們僅剩的一點聽覺，也讓助聽器難以發揮作用。對聽力正常的人，喧囂創造出活力的印象，但對聽障人士卻是挫折煩惱。

雖然完全失聰的人數量不多，但年老而耳背的人數卻急速增加。威斯康辛大學二〇一〇年的研究說，一九四四至一九四九年出生的人，三七％有聽力障礙。這些研究人員還預估，到二〇三〇年，會有五千零九十萬名美國民眾有聽力障礙。餐廳業者，仔細聽好了。

舊金山一家啤酒屋「朋友餐廳」（Café des Amis）環境十分熱鬧，貼著美麗的磁磚，設有大理石餐桌，到處是光亮的木頭，但餐廳主人非常貼心地在後方設了一個房間，鋪上「毛絨的酒紅色毛海地毯」，恰恰是ALDA成員夢寐以求的地方——不是一塵不染的宴會廳，而是時尚的空間，讓他們也可非常尊嚴地享受美食。這是聰明之舉，有許多六十、七十、八十的老年人，即使聽力不如以往，依舊有足夠的財力外食。

未來之聲

二〇一〇年，菲多利食品公司（Frito-Lay）Sun Chips多穀類脆片推出了號稱舉世第一件生物自動分解的環保包裝袋，馬上就接到許多消費者對包裝袋聲音太大的投訴。這家零食公司想要為地球盡一份心力，可是消費者卻不領情，他們不只生氣，而且還感到失望。節食的人半夜偷吃不可能再神不知鬼不覺，消費者在臉書上創了一個專頁，名為「抱歉但Sun Chips的袋子太大聲所以我聽不見你。」公司起先回應說，環保包裝袋的聲音是「改變之聲」，但後來還是把它們下架了。

其實菲多利公司發現的是很好的線索。交叉知覺研究實驗室的阿曼達・王（Amanda Wong）和史賓斯發現，邊品嚐品客洋芋片（又是因為每一片大小厚薄都一樣）的人邊聽包裝袋錄音的人，如果聽到的是包裝袋嗒嗒的聲音，會比他們聽到開罐「啵」的一聲時，覺得洋芋片更酥脆。Sun Chips應該把這則資訊用在他們對消費者抱怨的回應中，或者他們可以先下手為強，預先在行銷這種環保袋之時，就先運用這個資訊，化解消費者的不滿，比如：我們特大聲響的分解袋不只環保，還讓你有更多的感官刺激。

不知不覺聽到的背景音樂

大部分影響我們進食行為的聲音，都是在我們不知不覺的情況下「聽」到的，或許是因為我們很習慣日常生活中低聲的背景噪音，使我們在下意識中把它排除之故，然而即使在你不知不覺當中，食品零售業者或餐廳播放的音樂，都可能影響你所購買的東西。

一個實驗顯示，在超市播放法國音樂會使人買的法國葡萄酒較其他國家的葡萄酒更多（這個實驗特別拿德國的酒類相比）。反之，播放德國音樂則使顧客買德國酒多於法國酒。可是只有一四%的消費者承認背景音樂影響他們採購的選擇。

店裡所播放音樂的節拍也會影響你的購買決定。節奏慢的音樂會使超市裡的顧客放慢速度，也就是說他們在店內待的時間較長，平均每位顧客為店內所帶來的收益較高——光是換一下廣播頻道，就可有這樣不錯的效果。我們顧客自以為掌控了一切，其實卻被當作傀儡操縱而不自知。

或許最難安排聲音的場地是超市。超市的招牌音樂是什麼？我一直到現在才想到這個問題。商店前方的背景聲音應該是收銀機的叮噹聲，中間則因冷凍庫的運轉而嗡嗡作響，蔬果部門則沒有什麼聲音。零售業者可以考慮以大自然的聲音來影響生鮮食品的販售，如果咯咯雞叫能使培根雞蛋冰淇淋的口味更有雞蛋味，那麼戶外的聲音豈不是可以讓農產品顯得更新鮮？

其實已經有一些業者涉足這個領域。總部設在美國加州的喜互惠超市（Safeway）就在部分蔬果陳列櫃上噴水，在水噴出之前，你會先聽到雨雲聚的聲音，接著轟！隨著一道閃電，「暴風雨」侵襲了生菜那一區。蔬果生長在戶外，而喜互惠在店內創造的就是這樣的聲響，極為有力地提醒顧客食物來自何處。

我愛休閒墨式餐廳，其實我愛任何供應法士達（fajitas，墨式烤肉）的餐廳，不是因為其風味，而是因為它的聲音。法士達上桌時滋滋作響，在盤子上活跳跳的，而相較之下，墨西哥捲餅和墨式焗起司卷上桌時的聲音則死氣沉沉。餐廳沒有好好運用這樣的服務，他們的食客沒有聽到生肉放上鐵架時教人滿足的聲響。他們錯過了雞蛋在平底鍋奶油裡冒著泡泡滋滋啵啵的聲響。我希望能在餐桌上有更多這樣

《感官小點心》

罹患「恐聲症」（misophonia）的人可能會因其他人吃東西的聲音而心煩意亂。雖然擾人的是聲音，但這種疾病很可能是由中樞神經系統的問題造成。聽到其他人吃、嚼，或吞嚥，可以使罹患此疾的人恐慌不安，甚或勃然大怒。

的體驗，就像讓你自行挑選生肉，在桌上炙烤的韓國烤肉餐廳一樣，是聽覺、味覺，和嗅覺上的饗宴。你看到鮮嫩粉紅色的牛肉發出滋滋聲燒烤，變了顏色，釋出揮發香味，隨著它在烤架上的每一秒，而更鮮美。

聽覺的提示比化學的反應更多——它們是食物經驗享樂的開始。這種享樂的經驗應該在你購物時就開始，就像在農夫市集一樣。在那裡，聽不到一再重複廣播的電子聲音，取而代之的是人類交談時愉快的嗡嗡聲。這或許就是農夫市集如今再度受到歡迎的原因。

不用眼睛煮飯

餐廳業者崔西・黛・賈丹（Traci Des Jardins）是舊金山灣區數家餐廳的大廚兼老闆，其中最有名的是舊金山的賈丹尼耶（Jardinière），和太浩湖（Lake Tahoe）的曼薩尼塔（Manzanita）餐廳。她說在商用廚房中，很難聽音烹飪，因為「總是有抽油煙機的噪音」。但在家裡，並沒有吵鬧的大型抽油煙機或者清洗檯面，情況就不同了。

她說：「如果你在極安靜的環境下烹飪，那麼不用去看爐子或烤箱，你就能知道某種食物煮的會多快。聲音變成一種提示，讓你知道你在烹煮時發生了什麼事。光憑聆聽，我就可以分辨許多事物。我注意到……即使我背對著爐子，依舊可以清楚地分辨。假設我在煎食物——我可以分辨它是不是快要燒焦了，或者它會不會上色。食物出水，和煎，和炸的聲音，這些不同的溫度，都有不同的聲音。」

有個叫作「不用眼睛煮飯」（Cooking Without Looking）的節目，號稱是「第一個為失明和視障人士製作的

在吃餅乾／肉類／蘋果／起司時，食物的味道／氣味／聲音／觸感／外表對你有多重要？

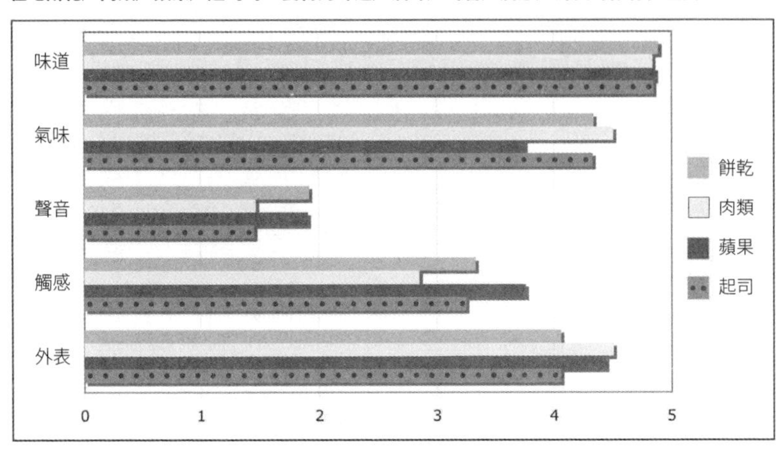

平均分數由1至5，其中：
1=非常不重要，2=不重要，3=並非重要／並非不重要，4=重要，5=非常重要

電視節目」。我頭一次聽說時，以為那是像「週六夜現場」（Saturday Night Live）之類的諷刺滑稽節目，因此馬上用Youtube觀賞，結果發現這個節目是由視障主持人和正在烹飪的視障廚師對談方式進行，其中有一集要從頭開始製作比薩，來賓廚師教主持人怎麼聽酵母在麵粉上發揮作用的聲音。不過教我以新眼光來看待聲音意義的，卻是視覺正常的廚師黛．賈丹。

荷蘭有一項研究，針對各種物品，請受測者評估他們五官感受的重要性，由使用電腦滑鼠到騎單車到刷牙都包括在內。在飲食方面，受測者評估聽覺的重要性遠遠落後其他感官一大截。

聆聽我們的食物

崔傑爾帶我走進一間無響室（Anechoic Chamber，聲波無反射實驗室），正常情況下聲波會四處彈跳，返回我們身上，這個房間的設計就是用來消除聲波的回響效果。我下定決心要在裡面吃東西看看。

非常幸運的是，在加州柏克萊大學就有這樣的一間無響室，只要由我家跨過海灣大橋就到了。我發電郵給主持加州柏克萊大學聽知覺（auditory perception）實驗室的艾默瑞塔斯．海夫特（Emeritus Ervin Hafter）教授，他對聽覺的各個層面諸如聲音的空間知覺，以及降低噪音對語音辨識有什麼樣的影響，也都有所涉獵。海夫特也是美食家，剛由波爾多回來，很樂於探究聲音和食物的關係。

從沒有人要求在海夫特教授的實驗室中吃東西，不過他對此很有興趣。我們把我的那袋食物帶了進去，海夫特關上厚達一呎（三十公分）的門，接著再關上另一扇內門，全世界的聲音似乎都隔絕在外。海夫特教我盡量大喊，我喊了，一次、兩次，再一次。結。果。每。一。次。聲。音。都。突。如。其。來。地。停。止。彷。彿。消。失。了。一。樣。我咬一口西洋芹，聲音純淨清澈清脆而美麗。在這個與世上其他一切都隔絕的無響室裡咬第一口蘋果，只聽到無比清楚的聲音在空氣中留下烙印。如果讓我選擇在無響室內吃蘋果或巧克力，我會選擇蘋果，因為那好像在製造音樂一樣。

我還嚼食了其他食物：酸麵糰做的硬蝴蝶脆餅、胡蘿蔔、洋芋片，分辨它們各自不同的聲音。等我離開無響室時，對經常埋沒在日常生活喧鬧中的食物聲音之美，已經有了全新的體會。

其實我們並不需要在無響室吃東西才能領略像那一口咬下蘋果的美妙聲音，只要更仔細地聆聽我們的食物，並且為它在聽覺上提供的輸出信號找到新的品嘗方法。要是我們能學會由食物的聲音得到感官之樂就好了，就像我們欣賞一道菜的香氣或外觀一樣。如果我們能體會到蘋果能提供冰淇淋永遠不能的美聲表演，說不定我們就會吃得更健康。即使我們所做的不過是對食物的聲音多注意一點，即使少吃一口，也能得到兩倍的享受。

互動練習 11

品嘗你錯過的味道：聆聽你所喜愛的食物

你需要

◉一名食客（你），和不計數量的猜測者，不過這個實驗以小團體（一至五名猜測者）效果最好 ◉一把墨式玉米脆片 ◉一把椒鹽蝴蝶脆餅 ◉一個蘋果 ◉一根芹菜 ◉一個胡蘿蔔 ◉任何其他吃起來聲音很大的食物 ◉一個盤子和一塊遮住食物的不透明布料 ◉紙筆

作法

❶在猜測者抵達前，先準備好你要用的食物。把它們放在盤中，用布蓋上，讓受測者看不見其中內容。

❷告訴受測者，你要吃幾種不同的食物，要他們閉上眼睛，由食物發出的特定聲響辨識是什麼食物。

❸現在要受測者閉上眼睛，並且保持這樣狀態，直到你說可以睜開才能睜開。（我喜歡請受測者舉起右手承諾不作弊。作弊就沒有意義了。）

❹盡量大聲吃各種食物，宣布你的樣本爲「第一種食物」、「第二種食物」，以此類推。你可以把食物吐出來，加快實驗的進行。

❺吃完之後讓受測者睜開眼睛，寫下他們自以爲聽到的食物名稱。

觀察

❶每一名受測者寫對多少種食物？

❷你對食物有什麼樣的感受？

❸你覺得你是否可以用如梨子或甜餅等較軟的食物來作這項實驗？試試看！

Taste What You're Missing

Taste
What You're
Missing

第六章

專業人士的品嘗之道

「感官的評估，需運用非凡的鑑別力和全方位的人類官能作為多種用途的工具，以測量食物的感官特色。」

——麥可．歐馬哈尼，一九八六年

專心！享用你的食物

一個週一夜晚，羅傑和我走進我們家附近最愛的戴菲納餐廳。我們沒有訂位，侍者盡力為我們安排桌位，最後我們坐到一長排靠牆長條沙發軟座的最後方，而由於牆面的配置，使我的座位就在另一張兩人桌旁，如果那一桌要再加一位客人，那就是我所坐的位置。因此不論我有意無意，都會聽到那兩名客人的談話。可是我一凝神諦聽，那對話就像戴菲納的橄欖油浸馬鈴薯泥一樣教人難以抗拒。

這兩名男客年紀相差大約二十五歲，我的第一個挑戰是要猜測他們的關係，而當年輕男子對年長者說話時，有一種不耐煩的語氣——他們是父子。接下來一小時，我從頭到尾聽了他們在多年不相往來之後的痛苦團圓。

你從來都不支持我。

如果能把往事忘掉，對你比較好。

我人生中的大事你都不在場。

這就像吃飯時聽一場電影一樣。我已經記不得當天吃了什麼，但鄰桌父子的互動卻依舊鮮明地在我腦海。那場戲壓過了我的餐飲。

為了探究注意力和食物的關聯，以及如何把每一口的滋味都享受到極致，因此我求教於赫伯．史東（Herb Stone），他在一九七四年與人合創了味龍（Tragon）行銷研究公司，這是舉世首屈一指的味覺研究公司。許多知名公司在準備改變食品成分、製作過程、換供應商、業績下滑，或是遭到新競爭對手迎頭痛擊時，都聘請味龍分析食物或飲料。味龍運用一種稱作「定量描述分析」（quantitative descriptive analysis）的技術，開發食物的感官地圖，以人類試食者為尺規和調查工具。這種地圖讓其客戶明白自家和對手產品之異同。史東在這一行有三十多年的經驗，訓練數千名小組成員成為「多功能工具」，不過對於任何想要學習如何更深入體會食物滋味的人，他有個出人意表的簡單建議。

「專心。」他斬釘截鐵地說。這是把每一口食物滋味體會到淋漓盡致的不二法門。「大部分人吃東西時都沒有運用知覺，就像：『舌頭，注意，有東西要進入胃裡去了』這樣。」

我同意，專心吃你的食物，是欣賞其滋味的關鍵。如果你要由食物中獲得更多的感官資訊，就對它尊重一點。如果你要享受食物，就絕不能坐在正上映天倫悲喜劇的鄰座旁邊。要由食物中獲得更多的感官知覺，只要把環境的一切排除在外，不論它有多精彩，你都不要理會，只要專心注意自己的食物。

每一餐，欣賞評估你的食物

如果想要多享受你所錯過的滋味，不妨學學品酒者，把他們品賞佳釀的技巧運用到食物上。一般教導品酒，都是由評鑑其外觀開始。品酒人甚至在嗅聞葡萄酒之前，就先花極長的時間，光是觀賞其外觀。它是混濁？清澈？是深暗紅色？抑或金黃或帶綠色？其顏色有多飽滿？旋轉一下杯子看它怎麼流下杯緣？這酒的外觀告訴你它嘗起來會是什麼味道？

如果我們把這樣的作法運用到所吃的每一餐，用餐的過程就會放慢，也會吸收更多的感官體驗。就像養分滋養我們的身體一樣，感官的資訊也滋養我們的的心靈，讓一頓餐飲真正使我們心滿意足。

想想你每天早上吃的早餐，你很可能只是嘴巴在嚼，但卻沒有對它花太多心思。你可能每天都吃一樣的東西，而且注意力根本不在食物上，而在其他如報紙、電腦，或者你眼前的公路上。如果你有這些模糊感官的行為，那麼明天早上來點不一樣的——專心！

讓早餐成為你的第一要務。一心多用降低了你做所有事情的品質。在你埋頭吃之前，先花三十秒觀賞你的早餐，每一片脆穀片的顏色是棕、金黃，還是象牙色？每一片大小和形狀相同或有異？你倒在上面的牛奶是濃醇不透明，還是稀薄而清清如水？你的咖啡是棕色還是黑色？加了牛奶之後不透明度是否改變？你土司烤的褐色是否均勻？優格裡的莓果是豔紅抑或深藍？

把你每天的早餐當成感官之旅，在你舉起食具吃第一口之前，花整整六十秒觀察和欣賞食物。只花一天試試把報紙放到一旁，專注在你的早餐上，看看這怎麼改變你的一日之始。彷彿頭一次看到這份早餐一般檢視它，在把它放進嘴裡之前，深深嗅聞它，不要分心，把電子郵件留到辦公室之後再去瀏覽。如果你非得在上班途中吃早餐，那麼去找共乘的同伴或是搭公共交通工具。朋友是不會讓你邊吃早餐邊開車的。

專業人士是客觀的工具人

專心飲食能讓你的食物經驗更滿足，不過對於食品業界的人士而言，專心飲食是工作的必要條件。要作專業人士，就得做到專業的要求，比如不動產經紀人每個週末都必須工作，醫師必須隨時待命，律師必須代表愚蠢的客戶，而對我而言，就是得品嘗我痛恨的食物。

當我以專業人士的身分品嘗食物時，必須由兩個截然不同的角度來考量它，第一是批判性地思考我吃了什麼，第二則是我喜歡它與否——儘管這點在我工作時可能根本不會發生。我的工作要成功，必定要區分這兩者的差別。

你可能欣賞某個東西的味道，卻不怎麼喜歡它；你可能欣賞某種單一麥芽威士忌的複雜口味，卻不想喝它；你也可能欣賞某種辣莎莎醬的風味和辣度，卻不愛吃它時的感受。

身為食品開發者，我必須完全客觀，我是個人類工具。就個人而言，我厭惡雞蛋，也不很喜歡美乃滋，把這兩者做成雞蛋沙拉，恐怕就會讓我跑出去嘔吐，光是它的氣味就教我作嘔，但我參與過許多不同的工作，而我的責任就是要品嘗美乃滋或雞蛋，或雞蛋沙拉。什麼都不加。不吐出來（因為我覺得吐出來沒用）。一次一次又一次。在其他的場合，作為人類的我可能會因為這種對我味蕾的冒犯而吐出來，大喊「噁心！」但作為人類工具的我卻能夠非常客觀地說出我所嘗的哪一種雞蛋沙拉較酸，哪一種較甜，哪一種較鹹。

不是專業的食品開發者，我們不會讓他們嘗他們不喜歡的食物，但當我們在麥特森公司測試我們開發出來的食物時，卻總讓目標顧客品嘗它們，以便獲得他們對這些原型食物的意見。比如若我們正在開發一種運動飲料，就會請運動員試喝；如果開發低熱量的餐點，就會請對體重很在意的女性試吃。你不會請一輩子都不會點雞蛋沙拉的人來嘗試改進雞蛋沙拉的味道。為什麼？因為厭惡雞蛋的我會建議乾脆把雞蛋沙拉裡的蛋和美乃滋全都除掉算了。而你要做的，卻是為喜歡雞蛋沙拉的人找出完美的雞蛋沙拉配方。

我們會視我們想知道的目的，詢問目標顧客兩種問題。第一種是有關食物的感官特色：味覺、嗅覺、觸覺、視覺，和聽覺。我們由自稱會買這種產品的人所打的分數算出平均，如果你從不買這種產品，我們就不希望你的意見擾亂我們的資料。痛恨雞蛋沙拉的人會把我們的測驗結果帶往錯誤的方向，讓像我這樣的人改變雞蛋沙拉食譜，結果反而使產品無法吸引原本喜歡這項產品的顧客。我們詢問食物的感官特色時，並不是問受測者喜不喜歡這種食物，而是問他們覺得鹹、酸，或顏色的程度如何。請注意這其間的差別。

讓我們再回到我（痛恨）的雞蛋沙拉。當我在食品開發實驗室工作時，在尚未提供消費者樣品之前，研發初階的階段，我就是雞蛋沙拉消費者的代表。如果我問自己某一組感官的問題，關於某些口味、質地，或香氣程度的資料，我就不能光喊「噁心！」並把它吐出來，而必須更明確地和我的廚師同僚溝通。我可能覺得它太鹹，或者雞蛋不夠硬實，或者顏色太深。為了要判斷產品的感官特色，我們用一個「正正好」尺度表來衡量，通常這表有奇數的選項，你可選擇中點（如下例的3）表示「正正好」，或者選擇左右兩端的各個選項。

◀「這份雞蛋沙拉的鹹度如何？

1	2	3	4	5
低太多	略低	正正好	略高	高太多

唯有對我們可以調整的食物特性，我們才會問這種「將將好」問題。比如，假設我們和飼養某品種雞的某位蛋農合作，我們無法改變其蛋黃的顏色，就不會問這種問題。

最後，等我們掌握了感官特色之後，我們就可能會問消費者——你多喜歡這種產品？食品業的標準是從一分到九分的尺度表，由「極喜歡」到「極不喜歡」。如果我來為喜歡雞蛋沙拉與否打分數，我就會把它列在非常低分，但在我們的食品實驗室中，我不能嘗了食物原型覺得特性將將好之後，再對廚師或食品科技專家同僚說：「我非常不喜歡這個產品，請你改一改。」

下面是我們用來請消費者標識個人喜好的典型用表，九分尺度表稱為「hedonic」，和「享樂主義」（hedonism）有同樣的希臘字源，理由很明顯：還有什麼比脂肪、鹽、糖的成分全都「將將好」的食物更享受的？這個表有極清楚的中點，讓你可以用不偏不倚的中間分數（5）表示不喜不惡，或者由此開始作上下的調整。注意在上面的「將將好」尺度表中，最「好」的分數是在中間，而在喜好表中，最「好」的分數卻是在最右方（最高分）。

▼你有多喜歡這道雞蛋沙拉？

1	2	3	4	5	6	7	8	9
極不喜歡	非常不喜歡	中等不喜歡	略不喜歡	既不喜歡也不討厭	有點喜歡	中等喜歡	非常喜歡	極喜歡

設計一套品嘗的特性詞彙

要批評分析一種食物，就得先問自己，是否五種基本味道都應該出現在這個食物中。有些食物是如此，有些則否，有些則沒有那麼明確。

讓我們以巧克力為例，想像你要在兩種牛奶巧克力棒中做出決定，你先嘗一種，再嘗第二種。你怎麼決定自己想要吃哪一種？下面是我的作法。

在評量食物時，最先用的感官是你的視覺。牛奶巧克力棒可能有一個範圍的各種棕色調和一個範圍的光澤，如果這巧克力沒有保存好，表面就可能會有一點白白的霜狀物，通常這種白霜狀物並無害，只是看起來有點像長黴，外觀上自然要打折扣。

接下來我們進行到第二種知覺：味覺。五種基本味道是否都該出現？巧克力應該是甜的，但有多甜？該酸嗎？苦呢？鹹？鮮？

有些頂級巧克力（只用一種純正可可豆）有一點水果味，可能會覺得有點酸。有些牛奶巧克力有一種酸牛奶味，讓它們產生獨特的風味。但是如果要吃酸的，你可能會選Jolly Rancher水果硬糖或者Lifesaver糖，如果你要巧克力味卻帶酸的糖，可以選Raisinet（雀巢的葡萄乾巧克力），它帶酸味理所當然。一般的巧克力酸味很低，不過既然巧克力有酸味，就該把酸味列在特性表上。

苦可能是你在吃許多食物時，都不想要的味道，但巧克力帶點苦味可以使它有深度和複雜性。可可豆原本就有苦味，因此苦味很正常。我們現在討論的是巧克力的感官層面，而不是哪種巧克力（牛奶或黑巧克力、苦或不苦）比較好吃。偏好程度下面會再談到。巧克力棒有點苦味應該不錯，該有多少呢？大約正好的程度。因此苦味也列入特性表中。

鹹是通常不會和巧克力聯想在一起的味道，但鹽讓巧克力有一種對比。想想完全平衡的味道之星，如果我們的巧克力是甜的（第一種風味），又微苦（第二種風味），那麼加點鹹味可以讓它有第三種風味。每一個對位都能增加它的複雜度，如果能**恰到好處**，就能維持平衡。

再回到鹹味。由於我們品嘗的是純牛奶巧克力，而非海鹽巧克力或鹹的焦糖巧克力，因此大家應可同意，雖可含鹽，但不能太明顯，否則就失衡了。於是鹽也列入其中。

鮮味是另一種通常不會出現在巧克力中的味道。我嘗過鮮味的巧克力，它徹底地改變了巧克力的味道，但必須保持微量，不然就會顯得奇怪。含有培根的新潮巧克力棒含有鮮味和鹹味，並有煙燻的香氣，帶來有趣的變化。不過就目前這個練習來說，我們先不把鮮味列在牛奶巧克力的味道特色表之中。

接下來我們由味道換成質地，這是巧克力棒的關鍵元素，需要完全不同的感官。現在你得把味覺放在一邊，仰賴你的觸覺。食品業把你口中食物的質地稱作口感。完美巧克力棒的口感應該是粗質、沙粒、細滑、鬆脆、乳質、細薄、多脂，還是有嚼感？巧克力該在你舌頭上逗留不去，還是立即消失？你在品評的是純牛奶巧克力，不含堅果或其他成分，因此它該是平滑乳質，在你舌上有一種滑膩的質地，但並沒有光滑感。這些特色全都該列入表單中。

接下來的感官是嗅覺。現在你可以考量巧克力棒應該會聞到什麼樣的香氣，就像你考慮它有哪些基本味道一樣。徐徐地深吸一口它的氣味，這比短促的多次嗅聞更能讓人察覺它的氣味。你用鼻子嗅聞時，巧克力可能有一點細膩的氣味，但並不多，因為巧克力的揮發氣味要等到它在你口中加熱或融化時才會釋出。用鼻子嗅聞之後，你就可以把巧克力棒放入口中，用嘴去嗅聞，這能讓香氣鮮活。

設計你用來描述這兩種巧克力棒的術語，稱作「設計一套詞彙」。在味龍公司，訓練有素的消費者小組成員負責選擇詞彙，而為了創造這些詞彙，他們試吃了受測食物（例：餅乾、葡萄酒、巧克力）的各種樣本。而以這個巧克力實驗來說，意味著要收集各種牛奶巧克力棒——由廉價到昂貴的都包括在內，以便涵蓋所有的巧克力特色範圍。

為了訓練組員察覺某種特性，味龍可能會給小組成員某種參考食物——富含他們嘗試要辨識之風味的典型例子。味龍和其他感官測試公司想要用人類作為測試工具；如果要用工具測量東西，首先得要把它校準，測試小組成員藉著參考樣本，可以調整自己的感官，和他們要察知的特色一致。比如要讓一組測試者評估某種食物的腐臭味，他們全都得先同意何謂腐臭才行。而最好的作法就是聞某種腐臭的東西，同意這是腐臭的味道，然後在室內傳遞，直到每一個人都對腐臭的味道有一致的見解。接著再換到下一個參考物。

在我們巧克力的測驗中，香草的參考物可能是讓大家嗅一顆香草豆或聞一瓶香草精，堅果味的參考物則可能是各色烤堅果。當然你也希望能有基本味道的參考物，通常精鹽就是鹹味、糖是甜味、檸檬酸則是很好的酸參考物，但即使你不在食品實驗室工作，也可以用抗壞血酸——也就是維生素C的學名，來作酸的參考物。你可以由健康食品店買維生素C的膠囊（非錠片），打開來嘗嘗其中的粉狀內容物——純酸的參考物。通常苦的參考物常以奎寧，也就是通寧水（tonic water）中的苦味物質，作為參考物（通寧水雖含奎寧，但也含糖，故不適合作苦味的參考物），不過同樣地，它也不容易找到。我喜歡用咖啡因粉，可以在藥房買如Nodoz等提神的成藥，研磨成粉之後，加入熱水溶解，但要小心，光是淺嘗一口咖啡因水都極苦，而多嘗一點就可能讓你徹夜無眠。鮮味的標準參考物是味精，雜貨店就可買到。

在典型的牛奶巧克力中，香氣包含了牛奶、可可，和炙烤的味道，因為可可豆要炙烤之後才能製成巧克力。但或許還有其他特色風味，比如煮過和焦糖化的牛奶味、酸奶味、咖啡味、煙味、皮革味、水果味、堅果味，或土味。而這些味道的參考樣本就包括焦糖、咖啡、煙燻液（liquid smoke，藉燃燒木柴，使其煙霧凝結濃縮，讓煙霧產生的物質溶於水中的產品，用於食物保質和調味）、真正的皮革——你可以掌握要訣了。

◀牛奶巧克力的詞彙和參考物

形容語彙	訓練試食者辨識風味的參考物
水果味	500ml的維他命水飲料Revive Vitamin Water或0.5克的Tropical Punch Kool-Aid
奶味	淡奶（evaporated milk）
苦味	七七%可可粉
（陳腐）腐臭奶味	氧化的陳餿奶油
蘭姆	深色蘭姆（dark rum，蒸餾後經橡木桶陳年儲藏）
香草	波本（Bourbon）種香草豆
堅果	淡鹽綜合烤堅果
澀味	嘗可可粉的口乾感
甜味	砂糖

※取材自J. Kennedy and H. Heymann, Projected Mapping and Descriptive Analysis of Milk and Dark Chocolates.

最後，你還要考慮巧克力的聲音。如果巧克力棒很容易就折斷，而且發出響亮的聲音，就很可能在製作過程中經過適度的融化，如果融化不當，折斷的聲音就比較不響亮。

既然你已經考量了這兩種巧克力棒的五種基本味覺、香氣、視覺外觀、聲音，和質地，應該可以對它們作出判斷來。其中一條可能乳脂比較高、一條可能比較苦、一條可能奶味比較重、一條則可能比較滑膩。在作選擇之時，你就在進行官能的評估。

在你評估了每一種個別的特性之後，即可自問喜歡哪一種巧克力。這對你應該很容易，不過有趣的是要問為什麼你會選擇這一條。你受較苦或較甜的食物吸引？你喜歡乳味（脂肪）高的食物是否因為它在你舌頭上的口感怡人？要真正了解這些答案，請完成本章最後的牛奶巧克力棒感官評估練習。是的，這不簡單，但總有人要做。

人和機器的差異

味龍及其他感官測驗公司裡所作的感官分析，和我們在麥特森公司所做的味覺測試截然不同。味龍訓練小組成員以人工設計的不自然方式面對食物，它希望消費者能藉著參考食物和其他的試食者，使其感官經驗標準化，這些試食者本質上就是分析的機器。這些公司不用真正的機器，他們經常請人免費試嘗食品（比如巧克力），有時只給試食者一點酬勞（比如雞蛋沙拉，不過如果是我要嘗這種食物就要索取比其他人高的價碼）。花三十至七十五美元的成本聘請消費者試食樣品，成本遠比把同樣多的樣本送進如氣相層析質譜儀之類的機器中低得多，結果也更有用，因為人類能察覺其他人類也會喜歡或不喜歡的物質，而機器或許能在樣本中找到更多的成分，但卻未必是人類在乎的成分。最後，人類是機動的，任何地方都可以找到人類，而昂貴的分析機器則不然。

麥特森公司在開發食物、改進食物原型的過程中，我們也會在人類身上測試食物。首先我們會問這個食物帶給人的各種感官特色，接著問試食者有多喜歡這種食品，最重要的是，我們問他們會不會買它。因為你可以用糞堆生火燒烤松鼠肉排，一切都達到恰恰好的程度，但如果消費者沒有興趣購買，一切的測試都是枉然。

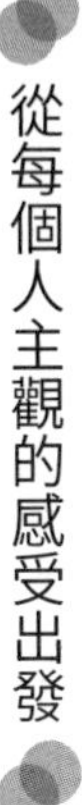

從每個人主觀的感受出發

值得一提的是，如果想要把味覺標準化，往往都是徒勞，因為任何不同的兩個人（或者兩百零二人）品嘗同一食物時，都會有不同的體驗。每個人都活在他自己的感官世界當中，而舉世約有四分之一的人口是旺盛品味者，他們體驗到的食物滋味是耐受品味者的三倍強。人類的嗅覺差異變化也極大，尤其隨著我們成長老化，差異更多。

麥特森和味龍等公司也和真正購買商品的顧客作食品測試，通常是針對它們所開發或測試食物的熱心粉絲。味龍讓消費者經過一組測驗，證明他們的感官技巧無礙，也就是說，如果你喝可口可樂，而味龍正在測試無酒精飲料，就會給你作味覺測驗，確定你可以分辨可樂樣本A和B的差別。該公司創辦人史東說，測試一輪之後，會淘汰大約三〇%的試食粉絲。

「他們的表現其實和統計數字不同。」他說。亦即耐受品味者的得分，比隨機的樣本差。「如果按照隨機的樣本，應該是五〇比五〇，結果不然。有些人只有二〇%、三〇%正確，有的卻有九〇%正確。」即使這些人經常使用所測試的商品，卻依然有三〇%的人（任何產品的消費者）無法在盲目測試時辨識出來。這對自有品牌飲食的廠商非常重要，因為他們得針對這些耐受品味者作行銷，卻不能太明顯。反正你分不出全國品牌和我們自有品牌有什麼差別，所以該買我們的產品！這種話得不到廣告獎，也無法讓消費者產生購買動機，但對二五%至三〇%的人口而言，卻有其道理。

有位客戶請我們為其沙拉醬和對手的沙拉醬作些測試，我們建議作盲目味覺測試，讓受測者試吃樣品，卻不知道這些樣品各自是什麼品牌。我們客戶的沙拉醬得分不如對手自有品牌的樣品，但在試吃之後，我們請受測者說出他們會買哪一種品牌的沙拉醬，他們果真是受廣告訓練有素的消費者，一致擁護市面上的領導品牌，可見行銷的力量。

感官科學這方面的學術研究人員如佛羅里達大學的巴托申克和耶魯大學的葛林發現敘述性的分析不夠正確，他們認為人與人之間的差異，依舊很難歸併在一起以求出平均數來，因此他們採用了新的方法衡量感官經驗，稱為「**一般強度標記量值量表**」（generalized Labeled Magnitude Scale，gLMS），如今成了學術界研究感官測驗的標準。gLMS這個表的特別之處就在於，它採用的不是九、一百這些數字，也不是如「極端強烈」這種對你是一種意思，對我卻是另一種意思的定義。相反的，這個表的頂點——最高分，是由受測者自己訂定。

羅傑和我赴佛羅里達的嗅覺與味覺中心用gLMS來為食物評分。我們按照指示自訂上限——最高的分數，列出我們各自所體驗到「任何一種最強烈的感受」。他們舉了幾個例子給我們參考，比如許多婦女把生產列為最強的感覺，有些不幸有體內排出腎結石的人也把這樣的經驗列為最強烈的感受。羅傑記得有一次他去看牙醫時，牙醫鑽到了神經，羅傑想要施打更多麻醉藥，但由於已經達到上限，不能再加麻藥，因此那五分鐘的鑽牙過程是羅傑所體驗過最強烈的感覺。我自己也有牙痛的經驗，因此得來全不費工夫。

接下來主持gLMS的研究員要我們評量太陽的亮度及其他所有人都有的經驗，這讓他們有一些基準數據，可以由此開始把我們的分數「正常化」，或者標準化。

一旦我們在分數表上訂好最高分，研究人員就要我們開始評估食物，這是我們頭一次考量這些經驗：一塊巧克力的甜度和不用麻藥鑽牙五分鐘的感受比較起來有多強烈？這種想法很奇特，需要一些時間思考。後來我們終於找到訣竅，由五種基本味覺到爆米花、義大利千層麵，和葡萄果凍，全都一一評分。

小辣，中辣，大辣的不同強度

如果你要同時評量兩種以上的食物，務必要由正確的一種開始。讓我們以兩種食物為例，首先是墨式莎莎醬。

在品嘗莎莎醬時，應該要由味道最溫和的逐漸增為最辣的，因為其中的辣椒素（讓辣椒有刺激味的物質）在嘗試幾口之後會累積，每嘗一口，你就會更習慣那莎莎醬的風味，因此你最好只吃一兩口就作出判斷。馬爾坎．葛拉威爾（Malcolm Gladwell）的《決斷兩秒間》（*Blink*）描述的正是我在實驗室中品嘗食物之後所做的——盡量對它作出決斷兩秒間的判斷——在我的感官啟動之後作出直覺反應，一邊把這些反應存檔，一邊繼續品嘗。我只需要嘗一兩口，就能對我所嘗到的東西作出全方位的判斷（幸好如此，不然我的體重恐怕要破百）。不過我是花了幾十年才培養出這樣的技巧，這些年來我相信我這種決斷兩秒間式的判斷最為正確。

第二個例子，且讓我們想像你在品味四、五杯黑咖啡。咖啡的苦味也會累積，因此最好由最不苦的樣本開始品嘗，然後逐漸增加苦味。最濃郁的咖啡會教你精力旺盛。同樣的情況也適用在任何的飲料和食品上，基本的原則就是由淡到濃循序漸進。

雖然麥特森的廚師和食品技術人員都知道也奉行這個原則，但卻免不了會有意無意影響我。比如我去食品實驗室試嘗樣品，才走進去，開發人員劈頭就說：「樣本A比較……」，此時我只得趕快請他住口。雖然我在此時是人類工具，但遺憾的是我並不能擺脫人性，我也會受到別人的意見影響。因此若同事告訴我樣本A比樣本B鹹，很有可能我就會有相同的感覺。我努力不讓這樣的資訊影響我，但非常困難，因此我寧可根本不要聽到它。在品酒前讀到其他人的試飲筆記，或者看電影前讀到影評，都會有同樣的結果，在上新餐廳之前聽到食評家的評論，也會影響我自己不偏頗的意見。

稀釋法：品嘗的逆向工程

在試嘗如辣椒醬等味道非常濃烈的食品時，我們會採取另一個步驟。為了讓我們能評估全方位的味道和風味，我們就用水稀釋食品。比如是拉差辣醬（有些死忠粉絲稱之為「公雞辣醬」，因其品牌上有公雞商標，原本是配越南河粉吃的辣醬）雖然是在美國製造，標籤卻設計成亞洲風味，而且在美國的亞洲餐廳裡無所不在。這種濃烈的鮮紅色辣醬既稠又有點醋味，有一股新鮮美味的辣椒前味，而且辣得不得了，舌頭上沾一小滴，就可以麻上好幾分鐘。為了避免這種情況，我們把少量的是拉差辣醬用水稀釋，然後品嘗這種辣醬水。這樣做能讓它在我們口中流轉，好體驗它所有的揮發芳香分子；而且因為它沒有那麼辣，因此我們可以嘗第二、第三口。試飲烈酒的專家也採用相同的方法，因為有些酒類的酒精濃度太高，很難分辨細膩的味道，而且也很難讓它在口內流動，更有可能喝醉；而加水稀釋烈酒可以讓你在酒精的痛覺之外，品嘗到其他的滋味。真正會喝蘇格蘭威士忌的酒友可能會用水稀釋威士忌，因為他們知道這才能由他們所愛的飲料中享受到更多的風味。這種技巧甚至可以運用在你以為不能稀釋的食物上，比如雞肉。

麥特森公司有一家速食連鎖店客戶，該公司的研發部門花了約六個月，以非常知名的炸雞三明治為藍本，開發出同中有異的新版本。坦白說，這種炸雞三明治藍本真是藝術品，它是用無骨無皮的雞胸肉拍扁，然後均勻裹上麵粉和香料，炸至金黃軟嫩——而非酥脆，因此有一種堅實而多汁的口感。再把肉放在香甜酥軟的白圓麵包上，搭配酸黃瓜，使這種三明治達到甜、酸、鹹、鮮味的完美平衡。在我看來，它真可與蘋果派、熱狗，和波本威士忌玉米脆片冰淇淋並列為美國食品享受的極致。

我們客戶的目標是要開發類似這種三明治的商品，在他們的連鎖店裡以較低的價格出售，他們已經花了不少時間，得到相當不錯的成績，但卻離消費者對兩種產品同樣喜愛的「同等偏好」（parity preference）依舊還差五個百分點。我們用同等偏好來衡量我們是否能達到甚至逆轉一種食物偏好的成功與否。

我們經常接到客戶要求，要我們「打倒亨氏（Heinz）番茄醬」，或者「複製奧利奧餅乾」。比如超市零售業者可能會想模仿知名品牌的經典產品，以便用較低的價格打上自有品牌販售。這樣的計畫基本上是不可能達成的。雖然當今科技突飛猛進，教我們很想相信有神奇的黑盒子，只要放進任何東西——酒、藥物、聲音、番茄製的調味料，它就會吐出教你如何重創這種產品的指南。因為你可以用油漆色卡找到相同的顏色，大家就以為食物也可以這樣做。

其實逆向工程（reverse-engineering）往往比你想像的困難，因為有太多因素會影響食物的味道。就算你知道食品的脂肪、碳水化合物、蛋白質的成分，和食品外觀的特色規格（黏稠、酸鹼、糖度、鹹度等等），依舊不夠。光是番茄品種的差異，就會大大地影響番茄醬的味道。至少在目前，太多資訊從缺，難以創造出一模一樣的複製品。我們所能用的最好方法就是嘗試錯誤，我們採用一批食物，整個團隊品嘗它，然後修改其樣本，重複整個過程——一次又一次。

在麥特森公司，我們並不接以完全複製為目標的計畫，因為這太難在合理的時間以合理的價格達成。我們願意接受的是以能達到「同等偏好」相同喜愛程度為目標的計畫。消費者可能辨識得出我們所製作的番茄醬樣本三〇八號和番茄醬樣本二一五號並不完全相同，但他們可能同樣喜愛兩者，我們通常很有信心可以做出同樣受人喜愛的食品，而結果往往也可以做到。

再回到炸雞三明治上。我們的客戶開發的炸雞三明治已經非常非常接近競爭對手的「同等偏好」，但還沒有完全達到目標，儘管他們已經嘗試錯誤了好幾輪。在他們向我們求助之前，也曾把他們想要模仿的產品送去作氣相層析質譜分析，他們分析了產品的外觀規格，也聘用訓練有素的小組團隊作定量描述分析，但就是無法讓他們的三明治和對手原本的三明治更加接近，因此他們向我們求助。

在我們討論過尚未使用的方法之後，我決定要以我們評估辣醬的方式，來處理這個挑戰。其他嘗試這個產品原味的人，錯過了關鍵的風味差別。自己也身為顧客的我知道其特別風味的差異非常微妙。或許我們可以同樣採用稀釋法，來尋覓所錯過的內容。或許藉著稀釋三明治裡的成分，我們可以把它們攤開來——就像在畫布上塗顏料，看出其痕跡裡有什麼元素。這值得一試。

我們首先並排品嘗這個雞排三明治，接著去掉配料和麵包，只嘗炸雞肉本身，接著再以我們選擇的方法，作三項味覺測驗。

起先我們把拍扁的雞胸肉排連同裹上的香料麵糊放進裝有華氏兩百度去離子水的商用攪拌機裡，把它打成碎片（各位，要不要嘗嘗雞肉冰沙？），接著我們把這平滑的液態稠泥用粗棉布過濾，只留下炸雞胸肉排的精華。我們所做的可以算是炸雞的蒸餾、浸泡，或者萃取。

接著再以剝除麵糊的雞胸肉排進行同樣的過程。這個吃力不討好的工作，是由麥特森的實習人員所做。為了要確定我們每個面向都有顧到，我們也把裹粉麵糊打成冰砂狀——光是裹的粉，完全不含雞肉。我知道各位現在一定垂涎欲滴。

這個作法非常有效。嘗過炸雞、不含裹粉的裸雞，和裹粉本身之後，我們幾乎可以確定我們辨識出這兩種三明治之間的差異，而等我們嘗過它們提取出來的湯汁之後，我們終於絕對肯定答案了。我們客戶的雞胸肉鮮味和一些香草的味道太重，口感太油，在油炸的過程中保留了太多的油味。這個特色之所以凸顯，是因為我們所採用的方法。不過我對這雞肉三明治的喜愛並沒有因為這種可怕的解構方式而減退。

冰酒和冰鎮的酒

每晚都喝酒的我非常擁護喝冰鎮的白酒。第一個原因是稀釋原則——就算某個食品什麼都不加嘗起來就已經很美味（單份強度），但若能略微稀釋，就可以嘗到更多。一、兩塊冰塊是完美的稀釋量，讓你體會到原本可能錯過的爽口酸度，果味的葡萄酒很容易會被教人胃痛的酸味壓過；而加冰塊的目的不是要降低酒的溫度，而是要增加稀釋的程度，這需要添加適量的冰塊。如果冰塊太多，反而會使酒溫降到揮發物質不那麼活躍的地步。在酒中加一點冰塊的第二個好處，是你可以稀釋所攝取的酒精量。當你年歲漸長，這也越來越重要。四十多歲的我新陳代謝無法負荷二、三十歲時所攝取的酒量。當然，你也可以在酒裡加水，達到相同的目的，多年來法國人都一直這麼做。

在餐後甜酒、冰酒[5]和晚摘酒（late harvest）裡加冰塊，使它們的甜度稀釋，可以讓你享受芬芳的花香和果香，而不致有甜到發膩的感覺。南北兩半球的冰酒釀造商看到下面這個作法一定會嚇一跳，但這卻是我在品嘗糖分含量高的甜葡萄酒最愛的作法：把酒和冰塊用果汁機打成刨冰，然後用湯匙舀著吃，冰酒刨冰，美味至極。

這個作法並不適用於所有的葡萄酒，因為有些白酒溫度高些比較好喝。低溫會壓抑揮發性物質釋放，而高溫則會促使揮發性物質釋放。像夏多內這類果味低的葡萄品種，在溫度比冰箱稍高時，可能會釋出更多非果味的香氣（如奶油、橡木或香草味）。當你看到飲酒者把酒杯棒在掌心時，往往就是為了要提升葡萄酒的溫度，讓它釋出更多的揮發性氣體。要了解加冰塊和／或稀釋葡萄酒，究竟對它的風味是利是弊，最好的方法就是放一塊冰塊進去嘗嘗看。

《感官小點心》

我請教加州林場酒莊（Clos du Bois）的釀酒師艾瑞克．奧爾森（Erik Olsen），為什麼我找不到不添加其他成分（如糖、香料或增甜劑）的低酒精度葡萄酒，他說低酒精（和無酒精）的葡萄酒味道不對。酒精在八或九％以下的葡萄酒缺乏酒精所帶來的天然甜味和觸覺痛感，酒味就不協調。

閉上嘴巴品嘗

我曾有位很成功的客戶，就是脾氣有點不穩定，其實這麼說

[5] 冰酒是用在葡萄藤上結凍的葡萄所製作，它們解凍時，冰水融化由葡萄滴下，留下濃縮的糖和果皮。釀酒者再用這些超甜的葡萄製作複雜而美味的葡萄酒。

還真是太客氣了，他曾在開會時，由椅子上跳起來尖聲叫嚷，不高興的時候就破口大罵，開心時情感又溢於言表。這些個性的特質在創業家身上是司空見慣，但在試食會上卻非常糟糕。

試食會運作的方式是讓會中每一個人都品嘗樣本食物，在沒有人表示任何意見的情況下寫下各自的評語，然後等大家都確定了自己的意見之後，再分享心得。這位客戶的問題就在於，他一嘗到自己不喜歡的食物，就會衝口而出：「嘔！這真噁心！」或者「這是脂肪炸彈。哪個腦袋正常的人會吃那玩意兒？」或者「這是我吃過最難吃的東西。」

假設你和他一起參加試食會，偏偏你很喜歡你所品嘗的食物樣本。萬一這種食品是你的點子？更糟的是，萬一開發出這個原型食品的人是你？這位客戶的負面評論會使你的意見動搖，或者至少影響你表達自己想法的意願。有一次試食會中，又發生同樣的情況，結果我按捺不住，和他吵了起來。

「可不可以請你在每一個人嘗過之前，先別發表意見？」我氣呼呼地說。

「可以，但這道開胃菜很難吃！」他衝口而出。

「不，說真的，你得閉上嘴巴。我們還在試吃的時候，你大喊大叫，就像放屁一樣，房間裡有怪味遲遲不散，影響我們品嘗，我們就不可能對我們所吃的食物保持客觀。你的負面意見會影響我們的決定。」

「真的嗎？」

「是真的。我們請消費者試食時，也遵守在品嘗之後保持安靜的規矩。身為專業人士的我們也不該有所不同。」

「你說得對。」他說。他把這個說法牢記在心，此後他對感官分析更加擅長。我也很高興他再也不曾在試食會上對我的樣本食物有所批評。

清除餘味，迎接新的味道

有時你會希望食物的味道和香氣融合在一起，比如我喜歡把我的烤起司三明治邊邊浸在番茄湯裡，因為我愛起司和番茄在我口中融合的味道。這兩種食物的鹹和鮮味相輔相成，造成味覺的饗宴。但當你要評斷分析食物時，卻有正好相反的作法，你要清除口腔內剛嘗過的味道，準備迎接新的味道。

食品專業人士必須清楚餘味，以降低味覺適應的程度。記得品酒者要嘗試數十種葡萄酒，然後作出判斷的競賽嗎？根據適應的觀念，每添加一種味道，他們的知覺就會更不敏銳一點，味覺和嗅覺都一樣。假設你走進一間臭氣沖天的房間，有人剛在房裡蒸了硫磺味的花椰菜，或者你走進一間香氣四溢的房間，烤箱裡正在烘焙麵包。在兩種情況之下，如果你的大腦一直在傳遞它所覺察的嗅覺訊息，到頭來都會短路。大腦可能會這樣運作——剛烤好的，甜的，奶油味的，剛烤好的，甜的，奶油味的，美味！美味！剛烤好的，甜的，奶油味的，美味！以此類推。

為了避免資訊爆炸，你的大腦就開始適應這樣的資訊，最後你根本就不會注意到那房間有味道。除非你離開，走出去，等嗅覺清新之後再回到房間來。清除餘味就是要做這樣的事——讓你的味覺保持清新，以免因為太多的感官刺激而使它封閉。

你頭一次走進氣味濃郁的房間，體驗到的就是我所謂的「原始」嗅覺——你頭一次體驗到它。感官刺激和喪失清新官能的差別，就在於你可以回到原始的嗅覺狀態。你可以離開臭氣沖天的房間，讓你的鼻子聞到的氣味一新，同樣的，你也可以清除口腔已經適應的餘味。

許多東西都可用來清除餘味，不過試食專家通常用的是過濾的水配蘇打餅乾。蘇打餅乾含鹽，鹽在麵糰裡有其功能，不過你可以找到無鹽蘇打餅乾，這也是食品業常用的產品。由於它沒有大部分烘焙食品中常有成分，如奶油、酵母或堅果味等特別的強烈風味，是清除餘味的最佳選擇。因此，酒莊裡常會提供蘇打餅乾給品酒者清除餘味之用。

有時我會用氣泡水來配蘇打餅乾，因為它感覺可以比一般的水更能去除食物裡的脂肪。無論如何，用淡味的蘇打餅乾配一、兩口水漱口，可以讓你的舌頭準備接受下一道食物。如果不清除餘味，就很難分辨辣莎莎醬三號樣本和四號、五號樣本。在品嘗各樣本之間清除餘味非常重要，讓你能知道一個樣本的觸覺痛感始於何處，下一個樣本何時開始，每一次的痛覺何時自行消失。有時候在品嘗樣本之間休息幾分鐘也有其道理。

我在佛羅里達嗅覺與味覺中心接受測驗時，在每一次品嘗之間，拿到一杯咖啡粉讓我嗅聞，以清除我嗅覺的餘味，但我覺得這有點干擾，因為咖啡既不溫和，也不中性。有些食品專業人士建議我嗅聞自己的皮膚，比如手背。這兩種方法都是用其他的物品來清除你的嗅覺，就像離開散發烤麵包氣味的房間一樣。通常比較容易的作法就是把食物由你身旁拿走，然後作一次深呼吸，讓新鮮的空氣清除你的餘味。

在進行「品嘗你錯失的味道」練習之前，你該先吃一塊蘇打餅乾，喝點水，這樣你就能像專業人士一樣品嘗。

互動練習12 品嘗你錯過的味道：適應的觀念

你需要

◉量匙 ◉糖（任何種類）◉兩個杯子 ◉一個量杯 ◉溫水 ◉湯匙 ◉清除餘味的蘇打餅乾 ◉冷水

作法

❶量一湯匙的糖，倒入第一個杯子，加入一杯溫水，迅速攪拌，使糖溶解。

❷量四湯匙糖，倒進第二個杯子裡，加入一杯溫水，迅速攪拌，使糖溶解。

品嘗

❸先嘗微甜的水，記下它有多甜，這是你的「原始」味覺。

❹現在再嘗味道更甜的水，注意它有多甜。

❺不清除餘味，直接回頭再嘗第一杯你會注意到現在這杯糖水嘗起來比你的味覺是清新的時候不甜。那是因爲你的味覺不再是原始狀態。你可以來回試幾次，看看多麼難分辨甜味的程度。

❻現在以蘇打餅乾清除餘味，再用冷水漱口，等幾分鐘再嘗試第一杯甜水，你可以看到清除餘味的確減輕了味覺適應的程度。

互動練習13 品嘗你錯過的味道：稀釋溶液

你需要

◉一種辣醬，比如是拉差辣醬、塔巴斯科辣椒醬（Tabasco），或者法蘭氏辣醬（Frank's）◉四個杯子 ◉量匙 ◉水 ◉威士忌、波本，或其他香氣複雜的棕色烈酒 ◉品嘗用的湯匙 ◉個棉花棒 ◉清除餘味的蘇打餅乾

作法

❶把少量辣醬倒入兩個杯子裡，其中一個加入幾湯匙水攪拌。

❷把少量烈酒倒入另外兩個杯子裡，其中一個加入幾湯匙水攪拌。

❸先嘗原味辣醬，描述你所嘗到的味道。

❹用蘇打餅乾和水清除餘味，並等幾分鐘。

❺嘗用水稀釋的辣醬，看看你能否嘗到更多的風味。

❻用蘇打餅乾和水清除餘味，並等幾分鐘。

❼以同樣的方式作烈酒的練習。

Taste What You're Missing

互動練習 14 品嘗你錯過的味道：牛奶巧克力棒的感官評量

你需要

◉兩種不同品牌的牛奶巧克力棒：各給一個字母標記，一個是A，另一個是B。◉在每次品嘗之間清除餘味的蘇打餅乾和水 ◉每人一份樣本A的感官評量表和偏好表 ◉每人一份樣本B的感官評量表和偏好表

作法

❶先先吃一塊蘇打餅乾配水，清除口腔的味道。
❷先填樣本A的感官評量表。
❸再填樣本A的偏好表。
❹樣本B也重複同樣的步驟。

第一部分：感官評量表

品嘗者名稱：

樣本：（畫圈）A　B

▼｜**這個巧克力棒的棕色程度如何？**

1	2	3	4	5
太淡	有點淡	正正好	有點深	太深

▼｜**這個巧克力棒的閃亮／光澤程度如何？**

1	2	3	4	5
太不光澤	有點不光澤	正正好	有點太亮	太亮

▼｜**這個巧克力棒上面是否有白霜？**

1	2
有	無
若有，請說明：	

◀ 當你剝斷這個巧克力時，它「喀」的斷裂聲音如何？

1	2	3	4	5
太淡	有點大聲	正正好	有點小聲	太小聲

◀ 這個巧克力棒的甜度如何？

1	2	3	4	5
太低	有點低	正正好	有點高	太高

◀ 這個巧克力棒的酸度如何？

1	2	3	4	5
太低	有點低	正正好	有點高	太高

◀ 這個巧克力棒的鹹度如何？

1	2	3	4	5
太低	有點低	正正好	有點高	太高

◀ 這個巧克力棒的苦味如何？

1	2	3	4	5
太低	有點低	正正好	有點高	太高

◀ 這個巧克力棒的香氣如何？

1	2	3	4	5
太低	有點低	正正好	有點高	太高

◀ 這個巧克力棒的烘焙味道如何？

1	2	3	4	5
太低	有點低	正正好	有點高	太高

◀ 這個巧克力棒的乳味如何？

1	2	3	4	5
太低	有點低	正正好	有點高	太高

▶｜這個巧克力棒的水果香味如何？

1	2	3	4	5
太低	有點低	正正好	有點高	太高

▶｜這個巧克力棒質地的細緻程度如何？

1	2	3	4	5
太細緻	有點細緻	正正好	有點顆粒	顆粒太多

▶｜這個巧克力棒的澀口程度如何？

1	2	3	4	5
太多脂肪	有點脂肪感	正正好	有點澀	太澀

▶｜這個巧克力棒的乳脂度如何？

1	2	3	4	5
太低	有點低	正正好	有點高	太高

第二部分：偏好表

▶｜你有多喜歡這個巧克力棒？

1	2	3
極不喜歡	非常不喜歡	普通不喜歡

4	5	6
有點不喜歡	既不喜歡也並不會不喜歡	有點喜歡

7	8	9
普通喜歡	非常喜歡	極喜歡

你比較喜歡哪一個樣本？

A

B

爲什麼？

觀察

❶ 比較你與其他受測者的評分。有什麼不同？
❷ 爲什麼你喜歡你所選擇的樣本？
❸ 你覺得這樣的偏好是否延伸到其他食物和飲料上？

Taste What You're Missing

Taste
What You're
Missing

第七章

我們的味覺人生

在子宮中就已經培養的喜好

我朋友莎莉有兩個健康活潑的金髮女兒，莎莉雖疼女兒，但每當她先生談到想要老三時，莎莉就斷然拒絕。雖然她也願意生老三，但她之所以拒絕，也有她的理由。

「懷孕教我吃不消，」她指的是那兩次懷孕所經歷的嚴重孕吐。「情況糟糕透了，生老大凱瑟琳吐了五個月，老二貝瑞特則由懷孕第七週起一直吐到生產，一直沒停。到我分娩那天還在吐。」

光是想到要再懷孕，莎莉就隱隱作嘔，因此她毅然地說：「我絕不再生孩子。」

可以想見的，莎莉在懷孕期間也吃不下東西，光是看到某些食物，比如生雞肉，就教她嘔吐不止。原本她喜歡番茄，這時也會讓她狂奔至浴室嘔吐。她的產科醫師幫她開了止吐劑卓弗蘭（Zofran），這是癌症病人在作化療時為排除嘔吐副作用才吃的。

「懷孕早期更慘，」莎莉回憶說：「我整天一直吐個不停，大約到中期或後期時，我可能每天只吐一、兩次，就沒那麼糟。」和什麼相比沒那麼糟？化療？

莎莉和我大學以來就結為好友，我們倆都住在舊金山灣區，不時會聚一聚，因此當我聽說了一個味覺偏好如何發展的理論之後，就去找她印證。

我先問莎莉懂事的三歲半女兒貝瑞特，她最愛的食物是什麼。

「義大利麵！」她毫不猶豫就喊出聲來。「我喜歡在義大利麵上灑鹽！灑很多。」後來貝瑞特又說：「我也愛洋芋片和起司。」這時她姊姊凱瑟琳告訴我貝瑞特的飲食：「通常她都只吃洋芋片和起司當午餐。」莎莉證實了這句話，她說她幫女兒做三明治，搭配洋芋片、起司條和水果，可是貝瑞特根本不理三明治和水果，只吃很鹹的洋芋片和起司。

「如果任由她們兩個自己來，她們就把鹽加在食物上，到了非管不可的程度。」莎莉談到女兒攝取鈉的成分時說。

接下來我和莎莉的先生，貝瑞特和凱瑟琳的父親達倫談，我請他說明他家女性用鹽的情況。

「情況失控，」他乾脆地說：「她們吃什麼都灑鹽。貝瑞特的玉米要灑鹽，義大利麵也要灑鹽。」他再次證實了貝瑞特的話，「凱瑟琳由很小開始，就在食物上灑鹽。」「請把鹽傳過來！」達倫模仿女兒在餐桌上的話。

達倫認為兩個女兒是模仿母親的行為。她們什麼都灑鹽，因為莎莉就是這樣做，如今成了根深柢固的習慣。但我很確定應該有別的解釋。

法國的研究人員已經證明孕吐會影響懷孕母鼠的兒女。我剛讀到這份報告時，不由得想像紅通通的大肚子老鼠在茶杯大小的水盆前等著晨吐過去。但其實研究人員是給母鼠餵食聚乙二醇（polyethylene glycol），模擬嘔吐的效果，讓牠們缺水，而且更重要的是，讓牠們渴望鹽分。果真，等小老鼠寶寶長到能自行覓食之時，如果母鼠在懷孕期間渴望鹽分，老鼠寶寶就嗜鹽。

研究人員也測試了四個月大的人類嬰兒是否喜愛鹹水，果然就像老鼠一樣，母親在懷孕時孕吐嚴重的，就比母親不孕吐的寶寶嗜鹽。如果母親在孕期間嘔吐失水（因為嘔吐時也失去鈉，因此會渴望鈉），其胎兒也會感受到這樣的渴望，嬰兒出生時先天就對鹽有所偏好。這種偏好會一直持續到成年。研究人員測試年紀較長的兒童，發現他們嗜鹽的傾向一直持續下去，即便在他們斷奶而且也完全不缺水的情況下，依舊如此。

作母親的未必得要攝取某個物質才會影響成長中的胎兒，光是她擦的香水，都可能滲入皮膚，影響寶寶。恐怕這就是為什麼我喜歡我母親懷我時所擦的香奈兒五號的原因。我才出娘胎，應該是一張白紙，卻馬上就會嗅聞我母親。如果我幼時有研究人員來作測驗，一定會測出我極喜歡母親所擦的香水。

既然我們在子宮裡就已經培養了對鹽和香水的喜好，那麼我們天生會有什麼樣的食物偏好？又有哪些食物偏好是後天學習而來？

品嘗真相

我們對基本味覺的好惡和我們天生的生存欲望息息相關，「味覺是天生的，因為你可不希望新生兒得學習一切，才能避免某些可能會害死他的問題。新生兒最重要的一件事就是，如果不吃，就會死。因此你就把甜和很好聯結在一起，並且把母奶設定為甜。」巴托申克說。

人類的母奶有四〇%的熱量來自乳糖。把一點糖沾在你的手指頭上（不建議一歲以下的嬰兒食用蜂蜜，避免肉毒桿菌中毒。），放進新生兒的嘴裡，就可以看到他會以非語言的方式向你表達——這是好東西！我還要！兒童天生就有對甜食的熱愛，這能確保他們給自己足夠的營養。

人類也需要鹽才能生存，但嬰兒一出世並不嗜鹹，因為他們嘗不出鹹味來。在嬰兒出生時，晶鹽受器細胞尚未成熟，即使是懷孕時晨吐的母親，所生的寶寶亦然。他們嗜鹽的渴望就和其他人類嬰兒一樣，一直要到出生之後幾個月才會開始運作。雪梨郊區一家醫院曾經發生過駭人聽聞的案子，以最糟糕的方式證實了這一點。一九六〇年代，一名兒童病房的員工在泡嬰兒奶粉的時候，不小心錯用鹽來取代糖。新生嬰兒因為鹽受器細胞尚未成熟、缺乏功能，因此乖乖喝下了配方奶，但很快就生起病來，等診斷出他們是鹽中毒時，已經造成四名新生兒死亡。就連成年人都可能因食鹽過量而死，可以想見嬰兒的身體對高量鹽分會有多麼敏感。餵食母奶對嬰兒最安全，不過當今大部分的配方奶在配方中已經摻好糖，如果你所用的還必須要自行摻糖，那麼在調製的時候，千萬要把鹽罐拿遠一點。

由對鹽分偏好的研究可知，嬰兒大約在四個月大時開始喜歡鹽分，接著發生有趣的現象。三歲以下的兒童會喝鹽水，但三歲以上的卻不肯喝鹽水。似乎在兒童的晶鹽受器成熟時，就會更注意鹽分發生的環境。三歲之後，兒童就會拒喝鹽水，但卻肯喝鹽分相同的鹹湯。大部分的成人都不肯喝鹽水，覺得它在烹飪上沒有意義，可是鹹湯則有意義。三歲似乎是開始重視食物的形狀和內容背景，決定該吃什麼的年齡，是我們開始了解食物世界意義的時候。

普天下的嬰兒全都不肯吃味苦的食物，這也有其演化的理由。人類嬰兒出生之後十分脆弱，完全依賴成人才能生存。如果嬰兒必須自立，該怎麼才能知道要吃什麼？大部分的嬰兒都會把一切東西塞進嘴裡；也毋須教導，即立刻吸吮乳頭，他們的本能就是把東西塞進嘴裡。但如果嬰兒和兒童也都來者不拒把所有的東西都吞下肚，就會因為免疫和消化系統尚未成熟而遭到莫大的危險。本能拒絕苦味的食物就可保護嬰兒的性命。這也說明了為什麼嬰兒不喝咖啡、茶，或者不愛吃球芽甘藍菜和青花菜，這是因為他們天生的保護機制還在作用之故。我請教莫奈爾中心的主任鮑夏可否提供建議給想讓孩子多吃青菜的母親，他的回答是，不必強迫孩子吃任何東西，他說，「孩子不吃青菜是聰明之舉，有其道理。要孩子吃青菜，是和生物本能對抗。」

有些孩子不愛吃蔬菜，他們並不是和你搗蛋，也不是因為你的廚藝不精，而是因為他們還在發展的身體有其保護機制之故。許多蔬菜有苦味，而拒絕苦味確保他們在尚未成熟之前不會毒害自己。這種天生的排斥需要多年才會消散，有時演變成只是不喜歡蔬菜，有時則徹底消失，端視個人的生理構造和遺傳而定，而兩者也都會影響他所歸屬的品味者的種類，不過最主要的還是由其父母身上學習。

子宮內測量器

愛吃起司的人都知道起司的風味會因用來製造它的奶水風味而不同，比如牛奶製的起司嘗起來就和綿羊或山羊奶製的起司截然不同，而各種奶水的風味，又視牛（或綿羊或山羊）所吃的食物而有所不同。我記得在德國科隆所吃的一塊起司，因為它的硫磺味非常重，十分青澀，我非得看一下盤中物，才能確定我吃的是起司而非青菜。我感覺嘗到花椰菜或青花菜的味道，但口感卻又是起司。牛所吃的青菜味凝固成為一塊中等硬度的起司，讓我大開眼界，了解起司可以達到什麼樣的複雜程度。美國的起司是把奶水經過加熱殺菌，而就和其他食物一樣，只要奶水一加熱，構成其風味的揮發氣味就消失了。在歐洲，起司是由未加熱消毒的奶水製成，因此你嘗到的味道會讓你立刻回到它所來自的田野、農場或草地，你可以不折不扣地嘗到牛所吃的草味。

莫奈爾中心的研究員茱莉・莫尼拉（Julie Mennella）以此為本，想了解人對味道的喜好是否也來自哺餵嬰兒的母乳。她提出的假設是，義大利婦女會生出較能承受如大蒜、番茄等義大利飲食風味的嬰兒，因為母親在懷孕時就吃這些食物，影響了在子宮及之後的胎兒。同樣地，她想了解日本婦女是否會養出先天就愛吃魚的寶寶，以此類推。莫尼拉找了一些孕婦參與實驗，想證明此說是否為真。她把這些準媽媽分為三組，讓第一組準媽媽在產前最後三個月喝胡蘿蔔汁，第二組在哺餵母乳時經常吃胡蘿蔔，第三組則完全不吃胡蘿蔔。

幾個月後，莫尼拉讓媽媽和寶寶一起回到實驗室，讓媽媽餵寶寶吃原味和胡蘿蔔味的麥粉。果真，媽媽在懷孕和哺乳期間攝取胡蘿蔔的寶寶，比媽媽在懷孕和哺乳期間完全不吃胡蘿蔔的寶寶更愛吃胡蘿蔔味麥粉，也比較少擺出「雖然我不會說話，但我還是要告訴你我不喜歡這玩意兒」的臭臉。

莫尼拉的研究證明了早在胎兒和哺乳時期，就可影響嬰兒的口味偏好。她的研究是以口味相當溫和的食物——胡蘿蔔來進行，但可以想像如果她用大蒜或魚等味道重的食物，會有什麼樣的結果。不論婦女在懷孕或哺乳期間所吃的是什麼，她的寶寶都會接受相同的刺激。

我在佛羅里達州薩拉索塔（Sarasota）的老年友誼中心（Senior Friendship Center）認識一位老太太，在她小時候，媽媽強迫她吃動物肝臟，此後她對肝製成的食物敬而遠之。她頭一次懷孕時，像逃避瘟疫一樣不肯吃肝製成的食物，光是聞到味道就教她想吐。懷老二、老三時也一樣，但在生完老三之後，她突然開始喜歡吃肝製品，當然她的孩子沒有一個愛吃肝製品，就像她小時候不肯吃肝一樣。等她懷老四時，在懷孕和哺乳期間都吃肝製品，多年後，她煮的肝製品也只有她和老四吃。唯一在胎兒時期接觸到肝製品的孩子，到長大後也是唯一肯吃肝製品的孩子。

為了培養長大後會吃得健康的孩子，作母親的本身也得要吃健康食物。如果媽媽希望孩子吃青花菜，她們自己懷孕和哺乳期間就該吃青花菜。大蒜、魚和其他一切食物都一樣。在懷孕和哺乳期間攝取多樣有益健康的食物，不但有益母親的健康，也能培養孩子天生喜愛同樣有益健康的食物。懷孕期間多吃鮭魚、花椰菜和球芽甘藍，就等於為正在發育的胎兒打了一針預防針，避免他們日後排斥蔬菜。

香氣文憑

我們都知道即使只有幾天大的嬰兒都可以察覺氣味。把味道刺激的東西放在他們鼻子下，就能看到他們的反應。打從人生一開始，他們的嗅覺系統就開始發揮作用。但嗅覺對新生兒是否有意義，還是得經過教導，才能讓他們明白氣味的意義。這個問題吸引了許多人的興趣。比如，讓我們選擇大部分成年人都覺得臭不可當的味道——糞便的氣味。即使滿室腥臭，穿著尿布的寶寶照樣可以玩得不亦樂乎。一直到什麼時候，糞便的氣味才變得難以忍受？這種對糞便的排斥是隨著兒童年歲增長而出現？抑或是因為幼兒排便在尿布上之後，由手足、父母和朋友的反應中學習而來？

大部分的科學家都認為氣味的偏好是後天學習而來，而非天生的。他們主張，舉世人類的味覺都是一致的，因為只有五種味道，而它們卻出現在形形色色的各種食物之中。不論寶寶生在何處，環境裡都有可能會殺死他的苦味毒素，或者可以滋養他的甜味食物。

然而大自然裡卻並沒有任何一種（正常量的）揮發性氣味足以殺死或滋養嬰兒，對於氣味的喜惡並不會影響嬰兒的生存與否，味道的喜惡則會。氣味也會隨地域的不同而有極大的變化，北歐的嬰兒不太可能會聞到平底鍋煎玉米圓餅的味道，墨西哥的嬰兒則不太可能會聞到鹽醃臭鯡魚的氣味。如果墨西哥的嬰兒天生喜愛（比較可能的是厭惡）鹽醃臭鯡魚，也因為沒有機會接觸這種食物，因此永遠不會知道。這些大部分人一輩子不會碰到的氣味，如果在大腦裡填塞相關的喜惡資訊，未免太過浪費。

雖然我們對氣味的喜惡是經由文化而得，依舊有定義我們認為哪些美味或難吃的力量，可以挑起或封閉我們的食欲，激發我們的情感。重要的是，我們對氣味的喜惡是學習而來，和我們天生就有喜（甜）惡（苦）的味道不同。

對陌生食物的恐懼

若你的孩子不吃某種東西，不妨視為幸運，這意味著他對未知的事物有健全的恐懼感；同樣的這種恐懼會使你孩子不致跳下屋頂，不會搭陌生人的車，或者去觸摸野生動物。我們天生就對新事物抱著懷疑的心理，稱為「恐新症」（neophobia）。在餐桌上，恐新症很可能會造成極度的緊張和挫折。

為了我們人類的生存，父母總會保護子女，不讓他們吃腐壞、有毒或其他有礙健康的食物，但一旦孩子進食不再完全受到父母的監督，約兩、三歲之間，恐新症就會發作。對新食物的恐懼會隨年紀增長而降低，二十來歲的年輕人就比高中生更樂於嘗試新食物，而高中生又比國中生、國中生又比小學生樂於嘗新，以此類推，一直到兩歲左右。兩歲以下的孩子會嘗試（但未必全會吞下去）任何給他們吃的東西。

專家估計大部分的孩子大約都要接觸新食物五至十次，才會接受它，這並不是說他們嘗試皇帝豆到第六次以後就會吵著要吃，而是說他們比較會樂於接受它。不過大部分的父母嘗試三、四次就吃不消了。如果你有讓孩子吃得更健康的意願，也有耐心，最好在嘗試新食物時，多給孩子一點適應的時間，一、兩週之後，再嘗試一次。

不要耍花樣想騙孩子吃他們還不想吃的東西，如皇帝豆等。如果你答應孩子做好功課或家事就給他們油炸巧克力蛋糕作獎勵，就等於不知不覺培養了他們渴望油炸巧克力蛋糕的欲望。如果你賄賂他們，答應只要他們吃皇帝豆就讓他們多玩一小時線上遊戲或者買玩具，就等於是告訴他們皇帝豆是壞食物，擔保他們會更不想吃。要培養健康食物的態度，應該要教導孩子，沒有壞食物，甚至連油炸的巧克力蛋糕，都是用來教導他們諸如「不均衡的甜味」和「過高脂肪的口感」等味覺觀念的好食品。

食物的恐新症可以保護我們，只是如今我們很少會碰到（或者需要吃）可能有害的食物。除非你吃的是河豚壽司或者發酵肉類（high meat）[6]，否則在當今的環境中不太可能會吃到有毒或腐爛的食物。但恐新症之所

[6] 發酵肉類是一種腐爛的動物肉類，通常經過一段時間熟成，讓劇毒的微生物生長，有時生食。有些人（並不多）認為它有益健康，不過我不建議食用。

以存在有其原因——在已開發國家，人們恐懼新食物是因為他們覺得這樣的食物一定很難吃。

人在合適的心境下，比較容易嘗試新的食物。你應該避免的一種情況是激動，也就是避免在活動和刺激的情況下嘗試新的東西。若你要孩子嘗試新食品，不要選在派對或節慶的時候。新食物就像其他新的事物一樣，充滿了刺激，因此新鮮的食物和新鮮的場合結合起來，對某些孩子就未免程度太過。另一方面，成年人卻會把新食物當成一種刺激或娛樂，有些電視節目以主持人嘗試新食物大作宣傳。在多倫多大學研究飲食行為的派翠西亞・普萊納（Patricia Pliner）說，其實這是錯誤的環境，並不能讓食用者享受新食物的滋味，不過這也因人而異；有些人飲食追求刺激，有些人則否。

如果你想要人們接受新食物，不妨配合他們即將品嘗食物的真面貌，多給他們一些正面的訊息。我初次看到鵝肝醬時十分恐懼，因為我不愛肝的風味和口感。但如果當時有人告訴我把它迅速油煎、適當灑鹽，配上開胃菜用來墊底的三角形去邊土司，嘗起來就像我祖母露絲的烤雞肉汁——充滿鮮香肥美的雞肉味，又鹹又鮮，我可能會較想嘗試。告訴試飲石榴汁的人說它有益健康，他們喝的也會比知道這則資訊之前多。

不論成人或兒童，一再接觸同樣一種食物也會使他們接受它。我以前很討厭罐裝鮪魚，後來我工作時接了一個有關鮪魚的計畫，必須一再地試吃罐裝鮪魚，讓我對這個產品產生了光憑氣味無法產生的熟悉感，我斷斷續續嘗了一年，才終於能欣賞並且區分各種鮪魚，而這讓我認識了浸漬在油裡的罐裝長鰭鮪魚（albacore tuna，即白肉鮪魚），它帶給我全然不同的感官經驗：可口、複雜、香軟肥膩，是教人滿足的健康餐點。在美國，大部分的罐裝鮪魚都先經過烹煮，然後切塊去骨裝罐，再煮第二次。如果你想嘗嘗最美味的鮪魚罐頭，不妨找新鮮裝罐只煮過一次的罐頭，這意味著它裝罐之時並未煮過，而只有在裝罐過程中煮過一次。由此可以看出來，在一再接觸鮪魚之後，我已經成了鮪魚的鑑賞專家。

在熟悉的環境中，人們也比較可能會嘗試新食物。假設有人問你是否願意嘗試一種新的肉類食品，比如「海狸鼠肉」（nutria），如果你是在好友家裡，應該會比在辦公室聽到會計部門男同事要給你嘗他週末獵到的海狸鼠所做的三明治，有更高的意願。

讓人嘗試某種新食物的最佳方法，就是運用調味原則（flavor principles）的觀念。一九八〇年代初，伊莉莎白・羅辛（Elisabeth Rozin）在著作中寫到各族裔飲食的招牌特色是來自於「一再重複的調味組合和烹飪技巧」。比如中國菜經常都含有蔥、薑、蒜，烹調方式不外快炒或清蒸，這種一再重複的調味原則和烹飪技巧，使得中國菜和日本料理與義大利食物有所不同。羅辛認為調味原則在引介新食物時有其用途，比如若你想要讓在中國長大的人品嘗一種新的肉類，比如海狸鼠肉，那麼用蔥、薑、蒜大火快炒會使它較為誘人，因為這種烹調方法和調味比較熟悉。

普萊納一九九九年在多倫多大學測試了這種理論，她的團隊請受測者以乾吃或者搭配熟悉醬汁的方式，試吃一種新奇的食物（比如印度青瓜parval，或者印度脆片零食gathiya）。如果這種食物配大家熟悉的醬汁，受測者就比較願意食用。因此下回你要孩子嘗新的食物時，說不定只要加一種熟悉的沾醬即可（千島醬或番茄醬），更好的作法是以你自家的調味原則來烹調。我家的調味原則是塗以新鮮的初榨橄欖油，高溫燒烤，再大量灑上海鹽和檸檬汁。我可以打賭如果以這種方式烹調海狸鼠肉，羅傑一定會嘗看看。

普萊納的下一個實驗是要請「同謀」埋伏在受測者之中，假裝是受測者，但其實是她研究團隊的成員。每一個同謀和一名不知情的受測者搭配為一組，要他們各自由一列表單上選擇熟悉的安全食品，或是不熟悉的新奇食品。當埋伏者選擇新奇食品時，真正的受測者也比較可能會選擇如海狸鼠肉這樣的新奇食品，而非如雞或牛之類熟悉的食物。如果你看到別人嘗鮮，你也可能會有同樣的舉止。

順帶一提的是，海狸鼠是一種大型的半水生動物，由南美引進美國路易斯安納作為毛皮養殖之用，牠們逃（或被放）到野外，結果成了有害的動物，為了控制其數量，路州政府就宣傳說牠們很適合食用，可提供蛋白質。州政府還設了網站，提供地方風味的食譜，鼓勵居民捕捉及食用這種動物，比如慢燉海狸鼠肉、海狸鼠香腸燴飯、和海狸鼠辣薰腸秋葵濃湯，但即使州政府絞盡腦汁運用調味原則，依然難以勸服路州民眾食用野鼠。不妨想像一下紐約市府也採用這種辦法來處理鼠患問題，裸麥麵包鼠肉三明治聽起來倒不錯。

大姨媽來了

每個月總有一天，不論我加多少鹽，依舊覺得食物淡而無味。這一天我在實驗室中絕不下任何決定，而是仰賴其他人組成的團隊。當天我做菜時，羅傑只要看我死命倒鹽罐的模樣，就知道是怎麼回事。每個女人都曾經歷過類似的情況，或許是渴望也或許是拒斥某種食物，或者某種氣味讓她噁心欲嘔，而原因無它，就是「大姨媽來了」。

迄今對女性經期對氣味敏感度最密集的研究，所碰到的問題就是女性在不同時期、不同的荷爾蒙，會造成不同長短的週期；在研究報告的作者把資料整合並標準化之後，發現覺察氣味能力的巔峰發生在週期中間——亦即在排卵期間，不論是否使用避孕藥物的婦女皆然。他們也發現如果畫出圖表，就可看出嗅覺的敏感度往往和體溫成正比。

一般說來，女性的味覺和嗅覺都比男性更敏銳，無數研究都顯示女性的成績高於男性。莫奈爾中心主任隆史卓姆說，這並不是因為女性生理構造較為優越，而是因為她們對於眼前的事物更為專注。但並不是所有的女性都比男性更善於品嘗味道，光是在你家，就可能有男性的旺盛品味者，對味道的感受遠比女性的耐受品味者更敏感。

聞到烤箱裡的麵包了嗎？

人人都有妻子、朋友、姊妹或同事在懷孕時對氣味突然變得十分敏感，無法忍受她所不喜歡的味道。有時她甚至連伴侶的氣味也受不了，這可能是兩人合不來和分手的前兆。一項研究顯示，有六七%的孕婦說，她們在懷孕期間至少有過一次對氣味十分敏感的經驗。不過自己敘述的資料往往不可靠，而其他想要以科學方法證明這點的研究，則無法作出確定的結論。

不論懷孕婦女是否比一般婦女能更正確地嗅聞味道，你都會認為她們一定認得出她們所嗅聞的東西，畢竟她們是正在發育胎兒的守門人，要是她們聞不出有害氣體和烤麵包的差別，可憐的寶寶就危險了。可是一直到現在為止，並沒有研究證明孕婦辨別氣味的能力有全面的提升。在兩個不同的研究中，孕婦辨識氣味的能力平均起來比一般婦女還低，或者一樣。在這兩個研究中，孕婦唯一能比較正確辨識的氣味是丁香。

七五%的婦女都說，她們懷孕時會覺得某些氣味比較不快。有些研究顯示，這種對氣味的不快——或者厭惡，在懷孕的頭三個月最為強烈，這有其道理，因為孕婦的免疫力在這段期間降低，使她更容易受到毒素或疾病的侵害。初懷孕的三個月會覺得苦味較強烈也最不受喜愛。如果孕婦對這樣的苦味極端敏感，就比較不會吃有害胎兒的食物。

在懷孕中期和後期，比較可以忍受（或比較不那麼痛恨）苦味，就像對酸味和鹹味一樣，這種變化讓孕婦能攝取更多樣化（有益健康）的飲食。

不過在懷孕期間，婦女對氣味的反應和她所嗅聞的東西有莫大的關係，也和她本人的喜惡有關。

老年人的味覺

年歲增長最殘酷的，莫過於我們的嗅覺能力不可避免地衰退。六十五歲至八十歲的人中，有一半都喪失了部分的嗅覺；八十歲以上的人則有八成以上嗅覺都衰退了。

我和薩拉索塔老年友誼中心的一群老人共進午餐，這是屬於一個非營利網路的機構，為年逾五十歲的人提供各種服務。我希望能和年紀較長的人談談，了解他們喪失嗅覺的體驗。一位老太太的回答教我很難過，她正逐漸喪失對進食的熱情，而這讓她感覺十分可怕。

「我們究竟還剩下什麼？」她的話道出了像她這樣喪失飲食之樂老年人的心聲。「我們都在服用各種藥物，所以不能喝酒；我們的老骨頭變得疏鬆脆弱，因此不能跳舞；我們愛飲食，連這也消失之時，實在教人喪氣。如今我吃東西，唯一的原因是我非得吃不可。這教我害怕。」

接著她伸手由皮包中拿出一粒橘子。「我可以嘗出這個味道。」她說。她握著這粒水果，彷彿這是她命之所繫。我教她好好利用它。我問她能不能享受她正在吃的黑豆雞肉飯味道，她說不能，「我只是機械式的嚼而已。」她說。於是我告訴她，下回她來吃午餐時，就可以請廚師幫她把橘子切成小塊，好讓她擠在飯菜上。如果你嘗得到某種味道，何不把它徹底發揮？這是我們所學到的教訓。想想哪些東西對你有用，對其探索，然後將之發揮，不要光坐在那裡承受你的損失。

阿茲海默症患者的味覺和嗅覺

在佛羅里達大學巴托申克旗下工作的研究生史坦普斯專攻嗅覺和大腦的關係。幾年前，她的隔壁住了一名阿茲海默症初期的老人，一天她帶了一份賓州大學味覺辨識測驗（UPSIT）回家，請隔壁這位鄰居做測驗，他在四十分總分中，得到二十五分，這是開始喪失嗅覺的阿茲海默症病人的典型分數。

大約六個月後，這位鄰居告訴史坦普斯說他覺得不對勁，食物在烹煮時，他可以聞到它的味道，但一旦把它吃進口中，味道卻不對。不論是什麼，吃起來都像鹹的紙板。史坦普斯又用UPSIT為他再做一次測驗，依舊在四十分總分中，得到二十五分。表面上一切都沒變，但UPSIT是刮開嗅聞的測驗，也就是你不用把食物放進口中品嘗，它測的只有鼻子的嗅聞能力而已。這位鄰居並沒有抱怨自己的嗅聞能力衰退，可能因為這是漸進式的，可是這六個月來卻有了不同的情況，他喪失了口腔嗅覺的能力。

「他喪失鼻後嗅覺（口腔嗅覺）時，反應非常強烈，教他十分沮喪。他在三個月內馬上就減輕了三十磅（約十四公斤）,」史坦普斯說：「這對他有較嚴重的影響，影響他的健康、幸福感、生活的樂趣，一切。他非常頹喪，掉了不少體重，而他的認知能力衰退得更厲害，而且速度很快，他的健康一落千丈。」

史坦普斯十分困惑，她請教巴托申克是怎麼回事，為什麼測驗未能測到這種嗅覺的喪失？有沒有可能測到？

「你沒有測到它，是因為它是味覺。」史坦普斯記得巴托申克這對她說，意即她未能測得結果是因為她測的是錯誤知覺的功能。

於是史坦普斯測驗她這位鄰居的味覺而非嗅覺，發現他的舌後已經沒有味覺，這意味著他的舌咽神經已經完全喪失功能。同樣喪失的是和鼓索顏面神經左側相連的舌頭部位，在他喪失部分味覺之時，他的口腔嗅覺能力也消失。同樣的現象也發生在巴托申克那位舔罐頭內側而割破舌頭的病人。

史坦普斯開始測驗和她鄰居一樣喪失部分味覺的人，她請他們以鼻子和口腔嗅覺為不同食物的濃度評分，化學合成味覺程度高的食物，也就是觸覺中的痛覺，諸如：咖哩、芥末、醋和大蒜，似乎最不容易喪失味道；沒有觸覺成分的食物，諸如：葡萄、奶油，和蘋果，則最容易喪失味道。

如今史坦普斯正在運用這樣的知識，測驗如果把刺激味道添加到食物中，是否能協助喪失味覺的人感受到更多的氣味。她的祕密武器是番椒。她的假設是，添加量低到無法察覺的辣椒素，其痛覺可以提高口腔嗅覺，因此提升整體風味的知覺，讓人得以享受食物。番椒刺激觸覺神經，讓嗅覺系統能得到無法由味覺神經所得到的資訊。

一名罹患帕金森氏症的婦女到佛羅里達大學記憶失調診所掛號，主訴她喪失了味覺。史坦普斯讓這名婦女做了全套的味覺和嗅覺測驗，結果顯示她有嚴重喪失嗅覺的情況。接著史坦普斯以她尚未經過測試證明的「療法」來治療病人，在葡萄果凍裡逐漸增加番椒，但其含量都在病人所能覺察的範圍以下。

為了設定比較的基礎，史坦普斯也給病人嘗了原味的葡萄果凍，這位婦女說她只聞到一種發霉的味道，而當她品嘗第一種最低量的番椒和葡萄果凍的混合物時，病人的感覺還是一樣，霉味，僅此而已。當番椒含量更高時，她凝視著史坦普斯喊道：「葡萄！我聞到了葡萄！」她體驗的正是史坦普斯原先的期望。適量的觸覺刺激（來自番椒）促使這名婦女的味覺發揮了作用。

「我們不知道它是怎麼運作，也不知道是為什麼——是不是它使三叉神經帶動了嗅覺資訊，亦或其他，」史坦普斯說：「雖然我們不明白原因，但它發揮了效果。」

這名帕金森氏症患者再一次嘗到葡萄果凍的味道，不由得熱淚盈眶，感動莫名。她在喪失味覺的漩渦裡感受到了一線希望。史坦普斯列了一些化學合成味覺程度高的食物，讓她回去在廚房裡試試看。這名婦女離開時，歡欣雀躍一如由玩具店回家的孩子一樣。

健康的口腔才能品嘗味道

口腔的健康也會影響老年人品嘗味道的能力。年老之時，唾液的分泌較年輕時少，因此較難潤濕食物。吃酥脆或乾澀的食物——椒鹽鹹餅、米餅和乾麵包塊就比較沒味道。當然，要吃這類食物，你必須要有健康的牙齒和牙床，不然咀嚼就會有困難。咀嚼得越多，感受到的滋味就越多——基本的味道、氣味、質地。康乃狄克

（Connecticut）大學的薇樂麗．杜菲（Valerie Duffy）發現，戴假牙的老太太比牙齒和牙床健康的老太太更常抱怨無法完全嘗到食物的滋味。

賓州大學醫學中心嗅覺和味覺中心主任理查．杜提（Richard Doty）說，先天遺傳就有阿茲海默症傾向的人如果也抱怨嗅覺有問題時，罹患阿茲海默症的風險就提高到九倍。另外，環境中的物質也可能進入鼻子，抵達大腦，誘發如阿茲海默症、帕金森氏症，和庫賈氏病（Creutzfeldt-Jakob Disease）。避免鼻子接觸這些物質的最佳方式，就是避免造成傷害的毒素，杜提建議應該避免除草劑、殺蟲劑、重金屬。如果有感染，立即治療。這大體上是好的建議，只是我們對這些危害甚大的疾病所知實在不多。

不用就會喪失

如果你或者至親好友受嗅覺或味覺喪失所苦，那麼有些辦法可以試試。其實感官喪失的人很可能已經在食物中多加鹽，或者在咖啡中多放糖——這是最合乎邏輯的第一反應，要讓食物更有滋味，就多加鹽和糖，問題是大部分的老年人，尤其是高血壓或糖尿病的人，不該再增加鈉或熱量的攝取。

比起嗅覺來，味覺更有彈性，更容易恢復。老年人很有可能味覺並沒有問題，因此，與其添加基本味道的調味品，不如按我教薩拉索塔那位老太太的辦法，擠一點橘子或檸檬汁在食物上。他們渴望的是氣味，柑橘類的水果就含有這樣的氣味，而且這種作法也不致傷害老年人的健康，更不會增加熱量、鈉、糖分，帶來罪惡感。買一些新鮮檸檬，不論是已經拌了醬汁的沙拉，或是如馬鈴薯或米飯這樣的食物，都可以搭配食用。你也可以試試番椒或其他辣椒。要小心的是，許多辣醬也含有鈉，不過如果只用少量，鈉含量應該極小。試試煙燻胡椒（smoked pepper），它幾乎不含鈉也不含熱量。你也可以在雜貨店找到墨西哥辣椒粉，或其他各式辣椒粉。

史坦普斯未來想要針對專業廚師作研究。她提出的理論是，廚師比較不常罹患失智症，因為他們經常用他們的味覺和嗅覺，她認為尤其積極運用嗅覺能讓大腦保持活躍，就像肌肉一樣——不用它，它就會萎縮。她還認為每天吃同樣食物的人，比如她的祖父，不能開發新的嗅覺細胞，必須食用多樣化的食物，嘗試新食品，才能挑戰大腦，讓它保持青春。她祖父死於神經疾病，她一直認為與此有關。如果食用多樣化的飲食，追求刺激，可以阻止老化，那麼來一盤海狸鼠肉吧。

第二部

基礎味覺

Taste What You're Missing

第八章

鹹

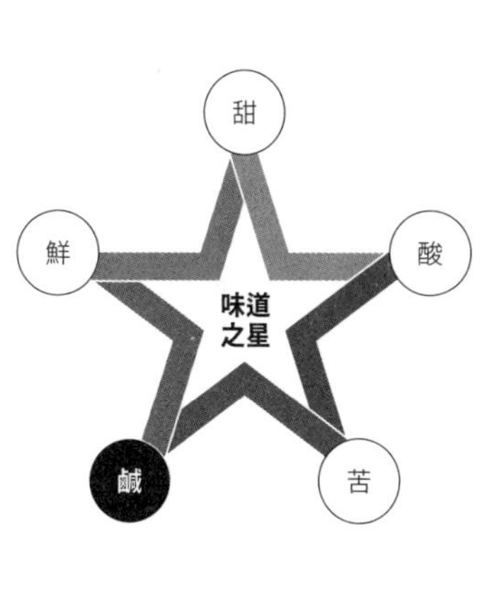

在我寫這章之時，正是一年當中我最愛的時節。這段教人神魂顛倒的日子只有短短幾個月，也就是果皮厚實的番茄飽含汁液，在每一個超市、農夫市集和餐廳菜單上都對著我呼喚之際。我年幼時，父親總在後院種植番茄，夏季一到，我們每個晚上都大啖番茄。到了週日他會把番茄切片，沾上麵包屑炸得又酥又脆，這是我童年記憶的風味之一。

四十多年來，我一直都拿新鮮番茄沾鹽吃。年輕時我按照父親說的，拿番茄沾莫頓牌（Morton's）加碘精鹽吃，後來我多加了黑胡椒粒。有一段短暫的時間，我用義大利陳年葡萄醋淋在番茄上吃，到二〇〇〇年代初，我發現形形色色各種形狀和風味的海鹽。過去一年來，我用朋友家橄欖樹現摘現榨的橄欖油搭配現磨食鹽來享受番茄，目前我的最愛是喜馬拉雅紅山鹽。

然而今年我決定整個番茄季都不用鹽來沾番茄。當你習慣以某種方式來吃一種食物之時，你就會習慣那種料理方式，我太習慣沾鹽的番茄，結果在腦海裡把它們融合在一起，就像奶油爆米花或是印度奶茶一樣，把它們當成單一的風味。我從沒有單吃其中一種成分，因此也從未想過它們個別的風味。

吃老株番茄而不加鹽就像和多年未見的前戀人再次重逢，我知道我的番茄是什麼弧度，什麼形狀，但卻從沒想過光溜溜的它有多美好。已經遺忘的香氣挑逗我的嗅覺：一絲大地的氣味，一縷蔬菜香，和一點陳舊的藤蔓味。當今的甜美讓它的果汁更柔和，更沒有酸味，成熟紅色的果肉則充滿了麩胺酸，這表示它富含可口的鮮味。我又愛上了我幾乎天天都吃的食物。

但是我和什麼都不沾的原味番茄這段情只延續了三週左右，之後我又重新開始沾鹽。我意志力太差——還是因為鹽就是太好吃？我很想相信是後者，因此我去請教專家這個開門見山的問題：為什麼鹽使食物變得這麼好吃？

一如往常，答案非常複雜而且冗長——真可惜，和番茄季完全不一樣。

鹽是什麼？

我們用鹹這個字來形容許多食物的味道。但其實基本味道中純鹽的味覺是所謂氯化鈉的化合物，也就是精鹽。

羅格斯大學的布瑞斯林花了許多時間研究食鹽，他表示氯化鈉中鈉的部分是使鹽嘗起來鹹的原因，而氯則是「讓鈉發揮它的作用」。

只是那個「作用」是什麼，依舊還是奧祕。「我們不知道鹽味怎麼運作。」布瑞斯林說，也就是我們並不完全了解它在我們味蕾中的味覺受器上怎麼作用。科學家還在努力辨識鹽的受器，然而我們的確知道鹽怎麼運作，才讓食物更可口。

焦不離孟，孟不離焦

為什麼我這麼容易就又開始沾鹽吃番茄，有個簡單的科學答案，那就是鹽確實讓如番茄這樣可口的食物更加美味。

「光是鹹或者光是鮮味，都不如兩者結合在一起相輔相成那般美好。」布瑞斯林說。番茄富含五種基本味道中的鮮味，因此番茄和鹽結合在一起比兩者分開品嘗更加美味。這一點在許多不同的食物上也已經得到證實。如果雞湯加了鹽，會比不加鹽更加鮮美。煮雞湯在烹飪和調味上的挑戰，就在於如何提高雞肉的美味，而不致加入過多的鹽分。舊金山季節餐廳的大廚斯奇尼斯就掌握了其中訣竅，運用鹽來帶出其他風味。

「我們灑鹽，並不是因為這樣就會讓食物美味，而是因為它能帶出食物的風味。你並不想嘗到鹽，你想要嘗的是成分。你想要為食物加鹽，讓你能嘗到食物裡最天然純淨，達到淋漓盡致的風味，但並不是要嘗鹽。」他說。

這正是我為番茄加鹽的原因。我並不是要嘗鹽的味道，只是要品嘗更多番茄的風味，而這有部分是可以藉著鹽達到，因為它能使鮮味更強烈。

鹽的鹹味

鹽最單純的作用方式就是嘗起來有鹹味，而我們天生就渴望這個味道。我們渴望鹽的原因很簡單，因為演化讓我們渴望鹽，確保我們吃到足夠維持生命的鈉。鈉這種礦物質出現在大自然的許多地方，包括人類的細胞裡，它是調節細胞水分平衡的要素，在神經和肌肉功能上亦扮演要角。人體通常在血液中維持完美的鈉含量，但範圍十分微小，讓人不由得以為一定有事必躬親的會計師天天在檢查這個數字。人體內鈉含量太高或太低，腎臟和心臟就會讓它回到正常值，可是我們體內平時並沒有貯備鈉以備不時之需，再加上我們不斷地透過尿液、糞便、汗和淚水喪失並排出鹽分。既然無法在人體內貯藏過多的鈉，我們就必須確立我們能由飲食中得到它。喪失過多的鈉可能會導致死亡。

嚴重缺水的人渴望喝水，因此會不顧一切喝任何可以得到的水分。在海上漂流的人會飲用海水（我們不喜歡它，而且會使我們失水更加嚴重）和尿液（教人厭惡）。但若你缺鹽，卻不會像快要渴死的人渴望、幻想、迷戀水分那樣渴求鹽分。人顯然對鹽分有所渴望，在各種食物中尋覓它，但這和在攸關生死的必要時刻產生對鹽的飢渴不同。不知道為什麼，即使身體因缺鹽而瀕臨死亡，我們也無法解讀這種需要。

為什麼在我們體內的鈉含量失衡時，我們依舊不會渴望鹽分？當你因運動而排汗之時，就會影響你對鹽的渴望。你的汗液中含有鈉，表示你在運動後會覺得鹹的食物或飲料比運動前更可口，但即使如此，你也不會伸手去拿鹽罐來彌補這樣的損失，你只會照常飲食，其中有些食物含鹽，有些則否，直到你的身體恢復平衡。人類的生存依賴水更甚於鹽，因此先渴望水，其次才是鹽。有時候這就是使我們惹上麻煩的問題。

缺鹽會要命

十年前，貝絲．戈德斯坦（Beth Goldstein）騎著自行車橫越南達科他州，進行她的橫越全美之旅。在這段期間，她對飲食小心翼翼。她吃全素，只挑她認為有益健康的食物。天生就輕盈而敏捷的她，因騎單車有益身體健康，而顯得容光煥發。

「有時我看到隊友吃整整一大個烤牛肉三明治，搶著沾辣根（horseradish）美乃滋沙拉醬，搶著吃我認為很噁心的食物。我都只為自己做一個小小的三明治，再加一塊餅乾，避開油膩膩和看起來會讓我口渴的食物。所以我不吃洋芋片之類的東西——整體而言，我吃的鹽分不夠多。」她回憶當時的情況說。

七月四日那天，他們正騎過南達科他州首府皮耶（Pierre）市外一望無際的農地。「當時我心想，今天天氣很熱，沒有什麼遮蔭的地方，我該喝很多水。」戈德斯坦說。其實這卻大錯特錯：她的身體鹽量已經很低，而每喝一口水都更加稀釋她的血液。她的身體一直在努力保持體液鹽分的安全濃度，超時工作以擺脫多餘的水分，可是在排汗時，有一些鹽分也會被排出體外。因此她汗流得越多，喪失的鹽分就越多。當然，只要她偶爾吃一點鹽烤堅果或洋芋片，就能解決這個問題。

戈德斯坦雖然燃燒許多熱量，但她完全記不得自己有任何的渴望。她笑著說：「我以為自己很健康，而且還要更健康，因此覺得不該吃對健康無益的食物。」當時在她的觀念裡，鹽毋庸置疑算是不健康的食物。「實在很笨，我其實該盡量多吃鹽才對。」

如今回顧起來，戈德斯坦才明白在七月四日當天的最後一段行程，她一定已經神智不清。當時她以最大的聲量吼叫鮑勃・馬利（Bob Marley，牙買加雷鬼樂歌手）的歌曲，莫名其妙就哈哈大笑。等他們抵達當晚的停留地點時，她覺得頭昏腦脹，一切都感覺遙遠疏離，她說：「就像你看到電視上播放自己的生活一樣。」她大腦的基本運作，由受器到神經細胞的電荷傳送已經開始出問題而失靈。但因為自由車騎士騎了一整天之後，覺得有點不適是司空見慣的現象，因此戈德斯坦以為自己只是脫水，即使她既不餓又不渴，依舊強灌了至少四夸脫（三．八公升）的水下肚。她告訴自己，喝水對人體有益，但她開始發抖。

戈德斯坦那天早早就上床，等第二天一早，她的隊友發現她在床上呻吟，卻無法叫醒，只好叫了救護車。兩天後，戈德斯坦在急流市（Rapid City，南達科他州）的醫院裡醒來時，發現她的父母已經由佛羅里達州趕來，她的朋友也都來看她。原來她的身體發生了一種新陳代謝的問題——低血鈉症（hyponatremia），體液裡水太多而鈉不足，影響了她的血壓和大腦。她的父母擔心了好幾天，生怕她的大腦會受到破壞。要是沒有緊急送來治療，她的情況可能會致命。幸好她並沒那麼糟。

後來戈德斯坦成了護士，如今她很健康，對飲食和運動也不再那麼執著。

戈德斯坦這次的經驗顯示了鹽的攝取有多麼自然而重要。不過她並不知道自己已經在鬼門關前走了一遭，當時她雖然缺鹽，但她卻不像失水的人渴望水那麼渴望鹽。以色列海法大學的鹽分攝取專家米加・李善（Micah Leshem）說：「我們會為了味覺的鑑賞而吃鹽，卻不會因為要救自己的命而吃鹽。」

沒有鹽，一切都會不一樣

鹽在食物因烹調轉變的過程中舉足輕重，當你烹煮某些食物時，它們的表面會變成棕褐色，這能改變並且加強它們的風味。這樣的焦褐也會創造出人類通常都覺得喜歡的新風味物質。比如未經烘焙的麵包麵糰是淡白色，如果你有膽嘗試，也會覺得它的滋味並不好。但另一方面，大家都喜歡烤得恰到好處的酸麵糰法國麵包所釋出的香氣和金黃色的外皮。沒人會垂涎生牛排（除非你搭配韃靼醬或作成義式生肉片，而這兩種作法都是依賴你所添加的其他成分），可是鐵板煎烤得十全十美的褐色焦香的牛排，卻讓你垂涎欲滴。

這樣的焦褐是由於**美拉德反應**（Maillard reaction），這個反應讓鹽協助釋出揮發分子，比如烤麵包的香氣和煎牛排的焦香，使食物更誘人。布瑞斯林說：「剛出爐的餅乾，剛烤出來的麵包，如果沒有鹽，味道就不一樣。」

我可以證實這點。我赴義大利鄉下托斯卡尼旅遊時，吃過畢生最好吃的食物。那是我頭一次去義大利，我盡情欣賞每一口食物。每天晚上我都吃一小球義式冰淇淋，吃了許多盤兔肉醬義大利寬麵，佐以普羅塞柯（prosecco）氣泡酒，不論什麼東西吃起來都超乎我想像的美味，彷彿托斯卡尼的空氣在原本就已經算是珍饈的佳餚上，再添一層美味的氣息。唯有麵包例外。

托斯卡尼的麵包製作時不用鹽，顏色淡，氣味溫和，沒有麵包典型的風味。為什麼義大利獨獨這個地區烘焙麵包不用鹽分，有許多種說法，一種是古時候鹽稅特高，讓托斯卡尼人十分不快，因此他們發起像美國茶黨（tea party）一樣的反稅運動：在製作麵包時乾脆不用鹽。我不太相信這個理論，因為托斯卡尼的義大利麵食和醃肉照樣用了適量的鹽，風味鮮美。不過這又導致了另一理論，認為托斯卡尼的肉和起司都已經有鹹味，因此要用無鹽的麵包來搭配，但此說我也不以為然。西班牙和法國老早以前就製作醃肉和起司，可是他們的麵包卻照樣用鹽，更添滋味。不論其起源為何，義大利其他地方都吃鹹肉、起司，和鹹麵包，為什麼光是這一區堅持這種無滋無味的傳統？布瑞斯林的說法支持我的想法：「用鹽製作的麵包有更多的褐化反應發生，聞起來更像傳統新鮮烘焙出爐的氣味，許多人都喜歡這個味道。」只除了托斯卡尼居民之外。

相互壓抑：加了鹽卻更甜美

我的祖父吃切半的葡萄柚時，總在上面灑鹽，祖母再在中央放一顆糖漬櫻桃。我大惑不解：為什麼要灑鹽？他說鹽讓柑橘類的水果嘗起來更甜。孩提的時候，我總想，嘗起來是鹹味的鹽怎麼可能讓葡萄柚變甜？他加的是鹽而不是糖。但等我嘗的時候，卻發現他說得對。

我祖父憑經驗所知的這個訣竅，最近有了科學的解釋，這是一種稱為**相互壓抑**（mutual suppression）的效果。適量的鹽讓葡萄柚嘗起來更甜。而所謂的適量是一個臨界值，並不會讓葡萄柚變成鹹味，因為它就正好在你察覺的門檻之下。

檸檬水是另一個相互壓抑的例子，有點像互相抵消，由基本味道中的酸和甜相互壓抑。想像有三種液體：第一種是兩夸脫（一・九公升）不加糖的純檸檬汁；第二種是兩夸脫的糖水；第三種是由兩夸脫的檸檬汁加兩夸脫的糖水調成的檸檬水。如果你每一種都嘗過，就會說純檸檬汁很酸，純糖水很甜，但調和起來的檸檬水不如糖水甜，又不如純檸檬汁酸。

然而若你在其中加鹽，就會產生奇怪的作用。鹽就像基本味道的超級英雄一樣，鋤強扶弱。把鹽加入食物之中，就會壓抑如苦或酸等「壞」的味道，但它對於鮮美的「好」味道，卻並沒有這樣的影響。鹽由苦或酸味的壓抑中釋出你喜愛的風味，就像超人由魔頭雷克斯．路瑟（Lex Luthor）手中，救出露易絲．蓮恩（Lois Lane）一樣。而鹽當超級英雄的結果，就是只要一小撮鹽，就能讓壞味道嘗起來沒那麼壞，而好味道則更好。如果你做過本章末所附的「相互壓抑」體驗練習，就可以第一手品嘗到這樣的現象。加糖的苦茶嘗起來沒那麼苦，而若你加一點鹽，反而可使它更甜。我的祖父用鹽使葡萄柚嘗起來更甜，就是藉著壓抑酸和苦味，而甜味其實是一樣的。加鹽之後，他能更清楚地嘗到葡萄柚釋出的甜味。

我們在麥特森公司經常運用這種壓抑味道的知識：我們可能在你從未料想到的地方加一點鹽，比如熱巧克力或甜點醬汁。廚師也都會運用這個技巧，儘管其中有許多並不了解其背後的科學原理，只知道只要加一點點鹽，就能讓菜的味變好。

加鹽讓氣味解放

嗅覺那一章已經說明了食物的氣味來自其**揮發物質**，也就是說，湯在爐上慢燉或派在烤箱烘焙之際，其揮發成分就開始逸散出來，大蒜、洋蔥和芹菜，或者蘋果、奶油和肉桂的化學物質就由食物的細胞釋入空氣之中，這就是你聞到祖母的雞湯或嬸嬸的蘋果派香味之時。把鹽加入食物當中，可讓它釋出更多的氣味——鹽把氣味的化合物推出食物細胞，讓它們揮發，因此你會聞到它們。在番茄上灑鹽讓它們聞起來更有番茄味，而味道正是食物風味的要素，因此鹽就能增進食物獨特的風味。

鹽：加工食品的超級英雄

我們由味蕾中的受器感覺到鹹味，而甜和苦味的感覺則是透過一種緊密的受器連結，這種受器連結較容易仿製，因此市面上可以看到許多代糖產品，但是食品業夢寐以求的聖杯：嘗起來像鹽的代鹽，卻依舊難以訪求。

鹽經常用在加工食品，為的是要協助食物的「功能性」——不論是冷凍食物在你家的鍋子裡加熱、在餐廳燒烤，或是在你的午餐當作主菜，鹽分都能使肉類顯得更甜美多汁。這是因為滲透作用：水由鹹味的醃泡汁中流入肉類細胞，讓肉在開始烹調時更多汁，而由於水分在烹調過程中會揮發，因此用鹹的醃泡汁會造成更多汁的肉類。許多食物也用鹽來作防腐之用，可以控制細菌的生長，比如用在熟食肉類、熱狗，和醬油。而當然食品商人也用鹽使食物嘗起來味道更好。

如果沒有鹽，許多食物產品就難以辨識。《紐約時報》的一位作者赴密西根州巴托溪市（Battle Creek）參加家樂氏（Kellogg）實驗室的一場奇特試食經驗，就道出其中奧妙：

> 為了展示說明，家樂氏準備了幾種最暢銷的食品，只是把鹽分除去，結果Cheez-It起司小脆餅的味道

> 就大相逕庭，非但原本的金黃色褪了色，餅乾咬下去也黏黏的，糊狀物卡在牙齒上，淡而無味，而且還有股藥味……接著送上玉米脆片，沒有鹽的脆片嘗起來好像金屬。

在某些包裝食品上，鹽顯然扮演超級英雄的角色，但食品業對鹽的依賴早就超過實用功能，有時甚至到毫無根據的地步。加鹽能使產品更容易成形，即使在不需要以鹽作為防腐劑的情況下。鹽也很便宜，因此毋需添加太多如肉類、蔬菜、起司，或香料等較昂貴的成分，就能增添其風味。

讓我們以罐裝和冷凍食品為例。罐裝食品加鹽，除了增添它們的風味，別無意義。大部分的冷凍食品亦然，唯一的例外是鹽可以讓雞或牛肉等蛋白質保持水分。裝罐或冷凍的過程，原本就已經不需要以鹽防腐。目前鹽的問題教食品業者左右為難，現代人習慣吃得很鹹，因此食品業者必須提供這樣的食品，否則消費者不肯購買，結果我們全都越吃越鹹。鹽不需要你想太多，它嘗起來就是鹹味，而這使食物美味。因此再來一口。

鹽與健康

我們對鹽的渴望這種巧妙的演化，在工業化國家卻成了公共衛生的課題，主要是因為人民體能活動少，出汗不夠多，卻依舊像山頂洞人老祖宗那樣嗜鹽，結果我們吃的鹽遠比我們排出的多，成了恰巧與戈德斯坦相反的例子。攝取過多的鹽分可能會造成高血壓及其他健康疾病。

若你吃許多鹹的食物，讓過多的鈉進入血流，使體液達到正常功能的臨界點，而你的身體為了平衡，就把水釋入血流中以維持鈉值，而過多的水量湧進你的動脈和靜脈，讓一切的活動都更快一點，結果就使你的血壓上升。

現代人吃的鹽分比以往多得多，也有更多的人罹患高血壓，前者導致後者的說法在直覺上很有道理，許多科學家也接受這樣的理論，然而大規模的實驗和流行病學的研究卻顯現了不一致的結果。任何一種流行病學的研究，要探索許多人都有的一種疾病，都十分複雜，一方面研究中的每一個人都是不同的個體——這個人吃很多鹽，但全都流汗排掉了；那個人吃很多鹽，卻並不出汗。此外，光是鹽在一頭，水在另一頭的血壓控制，也並非簡單的機制，比較像水壩、運河，和水管，控制山上融雪經過農地來到都市，最後到達你的水龍頭的運動。血壓不只是看鈉，也要看鉀（使血管放鬆或收縮）、鈣、糖，和荷爾蒙等的作用。

潔西卡．戈德曼（Jessica Goldman）二十多歲時，就因諸多健康問題而必須徹底禁食鹽分，因此必須學習這方面的知識。在加州帕洛阿圖（Palo Alto）生長的她，全家總是叫外賣當晚餐，而很少自行煮飯。

「沒有人煮飯。所有的食物都是外賣外送，中國菜、比薩、日本料理，這些是我們的最愛。」戈德曼談起幼時家裡的三餐時這麼說。她們家人愛吃，但不喜歡煮，而且著重食物的風味，而不考慮健康。

「我們家人吃東西時，連嘗都沒嘗，就先重重地灑鹽。」她說。她最愛的食物是炸雞、薯條、起司通心麵。鹹、鹹、更鹹。

大三時她赴義大利一年，被診斷出乳糜瀉（celiac disease），這是一種先天的遺傳疾病，也稱為麩質不耐症（gluten intolerance）。麩質是小麥和麵粉最主要的成分，因此她雖然身在以麵食（小麥）、麵包（小麥），和比薩（小麥製的餅皮）為主食的地方，必須嚴格限制所吃的食物。

「糟糕透了。」她提到自己必須靠義式肉腸和起司維生的經驗說。更氣人的是，等她回到美國，卻發自己根本沒有乳糜瀉，白白錯過了美味的白比薩（pizza bianca，不用番茄醬的單純比薩）和義大利麵。不過那段時間倒訓練了她如何嚴格限制飲食，而這也是她後來必須做的。

等她回到加州，在史丹福大學唸大四時，原本一百零五磅（約四十八公斤）的體重已經增加了四十磅（約十八公斤），簡直不像原來的自己。而這些重量並不是起司和火腿等義大利美食所造成，而是多餘的水分。一週後她開始痙攣，她的骨髓無法發揮功能，腎臟也失靈，她的身體功能失調，並且已經開始洗腎及登記換腎。最後戈德曼才知道她患了破壞她腎臟和大腦的狼瘡。

西方藥物雖然挽救了她的性命，但她也開始探究採用腎衰竭病人所吃的低鹽飲食如何降低她服藥和洗腎的需要。她想知道有沒有可能藉著控制飲食，來控制她的腎臟病？她請教醫師，拿到一本教她哭笑不得的手冊，因為裡面都是如「不要喝湯」這種含混不清模稜兩可的建議，並沒告訴她該吃什麼，因此她決定自己來找答案。

「我把維持自己的健康列為第一要務，要藉著調節飲食減少醫藥和治療。我盡量嚴格限制飲食，讓身體有很大的空間盡量不工作。」她說。她要解除腎臟的負荷，讓它不必再為了維持鈉量在最低限額而工作。

戈德曼必須採取非常低鹽的飲食，因為她的腎臟無法負荷正常飲食的負擔。她頭一次沒在食物中加鹽時的感覺是，「真是淡而無味。嘗不到鹽分就會讓你覺得，老天爺，這東西根本沒味道。」但後來情況有了改變。

「等我的味蕾適應了不加鹽，或者在我不期望會有鹽分的情況下，飲食就突然成了最美妙的經驗。你可以真正嘗到食物的天然風味，這經驗簡直不像真的，我可以欣賞蔬果和蛋白質的原本滋味。」

請記住戈德曼一家並不煮飯，雖然她後來必須學習作菜。而比這更困難的是當她外食時要保持這樣的飲食——這是她餐飲的常態。她覺得比較安全的第一種餐廳是牛排館，因為菜單上至少有一種肉類是沒有醃漬或調過味的。而且牛排館可以做出許多不加鹽的配菜，比如烤馬鈴薯，或者不加醬的沙拉。一天晚上，她在牛排館向侍者極其詳盡地說明她的飲食限制，他向她保證廚師一定會遵囑辦理，可是等牛排上桌，她才吃了一口就說：「老天，這太鹹了。」她想一定是廚師加了鹽，因此準備要侍者把牛排拿回去重做。

這時廚師出來了，他告訴她牛排是他親自做的，保證沒有加一點鹽。這時她明白問題在哪裡，她嘗的是頂級的熟成牛排，在高溫下燒烤得恰到好處，這是她頭一回品嘗這樣的牛排而沒有加鹽，而她所體驗到的是牛肉毫無摻雜調味料的純味，而這塊肉原本就含有鈉[7]，毋需添加任何鹽分，它原本就是這樣的好滋味。

「這給了我莫大的啟發。」她說。她已經由漫不經心地調味——拚命灑鹽，到發現鎖在食物內在那充滿官能之樂的美味。

如今戈德曼較勇於外食。她最近一次上餐廳是去法蘭西斯（Frances）餐廳，這是舊金山卡斯楚區的知名餐廳。她的外食方式已經改為事先致電餐廳，告訴員工她的情況，而她強調的不是她不能吃的東西，而是她可以享用的食物。她會要求先和當晚負責烹調的廚師通話，告訴廚師可以用不含鹽的奶油、油、香料、醋、大蒜，或其他不含鹽的調味料。法蘭西斯餐廳當晚為戈德曼送上一塊嫩煎無鹽鮪魚，佐以無鹽的番茄汁，搭配黃瓜和墨西哥辣椒。戈德曼說，這道菜雖然沒有用鹽，「卻凸顯了其他的味道，美味極了」。

戈德曼採用這種超低鹽飲食已經六年多了，也學會不少不加鈉而使食物有滋味的方法。她喜歡酸和辣味的

---

[7] 就如人體細胞需要鈉發揮作用一樣，如牛等其他動物也需要鈉。因此大部分動物蛋白質都含有一點鹽。

結合，一點紅心辣椒加上一點檸檬就是她最愛的調味方式，她用一點酒、果汁，和番茄來製作醬汁，不但濃醇而且也幾乎不含鈉。

不過戈德曼說，減少用鹽的作法最重要的不是在你的味覺，而是在你的大腦。她建議低鈉飲食的人用從未品嘗過的食物或者出奇不意的食物質地，讓味覺驚奇。當你的口腔有新的經驗時，就會分散大腦的注意力，而戈德曼認為你可以重新訓練大腦，讓它期待驚喜而非鹽分。

「這能讓你不再考量鹽分的問題，而專心享受食物，並且努力考量自己在吃的究竟是什麼。如果有鹽分，就喪失了驚喜的成分。」

在這裡作用的還有另外一點：耐受的程度。就像飲酒嗑藥的人一樣，正常健康的人對鹽的攝取量也有一定的耐受度，很難像戈德曼那樣突然降低。比較容易的作法是逐漸減少鹽分的攝取，就像我品嘗古早味的番茄也該不要灑鹽，品嘗原味。

降低鹽分的竅門

湯廚（Campbell）和菲多利公司都降低了產品中鹽分的含量，其中湯廚首開先河，由於該公司以湯聞名，而湯加上大量的鹽味道最好，因此該公司必須做不小的努力，不過他們已經降低了許多湯品的鹽分，也推出許多低鈉的新口味產品，並且在低鈉產品的廣告中強調採用的是天然海鹽，堂而皇之地告訴我們海鹽可以用來降低鈉量。

菲多利則主打其阿貝格（Alberger）鹽，這種鹽形狀獨特，其表面積大於一般的鹽，因此更容易在舌上融化，迅速帶來強烈的鹹味。該公司宣稱用這種鹽可以減少該公司所有零食的鈉量，包括樂事洋芋片（Lay's）、Tostitos白玉米脆片，和多力多滋。

我相信海鹽的確有助湯廚減少其湯品中的鈉量，也相信阿貝格鹽對菲多利公司降低鈉量的產品有所貢獻，但我可以告訴各位，這兩家公司的產品降低鈉量，絕非只靠這兩樣成分而已。你大可以用如甜菊等十來種成分來取代糖，但如果說到鹽，絕非只靠一種祕密武器就足夠。

說到鹽，就像脂肪一樣，再沒有比貨真價實的真貨更美好的滋味。

在太空中的鹽：重力低，鈉量低

美國航太總署為了太空人的健康，打算減少太空人食物中的鈉量，於是聘請了麥特森公司研究。我們的任務不只是降低鈉量而已，而且要把太空人菜單中每一樣食物的鈉量都減到只剩一半，以便配合人類在外太空依舊有的典型行為。太空人用來增添食物滋味的調味料都含鈉，他們可以取用液態的純鹽，但不是結晶形式的鹽巴。因為如果你在零重力的情況下要灑鹽，鹽粒一定會浮在半空中，可能會破壞各種珍貴的設施，包括要帶你回家的寶貝儀器。營養師的想法是，如果他們能先把太空梭上餐飲的鈉量降低，那麼即使太空人加一點鹽，也只是讓鈉量達到他們期望的值。

由於太空人長時間待在太空，他們的食物採取類似罐頭製作時的消毒法，並不需要以鹽為防腐劑。不過營養師告訴我們，他們也打算降低太空人飲食的鉀，因此我們不能用氯化鉀來取代氯化鈉，氯化鉀通常是食品開發人員用來降低鈉的第一個利器，因為它嘗起來雖鹹，但所含的鈉比鹽低。

我們公司最資深的傑出食品科技專家道格．柏格（Doug Berg）本身就是訓練有素的廚師，再加上食品科技執行副總參孫．夏（Samson Hsia），兩人鎖定二十九項食品，各種食品都要有獨特的作用。比如烤豆子還算簡單，「因為有很多酸，還有由番茄、黑糖蜜（molasse）而產生的甜，有大蒜和洋蔥的風味，也有一點芥末，因此有一點辛辣，和一點點的苦味，」柏格說，「這五種基本味道都有，因此有許多空間可以調整。」

他又談到不同的主菜，比如小龍蝦燴飯和印度風味的咖哩雞飯。

「去掉鹽，食物的風味就會朝沒有鹽就不明顯的方向偏，不再均衡。你突然嘗到酸，接著是明顯的香料味。單一成分的味道，有點像在互相競爭。如果有鹽，各種味道就會達到均衡。」

「鹽調和了整個風味。」夏說，他指的是好的方面。

因此柏格與夏用鮮味的增味劑，把酸提到更高來彌補鈉的減少，也增加適當的香草和香料來提高鹽味的感受。阿貝格鹽用在太空人的飲食上不太有用，因為一切都已經事先混合調製完成，就像咖哩雞飯那樣。阿貝格鹽可以用作菲多利公司的調味劑，因為它位於洋芋片上層，但在湯廚的湯裡就不行，因為鹽已經溶入液態的食物內。降低鈉量並不簡單，甚至可以說是廚師或食品技術人員最大的挑戰。

不加鹽或少加鹽？

戈德曼的飲食方式對我們大家是否都有益？好消息是，我們並不需要做得這麼極端，而是可以在她的飲食與大部分現代人的飲食方式之間，找到折衷之道。在我嚐過原味番茄，體會到什麼都不加的番茄該是什麼滋味之後，我卻決定不要這樣做，因為我太難抵擋番茄沾鹽吃的誘惑。

食品業有許多人都認為，如果加工食品在製造過程中不用鹽，一般人在餐桌前也會再用鹽罐灑鹽，把它加回來，其實這說法有點漏洞。即使缺鹽到危及生命的地步，我們也不會去取鹽罐，但我們平時攝食的鹽卻多於我們維持生命之所需。

> 布瑞斯林描述你把鹽灑在新鮮番茄上的原因，而這也說明了鹽超級英雄的角色：
> 一方面，你得到了由番茄逸出的揮發分子，你可以聞到番茄和它的果汁，以液態的形式。你可能用鹽讓一些揮發分子逸散出來，在你灑了鹽之後，它的番茄氣味更強。而另一方面，你也讓它嚐起來有鹹味，而這是你喜歡的。番茄富含麩胺酸，是天然的味素。而由番茄逸出的鮮美味道，尤其是番茄中部富含膠質部分的鮮味，鹽都能和它相互作用，相輔相成。而你可能也壓抑了番茄原本就含有的苦味，因此你改變了它的整體風味。原本番茄中的苦味壓抑了如酸或甜等其他的味道，加了鹽就把它們全都釋放了出來。

他的結論是：「那就是為什麼番茄沾鹽的滋味那麼好。」

測量方式——鈉的含量

鹹的經典搭配：鹹＋鮮味

◉例子：雞湯、培根

◉爲什麼合適：鹹味提鮮味，鮮味提鹹味。

鹹的經典搭配：鹹＋苦味

◉例子：沾鹽的葡萄柚（非常謹慎）

◉爲什麼合適：鹹味壓抑葡萄柚天然的苦味，讓甜和酸味更明顯。

鹹的經典搭配：鹹＋甜＋酸＋鮮味

◉例子：燒烤醬和烤肉調味料，鐵板燒醬

◉爲什麼合適：燒烤醬是舉世人氣最旺的鹹甜調味料，加在肉、雞，或魚上，就可嘗到肉的鮮味。美式燒烤醬的甜味來自番茄、蜂蜜、黑糖蜜；鹹味來自鹽；酸味來自番茄或醋；鮮味則來自番茄。鐵板燒醬的甜味來自果汁或糖，鹹味來自鹽，酸味來自果汁，鮮味來自醬油。

鹹的經典搭配：鹹＋甜味

◉例子：烘焙蜂蜜綜合堅果

◉爲什麼合適：甜、鹹味適用在許多食品上，不過砂糖和鹽巴單純的組合是最簡單最純粹的調味法，蜂蜜烤花生的作法雖不常見，但卻因甜鹹味的組合，而十分美味。

和鹽相關的香氣：

◉肉 ◉起司 ◉海洋 ◉魚 ◉火腿 ◉海鮮 ◉煙

◉牛肉 ◉醃肉 ◉芹菜

互動練習15 品嘗你錯過的味道：體驗相互壓抑

你需要

◉可量兩杯量的量杯 ◉沸水 ◉四個紅茶包* ◉三個杯子 ◉紙膠帶和奇異筆 ◉四大匙糖 ◉八分之一小匙鹽 ◉三個湯匙 ◉一杯半的冷水 ◉清除餘味的蘇打餅乾

作法

❶把十三盎斯（約四百ｃｃ）的沸水倒在量杯裡的四個茶包，泡十分鐘，泡過久的原因是讓苦味更明顯。

❷趁泡茶之時，把杯底上紙膠帶，並作標識：

- 茶
- 茶＋S
- 茶＋S＋S

❸把兩大匙糖倒進標識爲「茶＋S」的杯子裡。

❹把兩大匙糖和八分之一小匙的鹽倒進標識爲「茶＋S＋S」的杯子。

❺丟棄茶包。

❻現在你應該有十二盎斯（約三七五ｃｃ）的茶水，把它平均倒進三個杯子裡，讓每個杯子有四盎斯（一二五ｃｃ）的茶水。

❼把湯匙放進各個杯子裡攪拌，直到鹽和糖都溶解。

❽再倒四盎斯冷水入各個杯子，攪拌。

❾嘗嘗三杯茶的味道，注意它們各有多苦多甜。

討論

❶你會感覺標識爲茶的那一杯較苦，而茶加糖（茶＋S）的那杯較不苦。

❷在嘗過茶加糖加鹽（茶＋S＋S）的那杯之後，你會發現它又比「茶＋S」的那杯不苦一點，也略甜一點。你剛體驗到鹽的超級角色，它能抑制壞的味道（苦），增強好的味道（甜）。

＊任何會有苦味的紅茶（比如英式早餐茶）或綠茶均可。我採用最普遍的立頓茶包。

Taste What You're Missing

互動練習16 品嘗你錯過的味道：掩蓋苦味的鹽

你需要

◉二分之一杯糖，分成兩個四分之一杯的等分 ◉兩個碗 ◉四分之一小匙的鹽 ◉紙膠帶和奇異筆 ◉刀子 ◉每人半個葡萄柚 ◉清除餘味的蘇打餅乾

作法

❶每個碗裡放四分之一杯糖。
❷把鹽加入一碗中，混合均勻，用紙膠帶在碗底作標識，以便分辨哪一碗有鹽。
❸葡萄柚切塊。
❹把糖灑在一半的葡萄柚塊上。
❺把鹽糖混合物灑在另一半的葡萄柚塊上。
❻讓每一位試食者各嘗由同一個葡萄柚切開兩半的各一塊，因此兩者唯一的差異只有鹽分而已。
❼先嘗有糖的葡萄柚塊，注意甜和苦的程度。
❽吃一塊蘇打餅乾去味。
❾接著嘗混合糖和鹽的葡萄柚，注意甜和苦的程度。

討論

你會注意到有鹽的葡萄柚略甜一點，也比較不苦，這是因爲鹽發揮了超級英雄的角色。

Taste What You're Missing

Taste
What You're
Missing

第九章

苦

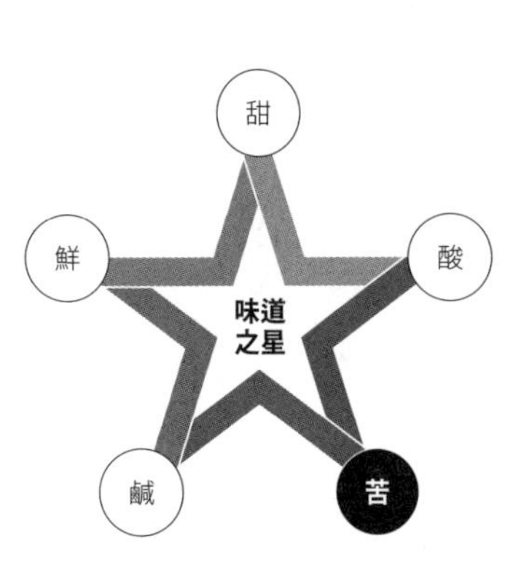

苦得恰到好處，可以救命

像是咖啡因和酒精等苦的東西，如果量少，可以有怡人的效果，但若量高，卻可能致命，就像癌症藥物一樣，而癌症的藥物也是苦的。在烹調苦味的成分時，你總希望它苦得恰到好處，能使食物健康而有豐富的味道，卻不要苦到整盤菜都下不了口。苦就像是味道的化療一樣。

在食物稀少，山頂洞人四處搜羅食物以求生存時，他們很快就學會不要吃太多讓他們生病的東西，也避開使他們反胃或腹瀉的食物。這些使人不適的食物中很可能含有高量的植物營養素（phytonutrients），也就是有療效的營養素。而大量攝取這類化合物，它們就會有毒性反應，因此這種運作方式十分聰明：有毒的食物會使你生病，而且味道也苦，讓你不致吃到致毒的劑量。

大多數人都避開苦味。我們在麥特森公司開發食品時，總會有些挑戰，要我們讓（通常是有益健康的）食物比較不苦，使更多人樂於購買，從沒有要我們使食物更苦的情況。不過就我所知，曾有一個例子是要讓食品苦到平常沒人想要吃，除非面臨生死關頭拿來救命之用。

苦味之戰

在一、二次世界大戰之間，美國軍需主任保羅・洛根（Paul Logan）上尉奉命要讓各軍事基地、船隻，和士兵貯備有營養的食物。日常餐廳的食物倒很容易，比較麻煩的是開發野戰口糧，也就是讓士兵帶上戰場，在戰鬥之間吃的口糧。而難度最高的則是開發在危急存亡關頭，比如飛機遭擊落，或者在叢林裡迷失之際所要用的營養品。洛根希望這些置身險境的人有緊急口糧，光靠它們就足以支持三天，並且毋需準備，可以直接入口。它的體積要小，重量要輕，不能超過四盎斯（一百二十五公克），可以塞進軍衣的口袋，因為不論在飛機、船隻、救生艇、背包，或者軍服上，空間都是重要的考量。緊急口糧還得能承受極端的溫度，由飛機上冰冷的貨艙和北歐嚴寒的冬天，到穿著軍服的人體和如南太平洋群島等戰區的濕熱溫度都包括在內。

這個挑戰還包括：要創造一種味道難吃到除了緊急狀況之外，沒有人會想食用的食物。照洛根的說法，這食物得要「比白煮馬鈴薯的味道好一點點。」而他認為解決之道就是巧克力。於是在一九三七年，洛根和好時巧克力公司接觸，當時好時的化學主任山姆・辛可（Sam Hinkle）接下了這個工作，創造出D-ration口糧，是好時公司專為美軍生產的軍用巧克力，綽號是「洛根棒」（Logan bar）。這玩意兒絕對不可能得到任何美食獎，它的融點在華氏一百二十度（約攝氏四十九度），非但不像其他巧克力那般入口即化，而且有些牙齒不好的軍人根本連咬都咬不動。但就算是硬梆梆味如嚼蠟的巧克力，也總比其他戰時的軍備品要好，辛可為了確保洛根棒不會被士兵拿去交換香菸或美女雜誌，想出了一個絕招：他開發出應該算是獨創的高可可含量巧克力棒，苦到沒人想吃——除非你是在救生艇上，或是落入敵軍戰線，別無選擇。

苦的生理基礎

甜和苦是新生兒天生反應最強烈的兩種基本味道：甜意味著食物含有熱量，苦則代表它可能含有毒素。大部分（不過並非全部）有毒的食物都是苦的，而大部分（不過並非全部）最苦的東西毒性都很強。人只有一兩個甜味的受器，卻有十幾個苦味的受器，因為我們必須要廣泛且即時知道可能會使我們死亡的事物。

每一次你嘗到苦味的東西，都該停下來想想你的運氣，感謝你察覺苦的味覺系統還在運作，這是你求生的第一道防線。品嘗食物能很快地告訴你究竟該吞下或吐掉，以免攝取可能殺死你的毒素。

若你把味覺受器當成警察，那麼苦的食物就像是施展其藥力的累犯。苦味大搖大擺昂首闊步，大家都視之為危險份子，未審先判，視同罪犯。

苦的點點滴滴

食物中有許多成分都是苦味，和酸味不同。酸味只來自酸，苦味卻有很多來源，包括胺基酸、肽、酯、內酯、苯酚、多酚、類黃酮、萜烯（terpenes）、甲基黃嘌呤（methylxanthines，咖啡因）、磺醯亞胺（糖精）和鹽類。這就是為什麼我們需要多種受器。我們必須辨識出所有的苦味物質，才能避免它們達到傷害人體的程度。

咖啡是舉世食用最廣泛的苦味食物，大家都以為是咖啡因造成它的苦味，其實咖啡的苦只有百分之十來自咖啡因，其餘都來自烘焙過程及你煮咖啡的溫度、時間和方法所產生的酚酸，因此去咖啡因的咖啡可能和一般的咖啡一樣苦。茶和巧克力的苦味也來自酚類化合物，而非咖啡因。

你的基因也會影響你感受食物的苦味。記得用來測驗敏感品味者的化學物質PROP嗎？二五至三〇％的人口根本嘗不出它的味道來。大部分的人覺得它有點苦，但四分之一至三分之一的人口則覺得它苦得教人受不了。或許對其他苦味（咖啡因、奎寧等等）也有受器基因，讓人有不同的感覺。個人對苦味的感受各有不同，比其他的基本味道更甚。

我們的祖先有可能居住在不太可能攝取到某種苦味（茶葉或青花菜）的地方，其苦味受器因從未啟動而喪失。最近一項研究請成年人辨識他們飲食中最主要的味道，為期一週，不出所料，他們所攝食的熱量中，只有五至八％被歸為苦味，這可能意味著高度開發國家的居民已經開始喪失苦味受器。雖然短期內它不會完全發生，但如果數百年都過著安逸的生活，飲食中嘗不到苦味，的確有可能會發生。

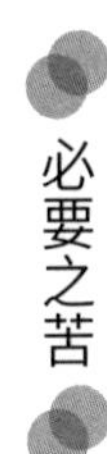

必要之苦

在麥特森公司裡，我們經常請消費者試吃開發出來的樣品，而他們總會馬上讓我們知道我們的成果是成是敗。我們也請兒童品嘗兒童食物的樣品，如果他們擺出如下圖的表情，我們就得重新開始。這樣的表情對我們是失敗的象徵，但另有一家公司卻是以這種反應為目標。他們的產品苯甲地那銨（denatonium benzoate，苦精）商品名稱為「**必苦**」（Bitrex），而公司就用像這樣的苦瓜臉圖片行銷這種苦味劑。必苦不只是苦，而且是金氏紀錄程度的苦，是人類所知最苦的物質。

假設你要開發家用產品，比如液態肥皂，你希望它聞起來草莓，也用美麗的大紅色來表現它的草莓香味，因為你知道我們對香氣的感受，視覺攸關緊要。問題是幼兒也會覺得大紅亮麗的液體看起來很美味，如果他們能拿到這種肥皂，又聞到它散發出草莓的香味，恐怕就會放進嘴裡嘗嘗味道。而如果你的肥皂正好有毒，麻煩就大了。這時必苦就能發揮作用！由於它無色無氣味，而且完全無害，只要加一點到你的草莓味肥皂，就可保證萬一小孩誤食，也會馬上吐出來，而且作出苦瓜臉。

苦味的苯甲地那銨也加在甜味防凍劑裡，如今苯甲地那銨已經成了防凍

劑的必要配方，讓孩子或動物不致誤食。如果你想要戒掉啃指甲的毛病，也可以買含苦精成分的產品塗在指尖上，萬一你再啃指甲，就得衝到洗手間去漱口。

苦味蔬菜

有一年我過生日，羅傑自告奮勇要做菜給我吃，隨我任點。通常我家都是我煮飯，當然是因為我喜歡烹飪，但也因為羅傑不愛煮。他燒烤肉類做的比我好，也勉強算會煎羊排，但他雖愛吃，對烹飪卻不太有興趣。因此我想放他一馬，只點簡單的菜色。我要他買（不是煮）螃蟹，這是我幼年以來的慰藉食物（comfort food）。烹煮活螃蟹最好還是留給專業廚師，或者在盛產螃蟹的馬里蘭州成長的人，或者不怕殺生的人，羅傑卻都不是。我們住在加州，如果把我最愛的藍蟹由美東運到美西來是浩大的工程，所費不貲，因此我決定用本地的鄧津蟹（Dungeness crab），只要搭配烤洋芋和簡單的沙拉，就可算一頓美味餐點。

羅傑去採購時，有人建議他加點苦味的青菜，以平衡蟹肉的甜味，自己不愛吃青菜的他就選了苦苣、裂葉苦苣和苦菜各一，還加上第四種生菜紅菊苣（Treviso radicchio），苦得我第二天到店裡去看它究竟叫什麼名字（以後才可以避開不買）。羅傑用鮮摘橄欖榨的油、現榨檸檬汁、鹽和胡椒作沙拉調料。我們坐下來，我才把這美麗的蔬菜盤放進盤裡，嘗了第一口，也是最後一口。

「你不喜歡它嗎？」羅傑垂頭喪氣地問道，我不得不說：「非常完美，苦，很苦，正好是你要的味道，不過恐怕有點太苦了？」我趕緊喝水，並且吃了一大塊麵包，才能再回頭吃螃蟹。這未免好得過頭了。

這就是苦味食物的問題，就像化療一樣，劑量十分重要，務必要有所限制，而不能太過。羅傑或許該用甜味的青菜如萵苣或野苣做沙拉，只搭配少量的苦味青菜作為陪襯。我們不太能忍受以苦味為主角的食物。

每天都吃一點苦

雖然人們喜愛咖啡，但大部分人喝咖啡的時候都搭配糖或奶精。七五至八〇%的人認為咖啡是苦味，程度由一點苦到過度的苦，但有二五至三〇%的人是耐受品味者，他們品嘗黑咖啡時，根本覺得它沒有苦味，他們正是把義式濃縮咖啡當水喝的人。

把味道之星的對比點如奶和糖加進咖啡裡，就能以其他的基本味道平衡苦味。我們每天在咖啡裡加糖和奶的動作，就是我們不假思索，憑直覺平衡苦味的典型例子。如果你用的是乳製品，如低脂（乳脂肪含量為一%）、減脂（二%），或全脂牛奶或奶精，那麼除了降低咖啡的苦味之外，你還添加了脂肪進去。脂肪帶來細膩滑潤的怡人口感，包覆舌頭，讓苦味感覺不那麼苦。其作用的方式是苦味化合物被稀釋入牛奶的脂肪之中，使它們不容易達到苦味的受器。若你考慮以脂肪來作苦味的對比，就該注意到脂肪也可列為基本味覺的競爭者，這點本書後面會再談。

味道之星的目標之一，是協助你烹調時能考量**所有的味道**，而不只是直覺反應（鹹、甜、酸）。當你品嘗一道菜時，不妨想像那顆味道之星，考慮每一點是否有欠缺之處？它需要再鹹一點嗎？需要更甜一點嗎？該不該加點酸？鮮味能不能使它更豐富？要不要苦味？大部分人都避免苦味，但有才華的廚師卻會用苦味來增添菜餚的複雜性。所謂的**複雜**，就是添加味道之星的另一對照點，讓食物比平常更有趣。我們懶惰的味覺很容易就接受甜的食物，但摻上「恰到好處」苦味的甜能讓你思索「**唔，這味道很特別**。」苦就是扮演這種複雜化的角色。

苦也使太鹹或太甜的食物味道不再那麼極端，也就是說，苦味能壓抑鹹和甜味。

苦味的平衡

一天晚上我在爐子上烹調燒烤醬時，這方面的知識就正好派上用場。我作了一道煙燻牛腩（不過因缺乏耐心，並不成功），花的時間比我預計的多了幾小時。因此我手忙腳亂，準備在客人抵達之前收拾好一切，沒空再按照食譜來量醬汁的成分，乾脆自己即興調配，等我終於熬出我想要的醬汁之時，嘗了一口，太甜！但時間已經不夠，因此我想到味道之星，考量其他四個點的味道。我加了一點醬油，增添鮮味；加了一點米醋，以便有酸味但不致添加香味（因為美式燒烤醬汁並沒有如檸檬等的揮發香味）。我又嘗了一次，依舊太甜。而且這回因為醬油和調味醋（都含有鈉），結果也太鹹！現在唯一能夠解救我的就是苦味了，我打開食品櫃，急著要找苦味來調和我用番茄、蜂蜜和醋所調製的燒烤醬。結果我拿起未加糖的可可粉，成了！可可粉的苦平衡了我原本甜、酸、鹹和鮮味的醬汁。十全十美的味道之星調和滋味。

適量的苦對你有益

> 苦這個字該請公關公司
> 來改善形象。
> 改善苦味的公關活動，
> 第一步：
> **《苦味複雜，人人都提心吊膽。》**

我們每天都對苦味有更多的了解，但我們已經知道這種基本味道通常代表某種醫藥的功能。阿斯匹靈味道苦，而它在醫藥方面的益處眾所周知。苦味的布洛芬是一種消炎藥，茶的味道也苦，而它含有高量的抗氧化物。

如青菜、石榴和蔓越莓等蔬菜水果嘗起來都有苦味，因為它們含有多酚、類黃酮、異黃酮、萜烯，和葡萄糖異硫氰酸鹽，而這些成分全都歸類為**植物營養素**。而且這些元素正是青菜水果能夠降低癌症和心臟病風險的成分。想想看，如果我們能夠增加食物中植物營養素的成分，讓它們更有益健康。正如克利在「番茄計畫」中要創造最美味而又教人飽足的番茄一樣，我們也可以用傳統的育種技巧來創造有益健康的植物。只可惜很難不增加苦味而做到這點，而一般人不喜歡苦味。

混淆了的苦味

蔓越莓有一種獨特的口感，稱作**澀味**或**單寧**，讓你有舌頭乾掉的感覺。其實蔓越莓的單寧味或澀味如此之苦，因此很少能單吃。蔓越莓乾則加了糖，平衡原本的苦味。而使蔓越莓產生苦味的物質可能正是預防和減輕尿道感染的物質。

許多單寧或澀味的食物都很苦，但單寧和澀味本身並不是透過苦味受器感受，而是經由把觸覺資訊傳送至大腦的三叉神經。雖然我們常把單寧和澀味描述為苦味，但就生理上說，**那是一種感覺，而非味道**。要體驗葡萄皮含單寧的澀味，請作本章末尾的「這是單寧的感覺嗎？」練習。

許多人都混淆基本味道中的苦和酸，或許是因為許多酸味的食物都會苦。葡萄柚和蔓越莓就是兩個例子，兩者都有極明顯的酸味和強烈的苦味，尤其是葡萄柚的果絡和蔓越莓的果皮。酸味嘗起來很強烈而刺激，比如醋和檸檬汁。苦味嘗起來不好吃，如不加糖的濃縮咖啡、茶，或巧克力。因為它們倆都是基本味道，因此很難不用酸和苦兩個字來形容它們。要區分這兩者，不妨試試區分本章末酸和苦味的練習。

改善苦味的公關活動，
第二步：

《苦，但有益健康。》

給不吃苦的人別的選擇

我會做舉世最好吃的球芽甘藍，先汆燙，切成兩半，然後剖面朝下以培根逼出的油用瓦斯爐最大的火油煎，灑一點調味米醋、酥脆培根粒、魚露，和一點海鹽，每一口都是苦甜酸鹹和鮮五味俱全，但羅傑不肯吃。在他的感官世界中，球芽甘藍太苦，再怎麼巧手烹調，都無法掩飾這個事實。

覺得苦味化學物質PROP苦的人，可能就會覺得如球芽甘藍和羽衣甘藍（kale）這類的蔬菜是苦的，因此不願吃它們。

如果你與不肯吃苦味食物的人同住，希望這章的說明能讓你體諒他們的感受，這些人並不是故意刁難家裡掌廚的人，他們可能是旺盛品味者，天生就無法忍受特定的苦味。但某些家人不肯嘗苦味，並不表示你就可以不讓他們吃蔬菜，因為蔬菜有益健康，而且總有辦法可以去除苦味，你憑直覺就已經知道其中一些辦法。

平衡苦味最簡單的方法，就是添加一些對比的味道，諸如甜、酸和鹹。比如球芽甘藍可以加點鹽，甚至糖。不要不好意思為你不肯吃苦的摯愛家人添加甜的調味料，如蜂蜜、楓葉糖漿、龍舌蘭蜜或果汁。你也可以增加甜味而不增加熱量，阿斯巴甜和蔗糖素（Splenda）兩種代糖都能有效發揮作用。只要增添五%的糖在花椰菜和青花菜中，不只能使人更愛吃蔬菜，而且也使這些受測者日後願意嘗試**不加糖的**花椰菜和青花菜，這應能消除你在蔬菜裡加糖的作弊感受，而把糖當成訓練人們欣賞苦味蔬菜的輔助輪。

另一種增加甜味的方式是在烤箱或爐子上，把糖用一點油慢慢地使之焦糖化，即使連有硫磺味的苦花菜都會變得香甜可口。

光是烹煮，就能讓蔬菜的苦味降低。如青花菜這類蔬菜的揮發分子經你蒸煮烤或以其他方式烹調之後就會消失。烹調青菜時，你廚房的硫磺味代表你已經把氣味由蔬菜細胞釋入空氣中。雖然像硫磺這樣的氣味並不會造成苦味，但卻會使苦味更重，因此藉由烹調減少討人厭的青菜味道，整體而言的確能使人有更甜美而比較不苦的感受。

我喜歡把鹽、糖加在米醋裡，成為調味米醋，只要灑一點，就有鹹、甜、酸三種基本味道。記住鹽不但能壓抑苦味，也能釋出其他你喜歡的味道，因此即使你只加一點鹽調味，都能以不只一種方式抑制苦味。

廚師的黃金法則就是：品嘗、品嘗，再品嘗。如果你分別品嘗生青花菜和汆燙後的青花菜，就可體會汆燙怎麼減少苦味。如果你在鍋裡快炒一分鐘再試試，苦味很可能又會有變化，加點醬油（鹹和鮮味）和糖（甜味）再嘗嘗。最後加點酸——比如擠點檸檬汁，或者加點醋，再嘗嘗。越能這樣多多嘗試，就越能讓你了解怎麼平衡你食物的風味。

改善苦味的公關活動，第三步：

《苦，但是複雜而豐富。》

減少苦味的案例

博諾威（Bionovo）生化科技公司開發出一種治療婦女更年期熱潮紅的新中藥，但該公司總裁兼醫學長（Chief Medical Officer）瑪麗・塔格利亞費利（Mary Tagliaferri）知道這藥的苦味恐怕有礙行銷。瑪麗學貫中西醫，在加州大學舊金山分校醫學院取得學位，她公司的目標是結合中西醫之長。二〇一〇和二〇一一年，博諾威已經把新藥送請美國食品藥物管理局（ＦＤＡ）審核，如果在病人身上試驗成功，即可讓這種新藥Menerba上市。此藥由專利配方的幾種中藥混合，必須處方購買。

Menerba經ＦＤＡ第一階段藥物試驗，證明低劑量對人體安全，而第二階段的試驗要提高劑量，但其體積太大，無法作成藥丸或膠囊，因此他們決定要以Theraflu（類似伏冒熱飲）的飲料粉方式推出。他們先請一家廠商開發可以遮掩Menerba苦味的藥飲，但徒勞無功，因此改請麥特森公司協助。

我們的任務是開發乾的飲料粉，讓病人加水服用，一天兩次。塔格利亞費利博士和同僚把樣本帶來給我們看時，我對這個產品是什麼味道一無所知。我們所開發的大部分機能食物都是先要有好吃的味道，其次再談有益健康。Menerba對我們是全新的挑戰，更年期婦女因熱潮紅而需要求助藥物時，應該比在便利商店買機能飲料的人更不在乎其味道才對。

然而我卻完全沒料到Menerba的味道。在開發新食物和飲料產品的經驗裡，我從沒有像這樣驚人的味覺經驗。Menerba一入口馬上有一股刺鼻的燒焦氣味——這是由中藥處理和提煉的過程而來。這種焦味讓整個口腔全是苦味，而在你把它吞下去之後，藥方成分的苦味依然久久不散，還有一股像泥土一樣的霉味，非常難吃。

我們思索該把它改成什麼樣的風味。塔格利亞費利博士想要檸檬或柑橘味，因為這兩種口味都很受歡迎，但我們知道柑橘類口味會非常困難，因為消費者不會料到檸檬或柳橙味的飲料會帶苦味。我們先考慮辛辣的印度茶味，因為茶本來就苦，而香料可以掩飾一些難聞的氣味，但這並非主流口味，因此我們試了一回就放棄了。接著我們採用有一點苦味背景的水果味：蔓越莓。這是完美的選擇，因為消費者原本就認為蔓越莓飲料比較有益健康。而在我們開發印度茶味飲料時，也注意到添加香草的飲料比較順口，比較不苦。因為我們在飲料中加了察覺不出的低量香草，結果十分驚人：香草掩飾了Menerba的苦味。我們還加了一點鹽，抑制苦味——分量恰恰好，沒有人會覺察其鹹味，飲料的味道相當突出。最後我們再加一湯匙糖，讓藥物更順口。

此後我一直以香草為祕密武器，任何食物都因此變得更加順口。我相信香草拿鐵成為咖啡店熱賣飲料的原因，是因為香草掩蓋了咖啡的苦味，榛果、焦糖，和巧克力都略遜一籌。也因此巧克力蛋糕的食譜需要香草，而許多熱愛巧克力的人也會在他們的甜食中添加少許香草。只需要一點點就能發揮其遮蔽苦味的效果。有趣的是，香草是唯一沒有忍耐上限的味道，其他調味料如果加得太多，可能會太濃烈，唯有香草不論加多少，依舊美味。

苦的基因

如果你把兩頰下方口腔內側表面刮一點細胞作DNA樣本，莫奈爾的科學家瑞德就能測驗它，告訴你會不會覺得PTC這種化學物質很苦。可惜這個測驗無法得知你覺得茶、菠菜、可可或任何你選擇的食物苦不苦。但也許我們不久就會了解我們的基因如何影響我們對苦味的反應。瑞德預見未來可以針對有某些基因的人，開發吸引他們的食物。巧克力公司就不必再以四一％、六二％、八二％可可含量的巧克力作宣傳，只要針對各人天生基因可以承受的苦味程度行銷巧克力即可。

我喜歡想像未來的消費者能夠一轉心念，欣賞他們味蕾覺得苦的食物。這並不需要測試基因，也毋需避開某些食物，只要把苦味想成**平衡食物風味不可或缺的樞鈕**即可。如果你吃球芽甘藍覺得太苦，只要加上對比的其他味道，求取平衡即可，灑點糖、加點鹽、擠一點檸檬或加點醋。更好的作法是把球芽甘藍配上其他蔬菜如番薯、胡蘿蔔，或者煎香的洋蔥。下一回再做球芽甘藍時，可以少放點胡蘿蔔，多放點甘藍。最後你會發現自己愛吃一整碗的球芽甘藍——不加任何配料，尤其欣賞那苦味帶來的鮮活刺激。

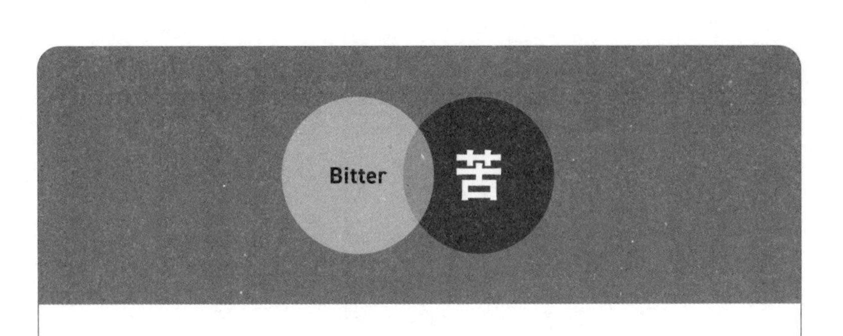

測量方式——苯酚的含量、生物鹼的含量

苦的經典搭配：苦＋酸味

◉例子：茶配檸檬

◉爲什麼合適：檸檬的酸味調和了茶的單寧苦味。加糖或蜂蜜，可以嘗到另一種對位方式，更進一步平衡其風味。

苦的經典搭配：苦味＋脂肪

◉例子：咖啡加奶

◉爲什麼合適：咖啡既苦又酸，加上脂肪之後能夠使兩種味道圓融。咖啡的苦由脂肪和糖的組合來掩飾最合適。

苦的經典搭配：苦＋鹹味

◉例子：烤、蒸，或炒青菜，如蘆筍、青花菜、球芽甘藍或羽衣甘藍

◉爲什麼合適：鹽可壓抑青菜的苦味，再加一點脂肪，可以使旺盛品味者不致因苦味青菜而嚇跑。

和苦相關的香氣：

◉咖啡 ◉巧克力 ◉青菜 ◉硫磺 ◉煙燻 ◉辛辣 ◉藥草 ◉沏茶 ◉紅酒 ◉酒精 ◉金屬味

◉Hoppy/hops（一種酒精濃度只有〇・五%的發酵性麥芽飲料）

作者的私房料理——球芽甘藍

五至六人份

你需要

◉約一磅半（六八〇公克）至兩磅（九百公克）的球芽甘藍，當季（苦味）
◉三片厚切培根（鮮味、鹹味）
◉調味米醋（甜、酸、鹹味）
◉越式或泰式魚露（甜、酸、鮮味）
◉糖（甜味）
◉鹽（鹹味）
◉味道溫和的油，如芥花油或大豆油
◉重底煎鍋：不要用不沾鍋，不然無法做出本食譜所要的焦褐效果
◉一個大湯鍋
◉砧板
◉菜刀

作法

❶把六夸脫（約五千六百ｃｃ）的水倒入湯鍋煮沸，慢慢加入球芽甘藍，盡量讓水保持沸騰。等水沸到最大時煮正好三分鐘，立刻瀝乾放涼。
❷等球芽甘藍涼到可以處理時，切成兩半，切在莖梗上，使它們保持形狀而不致分散（如果上下切就會造成苞片散落的結果）
❸以中到大火在煎鍋裡煎培根，逼出其油脂，使之變得酥脆。
❹把煎好的培根放置一旁，待涼後切碎，放置一旁備用。
❺不要把培根油全部倒掉，把一半倒在玻璃量杯裡，置於一旁，另外一半，約二至三湯匙油，還留在鍋裡。
以上步驟皆可在前一天準備。

❻在煎鍋內燒熱兩湯匙培根油脂。

❼把球芽甘藍切面朝下放入鍋中成一層排列，鍋內務必要有足夠的油脂，讓甘藍切面有一層漂亮的暗色，如果油不夠，加入更多培根脂肪或油。

❽不要搖動煎鍋，也不要移動球芽甘藍，雖然這樣做的誘惑力很大，但盡量抗拒！除非你在覺得甘藍已經煎好之後，再讓它們待在鍋中幾分鐘，否則不會有酥脆的褐色邊緣。如果它們看起來燒焦了，沒關係，就是要這樣的效果，讓它們燒！

❾四、五分鐘之後，拿一顆球芽甘藍嘗嘗，你要的是平切面黑而脆的效果。繼續煎甘藍。

❿完成之後熄火。

⓫灑下魚露，嘗嘗味道。

⓬加上碎培根粒和一點醋，再嘗嘗味道。

⓭加入適量的糖，嘗嘗味道。

⓮加入適量的鹽，嘗嘗味道。

⓯繼續調味，直到苦、鹹、甜、酸，和鮮味恰到好處。

互動練習17　品嘗你錯過的味道：調整咖啡的苦味

你當然喝過咖啡，但這回先停步，放慢速度，像頭一次喝咖啡一樣品嘗它。注意五種基本味道，用上你的五種感官知覺。每一次品嘗都評估它的：

❶外觀　❷香氣　❸味道　❹質地　❺聲音

你需要

◉一杯黑咖啡 ◉糖 ◉奶精或牛奶（自選脂肪含量）

作法

❶先喝一口咖啡。注意它有多苦，再嘗嘗它的酸度，它有多酸？

❷在咖啡裡加少許糖。多少？適量。再嘗嘗。注意它的苦味如何改變。

❸再加一點糖，再嘗嘗。注意它的苦味又有什麼樣的改變。

❹現在再加入奶精，一次約一湯匙。每加一匙就嘗一下。注意奶精對咖啡的苦味有什麼影響。

❺再注意奶精對咖啡的酸度有什麼影響。咖啡的pH值比牛奶低（即咖啡比牛奶酸）。當你在咖啡裡加入奶精時，就提高了它的pH值，使它比較不酸。

互動練習18　品嘗你錯過的味道：這是單寧的感覺嗎？

你需要

◉一些無籽葡萄，顏色越深越好，紅的雖可以，但黑的更好。

作法

❶洗淨葡萄。把一顆放入口中吸吮，不要咬。

❷不要用牙齒，把葡萄用你的口腔上顎壓碎，設法把果肉和果皮分開。

❸不要用牙齒，把葡萄肉吸光，只剩下葡萄皮。

❹緩緩咀嚼葡萄皮，直到你開始感覺到一種不同的口感。

觀察

你所感覺的就是澀味，來自葡萄皮的單寧。

互動練習 19 品嘗你錯過的味道：區別苦和酸味

你需要

◉紙膠帶和彩色筆 ◉兩個小碗或杯子 ◉每人一個檸檬 ◉一個榨汁器 ◉一個透明玻璃量杯 ◉精鹽 ◉湯匙 ◉小刀或削皮器 ◉清除口腔餘味的蘇打餅乾和冷水

作法

❶在一個小碗上貼上「果汁＋鹽」的標籤。

❷把檸檬榨汁放入量杯，平均放進兩個小碗。

❸在貼有「果汁＋鹽」標籤的小碗裡，每擠一個檸檬加一撮鹽，攪拌均勻使之溶解。

❹把檸檬皮切成小塊，讓每一個人都可咀嚼幾十秒，注意要把白色的果絡和果皮都包括在內。放在一旁。

品嘗

❺先嘗什麼都不加的果汁，你嘗到的主要是酸味，果汁裡或許有一點甜或苦，但最強烈的味道是酸。

❻若你的檸檬汁裡有苦味，加點鹽應可遮蓋它。嘗嘗貼有「果汁＋鹽」的那一碗。現在可以確定你嘗的這碗果汁主要是純酸味。

❼現在把檸檬皮放進嘴裡咀嚼三十秒再吐出來。你所嘗到的味道是苦味，它像酸一樣強烈，但性質不同。

❽用蘇打餅乾和水清除口腔餘味，再重複上述步驟幾次，確定你真正了解其間的區別。

Taste
What You're
Missing

第十章

甜

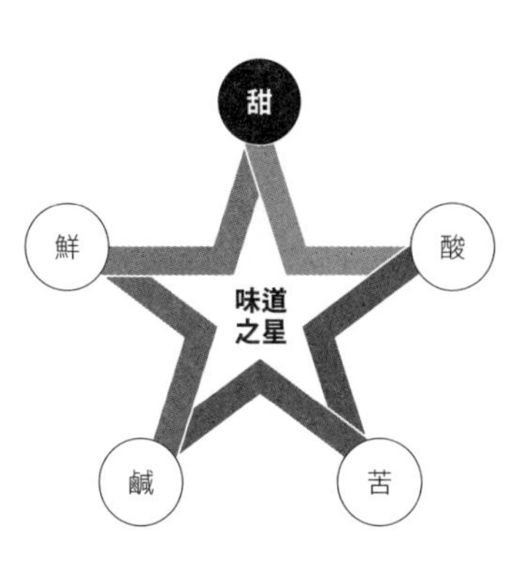

代糖真的能取代糖嗎？

一九七〇年代我孩提時，許多女性都喝Tab飲料，按照它的廣告，這是著重流行時尚、思想前衛、外表好看的女性象徵。這一系列產品在當年的兩個廣告中，用了「**美麗**」一詞。Tab是可口可樂公司行銷的第一款無糖汽水，它所用的增甜劑糖精比糖甜五百倍。糖精的甜度高到只要用一點點，就能製出和一般可樂一樣甜的飲料。而可口可樂公司也非常聰明地以一罐只有一卡路里作為行銷重點。

但並非每一個喝可樂的女性都改喝Tab，有些女性雖然在意熱量，卻忍受不了Tab的味道。

可樂的兩種基本味道是甜和酸。或許你不覺得可樂酸，因為它的酸大半是來自碳化作用，也就是碳酸，嘗起來很刺激，也帶有酸味，只是它的刺激感讓你分心，而未注意它在你舌頭上的酸味。另一方面，大部分的人都認為可樂是甜味，可是如果你仔細研究像可口可樂這種飲料的甜味，就會了解它有不同的意義。一九七〇年代可樂是用蔗糖，也就是糖來增甜，這是甜味的原始型態，是基本味道中最純正的甜味表現。可是無糖的Tab卻不是這個味道。

如今如果仔細搜尋，市面上依舊還可找到Tab，但除此之外，我們也有採用好幾種不同增甜劑的可樂，比如用阿斯巴甜（比糖甜兩百倍）的健怡可樂（Diet Coke）、用蔗糖素（即三氯蔗糖，比糖甜六百倍）的蔗糖素健怡可樂（Diet Coke with Splenda），和用阿斯巴甜與醋磺內酯鉀（acesulfame potassium，簡寫aceK，比糖甜一百八十倍）調製的零熱量可口可樂（Coke Zero）。甚至還有一種短命的可樂產品C2，是用高果糖玉米糖漿、阿斯巴甜、醋磺內酯鉀，和蔗糖素所混合調製。雖然我沒有內幕消息，但可以打賭如今可樂公司依舊在努力研發以各種不同的新式增甜劑，調製更多的無糖可樂。

甜味的特性

為什麼飲料公司一直想推出無糖飲料？它們遭遇的問題是，沒有其他增甜劑能嘗起來像糖一樣。Tab的問題不在於它用糖精，而是在於無法用任何增甜劑取代糖。由於我們的遺傳和生理構造各不相同，因此每個人對甜的感受都會有一點點不同，而**每一種增甜劑都有它自己的甜味表現或甜味特性**，這是我們用來描述我們如何感受它的獨特甜味的術語。因此想要創造每個人都接受的無糖飲料，幾乎是不可能的。

如果你接連品嘗糖、蔗糖素、阿斯巴甜、醋磺內酯鉀、甜菊（stevia），和蜂蜜，就會明白這看似單純的基本味道其實有多麼複雜。當你作本章末的甜味特性練習時，注意你所品嘗的三個階段。第一個階段就是我們所謂的**前味**，在一開始時出現，即甜味多快反應在你的大腦上。你會注意到你感覺到每種甜味樣品的速度相去甚遠。第二個階段是在你大腦反應之後發生，是甜味特性的**中段**。這個樣本在你口中的感受有多濃稠？它嘗起來是稀薄？還是苦？它發生在你舌頭上的哪個部位？最後一個階段，**餘味**，則是在你吞下它，甜味開始消失之際。許多人工甜味劑都有餘味駐留，在你的口中久久不散。

下圖說明了糖需要一點時間才會起反應，它在你口中的感受比馬上起反應的阿斯巴甜慢很多。你也可看到在糖、阿斯巴甜和aceK的甜味已經達到高峰，並且開始減退之際，蔗糖素的甜味依舊維持高濃度。而糖與「**非營養性甜味劑**」（nonnutritive sweeteners）在時間和濃度上的差異，就是讓人覺得後者嘗起來味道不對勁的原因。

如可口可樂等公司調整甜味感受濃度和時間曲線的作法，就是混合數種甜味劑，讓一種的甜味曲線補足另一種的高低起伏。用在零熱量可口可樂的aceK和阿斯巴甜的甜味曲線更接近糖的曲線，它能成為可口可樂新產品中最成功之一，或許這就是原因，它的甜味特性更接近「真貨」。

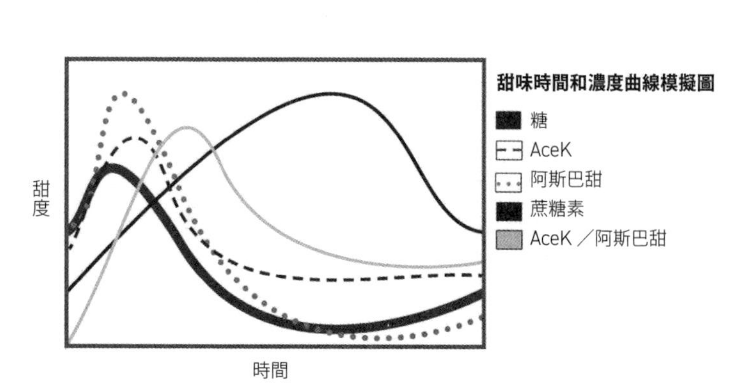

甜度與甜味的口感

就算你能證明aceK和阿斯巴甜調和的A可樂嘗起來和以糖調製的B可樂一樣甜，依舊還不夠，因為糖添加的不只是基本味道的甜味，而且也包括了口感（mouthfeel）。

糖的甜味是用一種稱作折射計（refractometer）的儀器來衡量甜度（Brix），也就是食物中含糖的固體量。甜度（以°Brix表示）越高，含糖的固體越高，就越甜。舉個例子，先想想紅葡萄汁（如威路氏Welch's葡萄汁）在你口中的感受為例：甜、酸，和一點單寧味。現在再想想葡萄果醬：雖然它的風味特性和葡萄汁一樣，甜、酸，和一點單寧味，但它在口中的質地體驗卻截然不同。這兩者的差別就在於糖與水的量，和由膠質形成果膠的硬度不同。果汁的糖少得多，因此甜度較低。威路氏紅葡萄汁甜度為十五度，而威路氏葡萄果醬的甜度卻達六十五度，四倍的甜度使果醬在你舌頭上的口感較濃稠。

甜度表現的是甜和濃稠，這兩者息息相關。如果你在熱茶或熱咖啡裡加了過量的糖，就會體驗到甜度增加。如果你一次加一湯匙糖，可以感覺到它緩緩溶入茶內，加的糖越多，茶就越濃。如果你一直不停地加糖，最後就會得到濃稠如糖漿的飲料。在加糖時，黏稠會隨著甜度增加。

如果把糖由可樂中去掉，換成極少量的非營養性甜味劑，如阿斯巴甜或糖精，就喪失了糖的甜度，也喪失了部分口感。人工甜味劑用量很低，因此不會增加飲料中的固體量，而這也是它們之所以無營養的原因。它們因用量太低，因此不會提供任何養分或熱量，結果就是濃稠度較低的飲料。Tab、健怡可樂，和零熱量可口可樂都缺乏大量的糖所提供的滿足口感。

不是所有的生物都會接收甜味的訊號

觸發甜味受器的食物一般都是碳水化合物，其中最單純的就是糖，**但並不是所有的生物都喜歡碳水化合物。**

我的愛貓G．G．甜美可愛有如蜜糖，總是蜷縮在我膝上，讓我抱著牠一起看數小時電影。如果你把手掌在牠面前攤開，牠總會用沙紙般的舌頭舔你，不論你的手需不需要清洗。牠愛吃貓罐頭，如果我膽敢餵牠最愛的珍喜牌（Fancy Feast）之外的貓食，牠馬上就翹著鬍子走出室外。可是有一天早上，我卻聽到G．G．正在咬什麼硬的東西，吃得很香，等我呼喚愛貓：「G．G．，你在吃什麼？」牠住了口，吐出一個老鼠頭。

過了幾小時我依舊難以釋懷，不由得疑惑：「難道牠真的覺得死老鼠好吃？」牠們毛茸茸的，都是骨頭，還是生肉哩，真噁！如果我快要餓死，那麼升火烤隻迷迭香老鼠或許嘗起來美味。但是黏糊糊的生老鼠？可怕。

要是G．G．能說話，牠看到我吃瑞典小魚甜膠糖（Swedish Fish）時，可能也會有和我看到牠吃老鼠時同樣的反應。這種耐嚼的糖果既非瑞典生產，也和魚毫不相干，而是魚形的水果糖，純粹只有糖，可是我很愛吃，它們讓我回到童年，媽媽帶著我們到購物中心去看電影之前，總讓我們買一些來吃。可是G．G．是肉食動物，只吃肉類，在牠如花生大的小腦袋裡有個回饋機制告訴牠：「**好吃！生老鼠！美味！有營**

《感官小點心》

醫學之父希波克拉底（Hippocrates）親嘗病人的尿液，來診斷糖尿病。如果病人的尿是甜的，就是明確的指標。如今我們有更多先進的方式來測試尿中的糖，這顯然讓醫藥實驗室的技師大大鬆了口氣。

養！蛋白質！脂肪！」糖對牠毫無吸引力。因為貓不需要糖的養分，因此也喪失了品嘗甜味的能力。

而人類則渴望糖分。

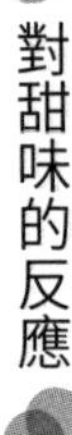

對甜味的反應

一吃到甜的食物，你體內的胰島素立刻激升，這是你身體（由甜味）認定會有碳水化合物的頭期反應，基本上是一種反射。你的舌頭把甜味反應到大腦，再由大腦通知你的胃：**食物來了，準備工作。於是胃酸開始分泌**。

但是當大腦感受到味道雖甜，卻未提供熱量的食物時，又會發生什麼樣的情況？許多研究都針對這個問題，要探討如阿斯巴甜和蔗糖素等非營養性甜味劑的效果。有些人認為不含糖的甜味劑會干擾天然的甜／吃／報償系統，有些人則認為可以利用這些甜味劑的欺騙效果，讓你少攝取一點熱量，卻不致喪失飲食中的甜味。但究竟這些甜味劑會增重或減重，數十種研究都無法達到共識。非營養性甜味劑或許會讓消費者喜愛飲食中有更高的甜味，但我們不知道這會不會讓他們吃少一點而減重。

我相信你可以學著讓自己不要吃得那麼甜。一旦你的味覺習慣了某種標準，就得要慢慢地重新調整。比如我每天早上醒來都喝一杯熱茶，通常我都加兩包高濃度的代糖，然而在收集本書資料之時，我發現自己每天早上喝的甜味相當於四茶匙糖，因此決定要把它減下來。一開始我減少到只加一包代糖，總覺得少了什麼。每天早上那杯只有一包代糖的茶不再能讓我感覺到以往的感官刺激，因此我決定改絃更張，把代糖換成蜂蜜，它不但有甜味，而且還有一股可愛的花香。我等於是欺騙自己，以其他的感官（嗅覺）來取代甜味。蜂蜜也添加了比代糖更多的甜度固體，因此增加了茶的口感，因此我以另一種感官：觸覺，取代了更多的甜味。如今我喝的茶和以往不同，雖然沒那麼甜，卻同樣教人心滿意足。

像這樣重新訓練你的味覺，是更健康飲食的祕訣。起先你可能會有點不習慣，但一旦你知道如何以其他知覺（嗅覺和質地）來取代甜味的感官刺激，並且欣賞它的感受，就不會錯過原本的知覺。關鍵就在於培養你在甜味之外的感官知覺，並懂得欣賞。若你發現自己吃或喝得太甜，就該用感官之星的其他各點及其他基本味道來提醒你懶惰的味覺。

適度的平衡甜味

不論你住在哪裡，有什麼樣的生長過程，或者不論你是旺盛品味者、一般品味者，或者耐受品味者，一般都會喜歡甜味的食物。或許你不喜歡極甜的食品——例如瑞典小魚甜膠糖，但嘗到糖卻說它難吃的人，大概絕無僅有。我們非常適合三種甜的分子——蔗糖、果糖，和葡萄糖，因為它們提供快速而方便的能量來源（亦即卡路里）。在我們的祖先藉著打獵和採集來餵食家人之際，他們需要所有能得到的卡路里。打獵很辛苦，精煉澱粉很花時間，但水果卻很方便，它是甜的，也不必剝殼、去皮、烹煮、磨細，或發酵，只要找到水果，就是極好的食物來源，可以馬上果腹療飢。

舉世的人都愛甜味，因此增加食物的甜味就是使食物美味的撇步，雖然偷懶，但卻相當輕鬆。大部分美國人都寧可吃過甜的食物，也不願探索降低甜度之後出現的其他味道。不過這個情況已經逐漸有所轉變。美國的牛奶巧克力以往只有一種甜度：好時巧克力。如今你可在超市看到黑牛奶巧克力，或半甜的牛奶巧克力。如麥可．雷秋蒂（Michael Recchiuti）和渥許（Vosges）等知名的巧克力廠商也廣受歡迎。我年輕時非常喜歡好時巧克力棒（他們的工廠距離我家很近），如今我的巧克力口味也有所成長，好時亦然。二〇〇五年他們買下了夏芬柏格手工巧克力，這家巧克力專賣公司號稱提供「特濃的牛奶巧克力」，用含量四一％可可的苦味抑制甜味，作出大膽的對比。

我把甜當成味道之星中需要一個或數個對比，才能真正誘人的一角。最適合搭配甜味的是酸味，這兩者在大自然中相輔相成，十分調和。水果成熟到甜和酸達到平衡之際，通常就是營養的巔峰。

廚師、食品製造商，和釀酒者都十分注意甜和酸的平衡。我們稱之為「**甜酸平衡**」（Brix-to-acid balance）。再回到威路氏葡萄汁和葡萄果醬的例子。甜度十五度的葡萄汁pH值是偏酸的三．三五，這是甜果汁的恰當程度，帶一點酸味，讓果汁嘗起來爽口；但當甜度上升，比如甜度達六十五度的果醬，就需要更高的酸度才能擺脫黏稠的甜度。威路氏葡萄果醬的pH值是二．九，比果汁酸得多（pH值越低就越酸）。若沒有額外的酸度，果醬就會顯得平淡而教人發膩。

我喜愛麗絲玲（riesling）、克納（kerner）、格烏茲塔明那（gewürztraminer），和希瓦那（sylvaner）等品種葡萄釀製的甜白酒，這些白酒需要特定的甜酸平衡。依我之見，不屑喝甜酒的人只是因為他們沒有嘗過適度的甜酸平衡。當酒的酸度高到能平衡其甜度時，你就不會覺得它甜，只覺得它美味。紅酒也一樣可能有高甜度而缺酸度，要是這些酒欠缺苦味，嘗起來就會平淡乏味，喝起來沒什麼意思。**適度的甜酸平衡是讓人繼續吃喝的**

重要因素。

糖的功能性

廚師常以甜來達成各種目的，不只是為食物增加基本味道中的甜味而已。糕餅和麵包師傅在烘焙食物時，用糖作為功能成分，因為它會影響麵糰在烤箱中膨脹的程度。糖也用來製作像糖果一般的裝飾，可以加熱直到它有焦糖的味道，或者烹煮到變脆為止。

好廚師知道怎麼運用適當的甜度來源，製作風味複雜而細膩的食物。糖蜜獨特的風味來自礦物雜質，使它不像糖那般清澈透明。這些礦物包括鐵（牛肉中的成分）和銅（豬肉中的成分），因此糖蜜搭配肉類是天作之合。另一方面，糖是基本味道中甜味最純淨的表現：它沒有不純的雜質或微量營養素[8]，沒有其他的味道或氣味。你由糖中所嘗到的唯有甜味而已。許多高濃度的增甜劑沒有糖這種清純的甜味，而這也是它們嘗起來味道和糖略有不同之處。

甜味煉金術

[8] 微量營養素是食物中非熱量的營養成分，包括如維生素和礦物質，是適當營養的必要成分。

肉桂是大家熟悉的氣味，你可能會用辛辣、熱烈、麝香，或木頭味來描述它，你也可能把肉桂描述為甜味，雖然如果有人嘗過純肉桂的味道，就會知道它其實未必甜。這種感官的混淆是因為大家總把肉桂和早餐的糕點、餅乾、蛋糕，和其他用少許肉桂的甜食聯想在一起。只要聞到肉桂，即使沒有糖分，或者只嘗肉桂而不添加其他東西，都會讓你想到甜味，因為一般添加肉桂的食物都有甜味。香草、肉豆蔻，和可可也一樣。其實可可十分苦，只是在我們的經驗中，它都和甜食在一起，因此我們有時就說可可聞起來是甜的。由於某些香氣和基本味道中甜味的連結，因此你只要提高其中香草或肉桂的量，就可讓它嘗起來更甜。你加的不是真正的甜味，而是甜的感受和知覺。

糖加熱的溫度到達某個程度時就開始融化，接著是驚人的轉化，這種由顆粒狀的白色結晶轉變為金褐色糖漿的變化，是廚師所能施展最教人滿足的魔力。焦糖是褐化的糖，要把某物變成焦糖，就是把那種食物中天然所含的糖褐化。比如你可以緩緩地烹煮洋蔥，直到它的糖褐化，引出它的天然糖分。在你烹煮糖的時候，還會有其他美妙的事物發生，像是產生烘烤堅果的味道。糖在有胺基酸的情況下加熱變褐，產生美拉德反應，創造出數百種可口的化學物，其中許多是人類最喜愛的風味——褐化的肉類、烘焙麵包，和烘焙咖啡。

《感官小點心》

你可能聽說過房地產仲介商在開放看房時，故意烘烤餅乾，讓他們要賣的房屋聞起來更有家的味道。這種作法很不錯。研究證實：原本精打細算的消費者在聞到有巧克力豆餅乾的香味之後，比較願意掏腰包。

甜的安慰

糖的味道可以緩解痛苦。舉世的醫生都用甜味來減輕許多醫藥過程的疼痛，從抽血到割男嬰的包皮，如果男嬰在手術時嘴裡有甜味，他們就比較少哭，也表現出比較少的不適。這個現象人盡皆知，以往西方國家的父母就常給嬰兒糖水安撫他們，如今較未開發國家的一些父母依舊這樣做。用甜味來緩解痛苦的一個壞處是，如果寶寶幼時就喝糖水，年紀較長甚至成年之後，都比較愛吃甜食，結果容易蛀牙，並造成體重過重。

平均說來，兒童比成年人更愛較甜的食物。成年後，你會喪失對過甜的糖果、口香糖和飲料的熱愛，不過也有人依舊愛他們幼時所喜歡的這些超甜食物。這些愛吃甜食的人可能不愛喝酒，因為酒精的攝取量和你吃多少糖息息相關。有人相信酒精飲料帶來的感官滿足，能夠安撫對糖的渴望。顯然飲酒和吃甜食都是可以得到樂趣的行為，但它們在大腦中是否以同樣的方式運作，則不得而知。一九二〇年代美國頒布禁酒令之後，糖果的銷路大增絕非偶然。美國聯邦貿易委員會（Federal Trade Commission）的《糖的供應與價格》報告就說，「禁酒是糖果店、冰淇淋業者，和不含酒精飲料廠商數量大增的原因之一。」禁酒運動原本的目標是減少犯罪和家暴，結果卻造成意料之外的結果：鼓勵美國人民攝取基本味道中的甜味。

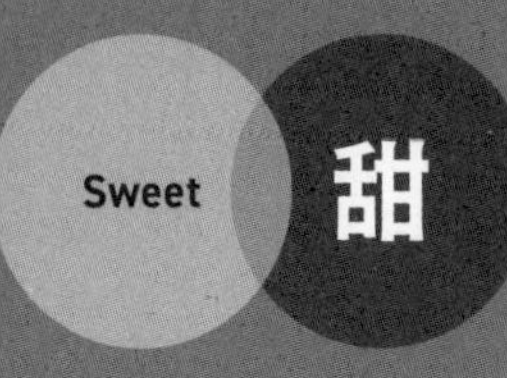

測量方式——甜度

甜的經典搭配：甜＋酸味

◉例子：如Life Savors和Jolly Ranchers等硬糖

◉爲什麼合適：要讓糖分變硬成爲水果硬糖，不能摻雜太多其他的雜物。其中一種可以作用的成分是酸，而這也正好適合作成最常見的水果口味硬糖。硬糖若無酸味，就會太過甜膩，教人倒胃口。但如果酸味過高，對過了愛酸年紀的人來說，也同樣難以忍受。

甜的經典搭配：甜味＋脂肪

◉例子：糕點、蛋糕、餅乾

◉爲什麼合適：當你渴望質軟而甜的食物時，是在尋求適口的點心，而還有什麼比用脂肪包覆你的舌頭更能延長這種感官的享受？脂肪把甜的滋味帶到你的舌頭上，讓這樣的體驗可以更延長。

甜的經典搭配：甜＋苦味

◉例子：巧克力

◉爲什麼合適：沒有糖的巧克力就像勞萊沒有哈台，英雄沒有美人，或是番茄沒有鹽一樣。味道就是不對。

和甜相關的香氣：

◉香草 ◉水果 ◉肉桂 ◉肉荳蔻 ◉莓果 ◉焦糖 ◉蜂蜜 ◉麵包 ◉楓糖漿 ◉蛋糕 ◉蘋果 ◉奶油 ◉巧克力

互動練習 20

品嘗你錯過的味道：甜味特性

你需要

◉四個杯子或四個碗 ◉每杯或每碗八盎斯（約二五〇ｃｃ）的室溫水，再多加一點作爲清除餘味之用 ◉一包Equal ◉一包Splenda ◉一包Truvia ◉兩湯匙糖 ◉清除餘味的蘇打餅乾和水 ◉紙筆

作法

❶把水平均倒在各個杯子裡。把三種增甜劑跟糖各自放入四個杯子裡溶化，糖可能需要較長的時間溶解，確定在開始練習前，它已經完全溶化。其他的增甜劑比糖容易溶解得多。

❷品嘗加了增甜劑的水，注意下列幾點：

- 注意你有多快感覺到甜味。
- 記下甜味需要多久才填滿你的口腔。
- 注意你口裡的甜味有多豐富。
- 記下甜味保持多久。
- 寫下你所品嘗到的其他味道。

❸嘗嘗糖水。在甜味消失之後，吃一塊餅乾，喝點白水，清除口腔餘味。寫下你的反應。

❹對Equal甜水重複同樣的步驟。

❺對Truvia甜水重複同樣的步驟。

❻對Splenda甜水重複同樣的步驟。

觀察

- 記住你在每一個樣本中體驗到的唯一基本味道是甜味。
- 爲什麼它們嘗起來味道如此不同？
- 因爲每一種增甜劑都有不同的甜味曲線。複習甜味特性圖。現在它對你是否更清楚？

互動練習21

品嘗你錯過的味道：衡量甜度和酸度

你需要

◉可口可樂或百事可樂 ◉柳丁汁 ◉開特力（Gatorade），任何口味 ◉法布奇諾（Frappuccino）瓶裝咖啡飲料 ◉脂肪含量二%的牛奶 ◉煮的黑咖啡 ◉受測者一人一個杯子 ◉紙筆 ◉清除餘味的蘇打餅乾

作法

❶這個練習有兩個任務。
❷第一個任務是品嘗每種飲料，然後按甜度由低到高排列飲料。
❸第二個任務是再度品嘗每種飲料，然後按酸度由低到高排列。
❹答案請見「酸味」這章的末尾。

觀察

❶記得甜味和酸味會互相平衡。有些非常甜的飲料可能也非常酸，只是酸被甜掩蓋了。
❷和其他品味者討論你的答案。

Taste What You're Missing

Taste
What You're
Missing

第十一章

酸

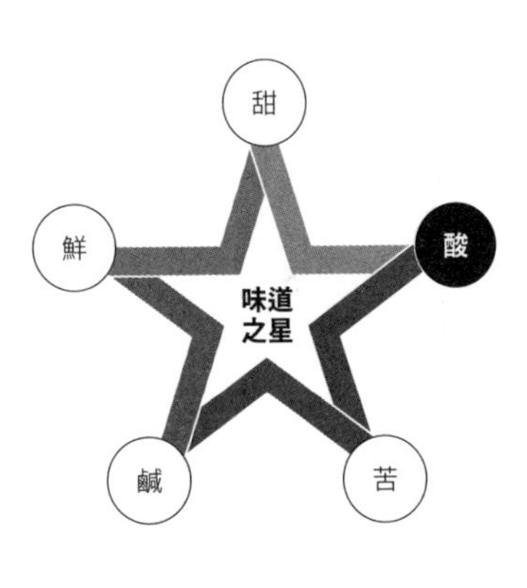

越酸唾液越多

一九六〇年代初威斯康辛大學的籃球名將柯特．穆勒（Curt Mueller）畢業後並沒有朝NBA發展，而是一頭栽進實驗室。身為藥劑師的他希望能找出辦法，解決他在球場上碰到的一些生理問題。在球賽特別激烈時，他常覺得口乾舌燥，這種現象稱作「**棉口**」（cottonmouth）。由於籃球比賽移動迅速，球員喝太多水，就會覺得水在胃裡晃蕩。穆勒原本打算以噴劑解決這個問題，然而測試這個產品時，球員卻很難處理笨重的噴水瓶。

一九七〇年代，穆勒推出一種「刺激唾液分泌」的口香糖，包裝上的廣告宣稱不論是哪種運動員，這個產品都能解決口乾的問題，他為這產品取名為「舒渴」（Quench）。

我們常說食物美味得讓我們垂涎，而酸是讓我們口水分泌最多的基本味道。當很酸的食物進入口中，酸度超過口腔裡一直都存在的唾液時，唾液就加快分泌，以因應口中酸度的巨大變化。食物越酸，唾液分泌越多。一旦唾液量達到可以稀釋酸度的程度就停止，而那就是「舒渴」的巧妙處：在你不斷嚼食時，它就不斷地釋出酸，讓唾液持續分泌。

穆勒把他的產品以「運動口香糖」作行銷重點。「舒渴」並不能止渴，但沒有關係，因為它原本的設計就不是要讓身體獲得液體，只是要緩解口乾舌燥的感受。嚼這種酸得教人皺眉的口香糖會讓你整口都是唾液，因此運動員可以繼續打球、跑步或騎車，久久才需要休息。

人類的唾液是由代表五種基本味道的化合物組成：提供甜味的葡萄糖、苦味的尿素、鹹的氯化鈉，和鮮味的麩胺酸，只是這些基本味道的量低到我們無法察覺。唾液有非常輕微的酸性，不過我們健康時並不覺得口腔是酸的，因為我們已經習慣，或適應口腔中的這種味道。

為什麼五歲到九歲的孩子喜歡吃酸的

我在巴爾的摩郊區的外婆家後院有株蘋果樹，小時我總喜歡爬上去採新鮮的蘋果吃，有時採得太早，蘋果還沒成熟，但我依然把它塞進嘴裡，我喜歡果肉酸、脆，和只有些許的甜味。

如果一陣子沒去外婆家，我可能也會錯過蘋果成熟到恰到好處的時機。那是秋天裡一段短暫的時光，夾在太酸的青蘋果和太成熟落地腐爛的紅蘋果之間，這短短的時間是成人覺得蘋果滋味最甜美的時候，果皮的酸澀和果汁的甜美平衡得恰到好處，而我現在才知道，在蘋果既不太酸也不太甜的時候，也是它們營養價值最高之際。

人類自出生起，就可察覺到酸味。嬰兒對酸味極其敏感，如果需要證明（心腸真壞），不妨給嬰兒一片檸檬，看看他的臉會皺成什麼樣，並且把它推開[9]。天生排斥酸味有其道理，因為嬰兒的身體還在發育，不能像成人那般忍受酸度。兒童飲食中如果太多酸，只會影響他們的牙齒和還在發育的消化系統。

但是五至九歲的兒童反而嗜酸，他們喜歡的酸度達到成人和嬰兒都一致排斥的地步。只要到糖果店看看，就會發現以這個年紀為對象的糖果並非巧克力、焦糖，或堅果，而是酸糖果，有些甚至以超酸、核爆酸、酸得掉淚，或者酸到「有毒」等宣傳詞句吸引孩子。

達爾文在一八七七年紀錄子女的發育情況時，就注意到這奇特的現象，他寫道：

> 我認為兒童的味覺和成人相當不同，至少我自己的孩子在很小的時候是如此；他們小時候從不拒絕加上糖和牛奶的大黃（rhubarb，酸味草本植物），在我們看來，這樣的混合物很噁心。他們也非常偏愛最酸澀的水果，比如還未成熟的醋栗（gooseberry，鵝莓）和蘋果。

---

[9] 本書的研究絕未傷害任何嬰兒。

在莫奈爾中心的現代研究人員針對母與子兩代作了測驗，想了解兩代各自喜愛酸味食品的程度。他們以科學方法證明了彈頭（Warheads）、酸補丁小孩（Sour Patch Kids），和催淚彈（Tear Jerkers）等超酸味糖果廠商早就知道的事實：他們用膠狀甜食加上越來越高的酸度，結果發現母子兩代對極酸的膠狀物喜好有天壤之別。這種差別正是我小時候愛吃未成熟的酸蘋果，和達爾文的孩子愛吃酸到「變態」的酸水果的原因。

怎麼解釋五至九歲的孩子喜愛新生兒和成人所拒斥的酸味食物這種事實？我們對基本味道中的酸味及其生理原因，還有許多待了解之處。

我在莫奈爾所作的工作，也發現人們對酸味的反應教人困惑。在食品開發實驗室，我可以增加醬汁配方的酸度，得到不同的反應。在酸味極低時，只要增加一點酸度，顧客就會說番茄醬汁的味道比較新鮮，但如果加到某個程度時，酸味就惹人厭，如果再提高酸味，在口中就可能產生燒灼感。

一方面，酸味可使番茄醬汁嘗起來比較新鮮，而一方面，酸味卻又是食物腐壞的信號。風味平衡的白酒嘗起來爽口清新，但如果酒壞了，嘗起來就太酸，像醋一樣。新鮮牛奶是乳脂狀，安撫腸胃，但腐壞的牛奶則是酸味。

除了腐壞之外，為保存食物而使食物發酵，主要也是酸味。比如在德國酸菜和優格中的活菌發酵之後，就會比之前更酸。我二十多歲時赴舊金山旅遊，曾和同伴說麵包的味道很酸，還作出它壞掉了的鬼臉。「你這笨蛋，這是酸麵糰。」朋友說。當時我就是不喜歡酸味的麵包，如今我住在舊金山，如果麵包沒有一點酸味，我還覺得少了點什麼。

◀一般食物、體液，和家用品的pH值

pH值	物品	可食性	性質
13 14	通樂 漂白水	不可食	鹼性
8 9 10 11 12	肥皂水 阿摩尼亞（氨） 鎂乳 小蘇打 血液，某些乳汁		鹼性
7	水		中性
2 3 4 5 6	唾液、尿液、牛奶 黑咖啡 番茄汁 柳丁汁 檸檬汁		酸性
0 1	胃酸 電池酸液	不可食	酸性

※pH表是指數表，每一個數目的酸都比下一個高或低十倍。

酸的科學

我們常說酸味和酸度，酸味來自於酸，而這些詞都是描述酸的感受。

在食品業，我們以由零至十四的尺度來衡量酸度，七是中點。這些數字代表食物和飲料中氫離子的濃度，簡寫為pH（氫離子濃度指數，酸鹼值[10]）。pH值在七以下的是酸性，以上則是鹼性。因為七是中點，因此pH值七的食物就是中性，既不酸也不鹼。水的pH值是中性的七．〇，這也是它適合用來清除口腔餘味的原因。水能讓口腔恢復中性的酸鹼值，在你評估食物（或者其他）時，中性是最好的起點。

關於pH，最難的是要記住pH值越低，酸度就越高，pH值高，則代表酸度低。比如萊姆的pH值約二．〇，牛奶則約在六．〇至七．〇之間，pH值二．〇的萊姆比pH值七．〇的牛奶酸。這使得pH值的討論有點教人困惑，這種「高就

[10] pH值真正的計算法，是氫離子濃度的負對數。

FDA的食物分類（至pH值8.0）

食物	pH值	定義
牛奶	7.4	降低咖啡的酸度
人類唾液	6.5-7.5	沖洗口腔降低酸度
白米	6.35	作酸味醬汁的陪襯，加醋可作壽司米
馬鈴薯	6.1	加入酸奶可增加酸度
切達起司	5.9	和酸味水果、醃黃瓜搭配食用，佐番茄食用
麵包	5.55	大量塗美乃滋、芥末、果醬、果凍，增加酸度
黃瓜	5.4	醃漬以增加酸度
香蕉	4.85	生吃，或用來降低草莓冰沙的酸度
據FDA食品加工法規，爲低酸度食物	4.6	
番茄（新鮮）	4.5	增加沙拉、義大利麵食、比薩的酸度和鮮味
美乃滋	4.35	添加三明治、沙拉的味道（和脂肪！）

是低」的系統和我們平常對數字的訓練正好相反，其實我們在實驗室裡閒聊時也常出錯，不時得要改正。

除了pH值的表很容易混淆之外，它倒是一個正常的指數表，亦即pH值四．○比pH值五．○酸十倍，pH值四．○比pH值三．○酸度低十倍。

許多研究都嘗試要把酸度、食物、其pH值，和它嘗起來有多酸的關係連結起來，但都徒勞無功。你可以用各種不同的酸調製出pH值一樣的酸水，比如pH值三．○——可是等你嘗嘗看，就會發現它們的酸味各有不同。也就是說如果你捏住鼻子，品嘗pH值三．○的檸檬水（含有檸檬酸）和pH值三．○的醋水（含有醋酸）和pH值三．○的乳酸，就會發現它們各自有不同的酸度和品質。

相反地，如果你調製酸水到它們嘗起來味道一樣酸，它們的pH值就可能會上下差一整個pH點。信不信由你，同一個pH值的醋水嘗起來比鹽酸水還

據FDA食品加工法規，爲高酸度食物		
番茄（罐裝）	4.1	添加義大利麵食的酸度和鮮味
五爪蘋果	3.9	味道達到天然的平衡，生吃
酸模（sorrel）	3.7	爲沙拉和湯增添新鮮風味
醃黃瓜	3.35	作爲三明治、起司、湯等低酸度食物的對比
果醬／果凍	3.3	塗在烤過的食品上增加新鮮的果味
大黃	3.25	加糖烤成派
醋	2.7	爲沙拉醬和其他醬汁增添氣味，醃漬食物
蔓越莓汁	2.4	必須加甜才能當果汁或作其他用途
檸檬	2.3	爲魚、義大利麵食、沙拉及其他醬汁等添加酸度
萊姆	1.9	爲莎莎醬、酒精飲料等添加酸度

資料來源：http://www.fda.gov/Food/FoodSafety/FoodborneIllness/FoodbornePathogensNaturalToxins/BadBugBook/ucm122561.htm

酸。當然這是濃度相當低的時候，因為鹽酸如果濃度高一點，就會腐蝕金屬和皮膚。

也就是說：**把三種不同的酸溶於水，調成一樣的pH值，其酸味依舊不同，如果你再把其酸味調成一樣，它們的pH值又會不同。**

pH表的另一端是鹼，鹼其實是表示物質緩衝或降低酸性（或提高pH值）的能力，如下這些日常的例子可以說明它怎麼作用。

在你煮一杯濃郁厚醇的黑咖啡時，會有兩種基本味道：明顯的苦和略微的酸味。你可以用奶水平衡酸味。

這是因為黑咖啡落在pH表的酸性範圍中，其pH值大約是五．〇。牛奶、半鮮奶油（half-and-half，一半牛奶，一半乳脂〔cream〕的奶製品）、和乳脂的pH值較高，約在六．〇至八．〇之間。如果你把pH值七．〇的牛奶加入酸度較高的pH值五．〇咖啡，結果飲料的pH值就比五．○高，可能較接近六．○，也就等於把你加了奶的咖啡往pH表往上提——也就是嘗起來比較不酸。牛奶緩衝了咖啡。當然這時也有其他反應在發生，你把含脂肪的牛奶或乳脂或半鮮奶油加入咖啡時，也改變了口感，抑制了使咖啡味苦的鹼化合物。

pH值由略酸的五．○改變為較不酸的六．○，變化雖小，但咖啡的pH值往上移了一格，這表示它的酸度降低了十倍。因此在咖啡中加乳脂變成了酸度低十倍的乳味飲料。

你喜歡的許多食物都是酸性的，很可能使某些人罹患慢性胃疾。你喉嚨的組織無法承受湧上你胸部pH值達一．○的胃酸，因此你可以服用制酸劑，這種鹼性的胃藥可以緩衝酸，達到較高的pH值，使你的胃不致覺得灼熱不適。

酸的感覺

低濃度的酸嘗起來是酸味，高濃度就有觸覺的反應：這是刺激味道。在你嗅聞時，傳送疼痛和觸覺的三叉神經可以察覺到無味的酸。如果你深吸一口醋的味道，就會體驗到這種感覺。

我喜歡把義大利陳年葡萄醋調成甜酸糖漿，灑在草莓、冰淇淋和燒烤的蛋白質如鮭魚或豬肉上。但若我加熱太快，讓揮發物質逸出，就會感到它經過我的鼻道。即使我聞不到，也一樣可以察覺。

《感官小點心》

酸的義大利文是argo，在美國，這個字是指氣呼呼的人。

酸或不酸：進退兩難的關係

在麥特森食品實驗室，我們和基本味道中的酸味關係複雜。我們需要高量的酸度，讓食物不致產生微生物，比如罐裝莎莎醬、番茄醬，和義大利紅醬的酸味，讓食品公司可以在不需要冷藏的情況下行銷這些食品。

酸能提味，在許多菜色中都廣受歡迎，但酸味很難遮掩。有時你不希望有它的味道，除非是為了食品安全，避免大腸桿菌或沙門氏菌等壞菌的侵襲。

問題是並非所有的味道都可和酸味調和，比如巧克力、咖啡，或者如牛奶這類乳脂的食物。要製作不必冷藏而可販售的巧克力奶，就必須要加酸——但這會使它變得味道很怪，而一般人通常不會買怪味道的食品。因此我們寧可大費周章耗費力氣和金錢，在無菌室消毒耐貯存的巧克力奶、豆漿，或米漿，或者把它們製成罐頭貯存。對原本就已經是酸味的番茄醬汁或柳丁汁，則不用如此。

釀酒師和果醬製造業者會平衡甜和酸度。原本酸就高的調味料則經常以鹹味（比如芥末和辣醬）或甜味（比如泰式酸辣醬）作為平衡。果汁酸味很高，但可以由甜味平衡。

如今稱作**調酒師**的酒保就很擅長以其他基本味道來平衡酸味。他們用酒精的苦作第甜和酸味的第三種對比點，以美國最流行的雞尾酒瑪格麗特（以龍舌蘭酒、橙酒和青檸檬汁調製而成）為例，要是沒有龍舌蘭酒的苦，這酒就會甜得膩人，酸得難受。

酸和鹹味

有些酸味嘗起來鹹，有些鹹味嘗起來則酸。我們常混淆兩者。科學家證實我們常把鹹當成酸，酸當成鹹，是因為它們在味覺受器所感受的方式。

羅傑和我到佛羅里達嗅覺與味覺中心時，測驗了我們舌頭上某些部位的味蕾功能的好壞。研究人員用沾了酸味溶液的棉花棒「塗」在我們舌頭上不同的部位，有些地方嘗到酸味，有些地方卻嘗到鹹，這是因為酸味和鹹的基本味道感受的方式都一樣：透過一個管道。而甜、苦，和鮮味的感受方式則像鑰匙插到鎖孔一樣：分子符合受器。或許因為鹹和酸味感受的機制相類似，因此酸味可以加強鹹味，反之亦然。黛菲納餐廳的主廚史托爾就以酸味來提升他食物的濃度。

「你在沙拉醬汁裡不斷地加強鹹和酸味，直到它的風味漸強，」他說：「如果要形容我們的菜色，那就是深度和亮度。」他的意思是指酸度。「我們大部分的菜色都有一點酸作為平衡，其中有些隱藏不露。我們的醬汁往往是以醋醬作為收尾。在我們作羊腿時，會製作羊肉汁，減少它的分量，等要上菜時，把肉汁加熱，再加上四分之一或半盎斯的雪利酒醋汁。」史托爾的烤雞和滑潤的橄欖油馬鈴薯泥也採用同樣的作法。但他提醒說，如果你嘗得到醋味，他的廚師就加太多了，他加醋不是為了醋的風味，而是要取用它基本味道中的酸味，這能使食物清新。酸是使食物更讓人垂涎的簡單方法，不過只能在五味中酸味的小範圍。

測量方式——pH值

酸的經典搭配：甜＋酸味

◉例子：如中國菜的糖醋雞丁，豬肉

◉爲什麼合適：這道菜如果做得好，魅力簡直難以抗拒，但若做不好，甜味就可能太膩。甜味帶出巧妙的肉味，而酸味則爲整道菜（通常都是先炒再加醬汁）提味。

酸的經典搭配：酸味＋脂肪

◉例子：沙拉醬／油醋醬汁

◉爲什麼合適：醋的辛酸需要緩和的對比。雖然基本味道的其他味道效果也很不錯，但有時需要脂肪包覆稜角。沙拉醬就是一例。

酸的經典搭配：酸＋鹹味

◉例子：泡菜

◉爲什麼合適：泡菜是靠酸保存，在酸泡菜裡加鹽，不但能平衡酸味，也能壓抑蔬菜裡可能有的苦味，比如小紅蘿蔔或甜菜。

酸的經典搭配：酸＋辣＋鹹味

◉例子：塔巴斯科辣椒醬、醃墨西哥辣椒（pickled jalapeno）、是拉差辣椒醬

◉爲什麼合適：辣椒醬是靠酸保存，因爲它們用量很少，因此你希望它們有強烈的風味。酸和鹹味就能給辣椒這種強度，也能平衡光有辣味可能太強烈的感受。

和酸相關的香氣：

◉柳丁 ◉醋 ◉檸檬 ◉釀造 ◉萊姆 ◉泡菜 ◉葡萄柚 ◉優格 ◉柚子 ◉發酵 ◉羅望子 ◉大黃

互動練習 22

品嘗你錯過的味道：排列飲料的pH值

你需要

- 可口可樂或百事可樂
- 柳丁汁
- 開特力
- 法布奇諾瓶裝咖啡飲料
- 牛奶
- 煮好的咖啡（不加奶精或糖）
- 清除餘味的蘇打餅乾和水

作法

❶ 這個練習的目的是要把飲料按pH值高低排列。

（答案見第二八〇頁）

Taste What You're Missing

互動練習 23 品嘗你錯過的味道：甜度如何改變酸味的感受

你需要

◉紙膠帶和彩色筆 ◉四個杯子 ◉兩杯水，另外再多準備一點水作清洗之用 ◉兩杯檸檬汁（現榨的最好，但任何一種都可用）◉一個不會和酸起反應的小鍋子 ◉量杯 ◉六湯匙糖 ◉湯匙 ◉清除餘味的蘇打餅乾和水

作法

❶用紙膠帶和彩色筆把杯子由一至四作出標識。

❷把水和檸檬汁放在小鍋內攪拌，量二分之一杯，倒入一號杯內，放進冰箱。

❸把剩餘的混合檸檬水以中火加熱約兩分鐘，不要煮沸，只要讓它熱到能讓糖溶解就好，但不要冒泡或煮沸（否則會使混合物濃縮）。

❹加兩湯匙糖，攪拌使之溶解。倒二分之一杯的混合水入二號杯內，放進冰箱。

❺再加另兩湯匙糖加入混合液體內，使之完全溶解。倒二分之一杯的混合水入三號杯內，放進冰箱。

❻再把剩下的兩湯匙糖加入混合液體內，使之完全溶解。把它全部倒入四號杯內，放進冰箱。

❼讓所有的檸檬水都冷藏一小時，再嘗它們的味道。

品嘗

- 先嘗未加糖的檸檬水（一號杯）。注意它有多酸。
- 用蘇打餅乾和水清除餘味。
- 按照越來越甜的次序品嘗其他三杯檸檬水，在每一次品嘗之間，都用蘇打餅乾和水清除餘味。

觀察

- 注意糖怎麼徹底改變你對酸味的感覺。
- 這四杯檸檬水都有同樣的酸度，換言之，其pH值是相同的，唯一等差別是糖的多寡，即甜度。

Taste What You're Missing

互動練習24 品嘗你錯過的味道：甜度和酸度的答案

第一部分答案

▲｜按照越來越甜的順序，飲料排列如下：

飲料	甜度
煮咖啡，黑	2.2°
開特力，任何口味	6.5°
可口可樂或百事可樂	10.8°
柳丁汁	12.6°
牛奶，二%	13.2°
法布奇諾瓶裝咖啡飲料	17.6°

第二部分答案

▲｜按照越來越酸的順序，飲料排列如下：

飲料	pH值
牛奶，二%	6.54
法布奇諾瓶裝咖啡飲料	6.51
煮咖啡，黑	5.08
柳丁汁	3.90
開特力，任何口味	2.93
可口可樂	2.67

※改編自Pairin Hongsoongnern和Edgar Chambers IV的報告

互動練習 25　品嘗你錯過的味道：隔離酸和鹼味

這個練習讓你了解不同的pH值在口裡是什麼感受。你要製作三種不同的鹽水溶液。我們採用鹽水是因爲鹼的元素小蘇打含有鈉。我們必須把等量的鈉加入另外兩個樣本，讓三個樣本的鹹味相等。

你需要

◉紙膠帶和彩色筆 ◉三個杯子 ◉量匙 ◉鹽 ◉量杯 ◉熱水 ◉小蘇打（碳酸氫鈉） ◉蒸餾白醋 ◉清除餘味的蘇打餅乾和水

作法

❶ 把一個杯子標識爲「pH值中性」，第二個杯子爲「鹼性」，第三個「酸性」。
❷ 製作中性的鹽水：把八分之一茶匙鹽加入「中性」杯內。加一杯熱水，攪拌至溶解。
❸ 製作鹼性的鹽水：把二之一茶匙小蘇打加入「鹼性」杯內。加一杯熱水，攪拌至溶解。
❹ 製作酸性的鹽水：把八分之一茶匙鹽加入「酸性」杯內，加上四分之一匙白醋，再加一杯熱水，攪拌至溶解。
❺ 先嘗pH值中性的鹽水。
❻ 用蘇打餅乾和水清除餘味。
❼ 接著嘗鹼性的水。
❽ 用蘇打餅乾和水清除餘味。
❾ 接著嘗酸性的水。
❿ 用蘇打餅乾和水清除餘味。

觀察

❶ 三杯樣品嘗起來都是鹹的。
❷ 酸性的水嘗起來有酸味。
❸ 鹼性水嘗起來會有點肥皂味，有點奇怪，那是因爲我們不常吃鹼性的食物。

Taste What You're Missing

Taste
What You're
Missing

第十二章

鮮

「我相信至少還有另一種和其他四種味道不同的味道。那是一種獨特的味道……來自於魚、肉，等等。」

——池田菊苗（Kikunae Ikeda）一九〇九年

「終於，這個味道有名字了」

大廚史坦．法蘭肯瑟勒（Stan Frankenthaler）不論是醒是睡，都花許多時間在思索食物。

「我太太老是因為我心不在焉，老是在想食物而不高興。」他說。

他自幼就愛烹飪，他的父母親會讓他為全家料理大餐。由少年時代一直到他由喬治亞大學畢業為止，他也一直擔任職業廚師，畢業後更在餐廳工作。一九八〇年代他赴美國廚藝學院（The Culinary Institute of America）進修，以第一名成績畢業。

之後，法蘭肯瑟勒往波士頓求發展，在幾家最有名的飯店和餐廳擔任廚師，包括艾美酒店（Le Meridien）、麗蒂亞．薛爾（Lydia Shire），和賈斯柏．懷特（Jasper White）旗下的餐廳等。他的廚藝獲得了有「餐飲界奧斯卡」之稱的詹姆士彼爾德（James Beard）獎美國東北區最佳廚師提名，等他開了自己的餐廳藍色空間（The Blue Room）和薩拉曼德（Salamander）之後，更因東西合璧的料理和出版了一本亞洲風味食譜而名聞遐邇。

鮮味是基本味道的第五味，也是亞洲菜的核心，但以亞洲菜色聞名的法蘭肯瑟勒卻一直到一九九〇年代初才聽到這個名詞。就和大部分的廚師一樣，他知道**那個味道**，卻難以用言語形容。

「那種情況幾乎像恢復知覺一樣。我一直都在做的東西終於有了一個定義，口傳的定義。我的感覺比較像是：『喔，現在它有名字了。』」他說。他**終於有了可以形容那個味道的名詞**。

英語是非常豐富的語言，有許多日常生活用不到的生字，但在其他語言可以用一個字畫龍點睛道破一個觀念時，英語卻常讓人失望。法文字terroir（風土）就是個典型的例子，這個字在法文意思是「土壤」，它傳達的意思很多，很難想像七個字母能包含這麼多樣的意思。

terroir指的主要是釀酒葡萄（也包括其他農作物）生長的特定條件。地理環境會影響葡萄由發芽到果實成熟的氣候，比如溫暖的天氣會結出較甜的葡萄，可能會釀造出風味較強烈，酒精度較高的葡萄酒。地理環境也會因土壤、培養菌種，和耕種技巧的不同，造成釀酒方式的差異。基本上，terroir代表的是使葡萄嘗起來是它味道的精華，以及葡萄釀出它酒味特色的原因。

法國人**懂葡萄酒**，他們有完美的字彙形容葡萄酒，讓他們徹底地了解它，而如果用英語，就需要一整個段落才能解釋同樣的概念。

日本人懂umami，就如同法國人懂terroir這個字一樣。**他們了解它的精髓**。使用英語的人不像他們從小就常常聽到「鮮」這個字，而這個字也不像「**我的甜心**」、「**苦藥難吞**」、「**世上的鹽**」（salt of the earth，源自聖經馬太福音，意為社會中堅），或「**酸葡萄**」那般融入日常口語。鮮味是一種難以形容、更難辨識的味道。

大自然裡有三種鮮味化合物：麩胺酸、肌苷酸二鈉（disodium inosinate）、鳥苷酸二鈉（disodium guanylate）。

英文用來表達鮮味的字只有savory（美味）、meaty（肉味）、brothy（肉湯味），和full（飽滿），可是這些字描寫得不夠正確。不用鮮這個字來形容鮮味，就像不用鹹這個字來形容鹹味一樣——就算你說它有鹽水、金屬、礦物、石頭味，或者說它美味，但就是無法表達鹹這個基本味道。鹹就是鹹，不能用其他字來代替，其他四種基本味道也一樣，苦嘗起來就是苦味，甜就是甜味，酸就是酸味，鮮……就是鮮味。我們形容它有肉或肉湯味，因為鮮味是它們主要的味道。

一般認為鮮味代表有蛋白質，因為許多鮮味高的食物都是蛋白質。營養不良、缺乏蛋白質的受測者往往也比營養充足的受測者更愛鮮味高的食物。有些科學家依舊認為鮮味不該視作基本味道，不過我卻認為它是我們可以很明顯用舌頭嘗到的味道，和其他四種基本味道不同，我們有它的受器，而它也以其他味道無法達到的方式，增添食物的可口。在我看來，這就足以構成味道之星的一角。

鮮味的魅力

鮮味使食物更加美味、豐富、滋潤。它是生肉和熟肉之間深遠潤澤的差別。牛絞肉嘗起來新鮮爽口，但除非你加點調味料，它才會有鮮活的滋味，比如韃靼牛肉（Stake Tartare，生牛絞肉上加一個生蛋黃，旁邊擺上各式香料）。但烹調過的牛排——光是炭燒，什麼都不必加，就已經教人垂涎欲滴，它既鹹又肥潤又有牛肉味，還有其他的味道。那其他的味道就是鮮味。

當你在壽司店裡把米飯和生魚片浸到醬油裡時，想要得的就是鮮味，可不要沾太多，不然就會被當成土包子。發酵的黃豆讓魚在淡淡的鮮味之外有了更深一層的風味。如果你不在意師傅的白眼，可以試試在壽司或生魚片上加點鹽，雖然能增加風味，但卻喪失了醬油在鹹味之外所提供的鮮味。

吃比薩或義大利麵食時灑帕馬森起司粉，為的也是它的鮮味。陳年的帕馬森起司本身就有豐富的麩胺酸，幾乎可以單吃，它能增添義式食物的風味，讓我們渴望它的美味。

該要注意的是鮮味和鹹味之間的區別。上述許多富含鮮味的成分（肉、醬油、帕馬森起司）也有鹹味，這未必是巧合。科學家認為麩胺酸鈉（味精）、肌苷酸二鈉，和鳥苷酸二鈉中所含的鈉會和麩胺酸作用，使食物更鮮美。不論這鮮味究竟是如何發生的，區別鮮味和鹹味都很重要。最簡單的區別法就是完成本章末的「區別鮮味」練習，採用的是味精。我跟非食品業的朋友說我們什麼都不添加，單只嘗味精時，他們都擔心會頭痛，這是典型的中國餐廳症候，公認是因為攝食味精所造成，不過並沒有研究證實。其實味精就和鹽一樣，它們原本就在，你天天都在攝食，只是光吃它們很奇怪，除非你在作食品科學書上的練習。

味精和其他的鮮味形式和鹽一樣，自然地存在食物之中。各種各樣的蛋白質都含有麩胺酸，包括肉類、起司、雞肉，再加上如番茄、蘑菇和黃豆等數種蔬菜，兩者截然不同，但相輔相成，都天然存在食物之中，經過提煉精製，作為調味料。亞洲食物經常使用味精，不過西方飲食偶爾也會用，只是消費者和食客不知道而已。

一九〇九年，日本的一位教授池田菊苗發現麩胺酸鈉是和其他四種基本味道不同的另一種獨特味道，因此創立名為味之素（Ajinomoto）的公司，製造味精，並把它當成調味料行銷。用味精調味其實和用精鹽並無不同，但為了某種原因，我們卻視味精如寇讎，避之唯恐不及。這恐怕是因為我們對味精所知不多的關係，適量的味精就像鹽一樣，其實不用擔心。

大部分的文化都吃含有麩胺酸的食物，有些吃的比較多。一個測量各國居民麩胺酸「每日攝取量」的研究發現，美國人平均每天攝取五百五十毫克的麩胺酸（從每公斤食物中），相較之下，如日、韓等亞洲國家每日攝取量達一千二至一千七毫克，是美國的兩至三倍。

科學實驗已經證明美國受測者感受鮮味的能力和日本受測者一樣好，不過這個實驗測的是感覺而非辨識的能力：亦即人們可以感受到它的味道，但未必可以用文字或其他方式形容出來。這個測驗是在一九八〇年所作，早在鮮味的觀念成為主流之前。早在我們知道鮮味是什麼之前，就已經可以體會覺察它的存在。

一直到二〇〇〇年，科學家才辨識出我們舌頭上對鮮味起反應的受器。這個發現發生在美國，讓美國人終於能對鮮味的歷史有所涉獵。由於亞洲料理越來越受歡迎，因此西方國家對鮮味也越來越熟悉。但其實大部分的文化千百年來早就以鮮味成分調理食物。考古學家在古羅馬遺址就發現魚醬（garum），這是發酵的魚露，在凱薩大帝的時代就已經用作調味料，一如當今的亞洲國家使用魚露一樣。

五大洲的第五味

可以稱得上鮮味的食物包括帕馬森起司、烏斯特黑醋醬（Worcestershire sauce）、培根、維奇蔬菜醬（Vegemite，澳洲產的一種食物醬）、蘑菇、番茄醬、鯷魚（anchovies，凱撒沙拉中鮮味的來源），和美極（Maggie）鮮醬油。

紐約名廚張大衛（David Chang）是「桃福」（Momofuku, Säm and Ko）系列餐廳的主廚兼經營者。多年前他注意到義大利和西班牙人稱讚自家的火腿，卻毫不欣賞同樣費工夫製作的美國南方醃火腿。張大衛製作再調理的維吉尼亞火腿堪稱一絕，值得頒發飲食界的愛國勳章。除了火腿（富含麩胺酸）之外，他的菜色深受亞洲影響。最近他發現了東西之間的另一種相似之處，這回是亞洲鮮味之王醬油，和歐洲常用的美極鮮醬油。他開設的新餐廳Má Pêche，每張桌子上都放了一瓶美極鮮醬油，此舉既聰明而不做作，深得我

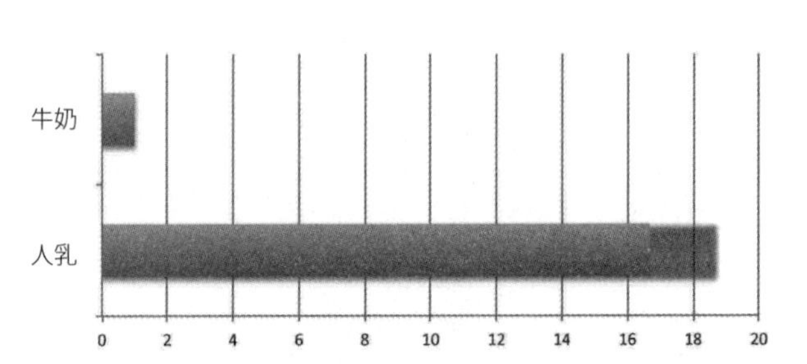

※資料來源：國際麩胺酸資訊中心（International Glutamate Information Service）

心。美極原產於瑞士，號稱「為餐點添加風味」，如今為雀巢旗下，行銷全球。它和醬油有同樣的稠度，也有同樣豐富醇厚的鮮味。不過醬油的美味是來自其釀造過程，美極卻毫不避諱地列出其成分包括肌苷酸二鈉和鳥苷酸二鈉——地球上三種純鮮味中的兩種。

早在我們認識鮮味，或者該說，早在我們有所知之前，就已經接觸到鮮味。人乳富含鮮味，遠高於牛奶。然而我們最初的鮮味體驗卻是在子宮裡——羊水富含麩胺酸，在呱呱墜地之前，我們名副其實是飄浮在鮮味裡。

鮮味如何運作

當食物的大分子分解成較小的分子時，會充滿風味而產生鮮味，這樣的分解往往是由於烹飪、發酵、乾燥或是熟成（aging）而來。想像你含住一顆直徑達兩吋的小番茄，當它還是一整個的時候，你嘗不到什麼味道。除非你把它咬成小塊，讓它釋出濃厚的番茄風味，否則你根本不知道它有什麼味道。這就像肉還是生的，或者起司才剛製作完不久的情況：它們的蛋白質分子很大，沒有什麼味道。等肉熟成並且烹煮，或者等起司熟成之後，蛋白質就分解成小塊，而它越小塊，風味就越濃烈。

我初次發現在帕馬森起司之外還有多種熟成起司可以選擇時，有點瘋狂地買了半輪年齡達三年的高達起司，招待晚餐佳賓。這起司顏色深暗，幾乎呈橘色，內含結晶狀的顆粒。在它熟成的這三年裡，蛋白質的大分子已經分解為風味較濃厚的較小分子，而這些結晶就是象徵年齡的胺基酸，因此鮮味十足。這起司氣味非

鮮味的來源	鮮味來自……	其他隨之而來的風味、味道，和感官特性
醬油	發酵、熟成	鹹，葡萄酒的特性
番茄糊	成熟和烹調	甜、鹹
烏斯特黑醋醬	發酵	酸、果味、釀造味、略鹹、略辣
維奇蔬菜醬	發酵	明顯的鹹味、土味、如啤酒般的深巧克力色
魚露	發酵	鹹味、魚腥味
羽葉甘藍	自然產生的麩胺酸	海鮮味、鹹味、蔬菜味
番茄醬	成熟和烹調	甜、鹹、溫和香料味
鯷魚	發酵	鹹味、海鮮味、魚味
番茄乾	乾燥	甜、酸
乾香菇	乾燥	土味、蔬菜味
培根和火腿	醃漬	肉味、鹹味、豬肉
起司，尤其是帕馬森起司	成熟，熟成	鹹味、堅果味、肉味、奶味、甜味
新鮮番茄	成熟	甜、酸

常濃烈，嘗起來簡直如肉味那般鮮美。當時我還沒學到的一課是，當食物鮮味極高時，只要一點點就已經足夠。我的客人只品嘗一小塊，就為它醇厚的風味而驚艷，不需要像吃如馬茲瑞拉（Mozzarella）起司那種時間較短的起司那樣吃一大塊。因此一年之後，我依舊還有一大塊高達起司。由於它繼續熟成，因此我每次招待客人，它的味道就越來越醇厚，直到我自己和周遭的朋友都受不了那已經有四年歷史的高達起司為止。

在美國，市面上所售的大半是半軟質起司，比較新鮮的種類，如馬茲瑞拉和切達(cheddar)起司。起司在熟成之際產生鮮味，因此這些新鮮的起司就像兒童一般，只是它們未來可能發展成果的一個縮影。因此我們吃比薩、塔可（taco，脆玉米餅包牛肉青菜餡），和三明治時所配的這些起司，除了鹹味和富含脂肪的口感之外，沒有什麼其他味道。如果把這些味淡的新鮮起司換成鮮味濃烈的陳年起司，只要用一丁點就風味十足：這對食客是雙贏的好事：你可以少攝取一點熱量，卻得到更多風味。

酒不醉人人自醉

關於鮮味，一個有趣而教人困惑的現象是人喜愛鮮味高的食物——可以說達到渴望的地步，但我們卻並不真正喜歡光是鮮味而已的味道。在你做本章末尾的分辨鮮味練習時，就會發現光是鮮味其實並不怎麼可口，甚至可說奇特。

雖然光是鮮味嘗起來很奇怪，但當它在食物中自然產生（或是人為添加）後，就像幾杯黃湯下肚，看到的都是美人一樣，有它在的所有食物都變得更可口：肉味、鹹味、鮮味、美味。味之素公司的山口靜子用「**滿口感**」（mouthfulness）來描述鮮味的感官效果，形容得恰到好處。鮮味讓你口中的風味充滿了深度，讓你的嘴裡充滿了比食物所含味道更多的滋味，有的人把這種滿口感稱為「圓潤」，比如「**那個帕馬森起司有一種可口、圓潤的風味**。」

研究證明，如果其他滋味都一樣，人愛喝麩胺酸較高的湯，另外也有研究顯示，在食物中添加鮮味（該實驗添加的是味精），可讓體重低於平均的孱弱老年病患覺得食物較可口，讓他們多吃以增重。它能促使唾液分泌，許多老年人的唾液減少，而唾液是品嘗食物完整風味所必須的要素。另外，鮮味也提升人體的免疫功能，很可能是因為它使食物更可口，讓食客開心滿意，因此更健康。

味精可以讓人吃多一點，但在富裕國家中身高體重指數（Body Mass Index，簡稱ＢＭＩ，一種健康指標）

最低的日本人攝取的味精、肌苷酸，和鳥苷酸，卻是美國人的兩至三倍。他們理直氣壯地加入食物中，可是只有三％的日本人口算是肥胖，美國的肥胖人口卻達三四％。說不定日本人由富含鮮味飲食中所嘗到的滿口感，讓他們能吃得少一點，卻無損於感官的滿足。

鮮味值

「我想到在你渴望某些食物時，說不定鮮味就是你真正想要的元素。」洛杉磯鮮味漢堡（Umami Burger）的創辦人亞當・佛萊許曼（Adam Fleischman）說。「在美國，比薩和漢堡是大家最渴望的食物，而我們的漢堡有最多的鮮味，也有最平衡的鮮美風味。」他向我解釋自己怎麼會開一家以鮮味為重點的餐廳。

的確，義大利臘腸（pepperoni）是舉世鮮味最豐富的食物之一，加上成熟番茄所烹製的番茄醬鮮味十足，馬茲瑞拉起司也有（一點）鮮味，醃臘腸同樣有鮮味，再灑上一點陳年帕馬森起司粉，就讓這鮮味珍饈十全十美。

「我想要盡量把最多的鮮味塞進漢堡裡，因此我研究富含鮮味的食物，想出如何製作味道最鮮美的漢堡。」佛萊許曼說。

這家連鎖店的招牌項目是「鮮味漢堡」，用一塊現絞的牛肉，上面是燒烤新鮮香菇，烤番茄、煎得焦香的洋蔥、店家自製的番茄醬，和出乎意料之外的脆煎帕馬森起司，佛萊許曼稱這個漢堡為「鮮味×6」。

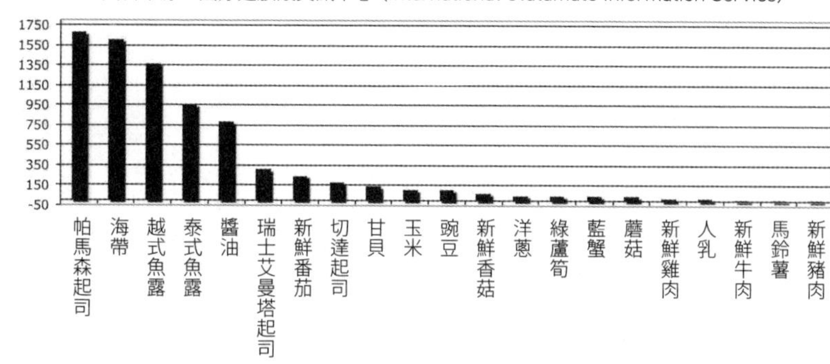

我的鮮味漢堡放在一個大橢圓盤子上送來，沒有盤飾，也沒有配菜，只有主菜漢堡，它是你注意力的中心。而的確，它是你豐富而精彩的感官經驗。不過這漢堡本身並不大，而且老實說，我還因為它的體積這麼小而大吃一驚。在我的飲食生涯中，吃過許多比這大得多，餡料也豐富得多的漢堡，比如在紐約市米內塔酒館（Minetta Tavern），我只吃得下一半的漢堡，還得努力和剩下的半個漢堡搏鬥。這家酒館以招牌的雪花牛絞肉和熟成的肋眼、側腹橫肌牛排、牛腩等聞名，在烹調之前就已經幾乎達九盎斯（約兩百八十克），鮮美肉香，因為牛肉先經過熟成才絞碎。不過它實在太大了，搭配焦香的洋蔥佐食，教我恨不得自己是大胃王。「鮮味漢堡」店裡的漢堡烹調前是六盎斯（約一百八十八克），雖然體積不大，但味道卻很豐富。

鮮味的滿口感帶來的感官滿足與眾不同。以法式廚藝為基礎的日本料理和西方烹飪主要的區別之一，就是日本食物並不那麼仰賴脂肪來傳送味道，這個任務是交由鮮味負責。日本廚師運用各種鮮味的組合，除了醬油之外，他們還用昆布製作高湯（dashi，出汁，だし），用作味噌湯和拉麵的湯底。昆布可能是海中鮮味最高的烹飪材料，就像帕馬森起司的是陸地上鮮味最高的材料一樣。

用鮮味創造驚艷的風味

兩位新銳廚師強．薛克（Jon Shook）和維尼．杜托洛（Vinny Dotolo）在洛杉磯開設了一家「野獸餐廳」（Animal）。杜托洛曾形容豆腐有小牛腦的質地，還開玩笑說要把豆腐燒肉列在野獸餐廳的菜單上，這話教我覺得非嘗嘗他們的菜不可。

除了豬尾巴、鵝肝、各式香腸和五花肉之外，野獸餐廳還有一道奇怪的魚料理，叫作油甘魚脆片（hamachi tostada），菜名聽來倒是十分清爽，在一片墨式玉米薄脆餅上高高地堆著新鮮高麗菜、香草、洋蔥和油蔥酥。羅傑、我姊姊和我已經吃了三、四道葷菜，正因有酥脆而爽口的青菜可以換換口味而高興，沒想到一口咬下，根本不是我們料想的素簡魚味，這道貌不驚人的菜以雷霆萬鈞之力震撼了我們的世界，而究其原因，就在於鮮味。

杜托洛和我談到這道菜，他和薛克原是為了一場晚會設計的。杜托洛想道：「什麼樣的食物可以風味十足，卻又清爽？」因為晚會時間較晚，他不想用五花肉，也不要用大家都料到的紅肉來作食材，而這道油甘魚所製作的菜色，既融合了新鮮的白肉魚，炸得酥脆的墨式薄餅，以及爽口的青菜，再加上魚露香醋汁，恰恰說明了鮮味豐富的食材（如此道菜中的越南酸味魚露）如何把不同的成分融合為一，不需要豐富或高脂肪，也一樣能有豐富的滋味。

製作魚露時，要以重鹽醃漬小魚，再加上糖，然後等它們發酵兩個月到兩年。在這段期間，魚會發出教人尷尬的惡臭。一九九七年我赴曼谷旅遊，就在湄南河遊船上聞到一股怪味，讓我不由得疑心是否同伴的問題，然而味道越來越濃，這時導遊指著河邊的魚露醬工廠，當時已經臭氣沖天，大家都用任何可以找到的東西拚命摀著鼻子。

等魚露完全發酵、精煉、裝瓶之後，依舊還會有一些氣味，但廚師用魚露並不是為了它的氣味，而是為了它在發酵過程中產生的高量鮮味。通常廚師添加的量都極少，讓你根本不知道你的湯、燉菜，或醬汁裡竟含有腥味的調味料，只注意到它的圓融、完滿，美味。

鮮味之母

在日本，許多醬汁都會用到醬油、味噌，和出汁（昆布湯底），這些成分都是游離麩胺酸的來源。東南亞菜的鮮味來自魚露，中國菜的鮮味則來自海鮮、牡蠣、豆豉和香菇，它們全都富含麩胺酸。

烹飪學校的學生一開始就會學到怎麼製作高湯，後來也會學到怎麼做基本母醬：白醬（béchamel）、褐醬（espagnole）、天鵝絨醬（velouté）、荷蘭醬（hollandaise），以及紅醬（tomato）。這些基本母醬是法式經典料理的基礎，而其中三種的風味來自於鮮味也絕非巧合。天鵝絨醬和褐醬是先以肉骨熬製的高湯開始，這個小火慢燉的過程會由動物蛋白質中釋出麩胺酸。至於以番茄製作的紅醬則含有番茄原本就有的鮮味，經過濃縮之後會在烹調過程中進一步發揮。根據把飲食現代化而於一九〇三年成為舉世第一位名廚的法國廚師艾斯克菲爾（Georges-Auguste Escoffier, 1846-1935）在《烹飪指南》（*Le Guide Culinaire*）所述，如今我們以為是牛奶和奶油所調製的白醬，原先用的也是小牛肉。

番茄中主要的游離胺基酸就是麩胺酸，而番茄中也含有ＩＭＰ（肌苷酸）和ＧＭＰ（鳥苷酸）。在番茄成熟之時，麩胺酸的成分（也就是鮮味）就增加，就如在烹調、乾燥，和加熱過程中時一樣。因此美國人食用的番茄有四分之三都是已經加工過的，也就不足為奇：烹煮、罐頭、製成比薩醬、莎莎醬、果汁，或番茄醬，全都富含麩胺酸。其實我們吃的食物中，要是沒有番茄的調味，許多都會變得只有些許吸引力，比如炸薯條就是以沾番茄醬為食，因此鮮味十足。

如何讓食物有鮮味

如果你想要讓食物有更多風味，只要做個簡單的改變：用味精取代一點鹽。我好大的膽子，竟敢做這種建議？其實此舉並不如表面上那般瘋狂，味精也含有讓食物點石成金的鈉，但又比鹽多一項好處：它含有鮮味，因此你可以添加同樣的鈉量，卻得到兩種味道。

當然，把味精灑進食物裡總教人不安，比較自然的方法是效法野獸餐廳和鮮味漢堡的作法，採用富含麩胺酸的食材。比如用雞或牛骨高湯來取代水，用醬油或魚露來取代鹽。用煮過的菇類、番茄或熟成的起司來點綴你的菜，你就可以享受到一舉兩得的好處。鮮味就像加了時間和耐心，融合菜裡的各種成分，當你在調和或分離食材時，要記住這一點。

缺乏平衡的鮮味太沉重

鮮味太重的菜就像太甜的菜一樣，嘗起來不夠平衡。鮮味由於味道太豐足，因此使用過度時就會顯得太沉重。比如人們常用「濃郁」一詞來形容醬汁，這時麩胺酸已經濃縮成十分少量。但若你嘗一道主菜、湯或醬汁時，味道濃到讓你想擠一點檸檬汁在上面，恐怕鮮味就太高了。用來壓抑過高鮮味的，往往是酸，壽司常配醃漬薑片，漢堡和三明治夾有醃黃瓜，也就是這個道理。

當你在烹調或品嘗食物時，腦海裡不妨想像基本味道的五星圖，這五種味道必須要平衡，鮮味也一樣。如果鮮味太強，菜的味道就太滿、太厚、太沉重，味道毫無特色，難以分辨——不是好事。如果你要的是整體鮮味的效果，那麼做出鮮味的菜色倒無妨，但如果主廚在菜單上列出的是龍蝦濃湯，他希望的恐怕是凸顯龍蝦的味道，這時鮮味過重，就會遮掩其原汁原味。你付高價不是為了要嘗鮮味，而是為了那龍蝦的精華。但另一方面，若一道菜——比如湯，缺乏鮮味，你只要嘗一口，就會渴望池田菊苗、法蘭肯瑟勒，和杜托洛都懂得的那種味道。

Umami **鮮**

測量方式——游離麩胺酸

鮮的經典搭配：雙倍的鮮味

◉例子：烤起司三明治和番茄湯

◉爲什麼合適：起司的鮮味和番茄湯的鮮味相輔相成。烤三明治的脆邊完美襯托湯的滑潤乳脂口感。

鮮的經典搭配：雙倍的鮮味

◉例子：法式洋蔥湯配瑞士葛瑞爾（Gruyère）起司

◉爲什麼合適：起司的鮮味和洋蔥湯的鮮味相輔相成。

鮮的經典搭配：雙倍的鮮味

◉例子：培根、生菜，和番茄三明治

◉爲什麼合適：清爽的鮮味和番茄的甜味與培根的鹹和鮮味搭配完美。生菜和土司微脆的口感讓鮮味發揮得淋漓盡致。

鮮的經典搭配：雙倍的鮮味

◉例子：漢堡夾起司

◉爲什麼合適：雖然漢堡裡什麼都可以夾，但起司卻是自然的搭配。乳製品的芳香和牛肉的肉味合作無間。如果你用熟成起司，就可以讓你的漢堡達到「鮮味漢堡」店內美食的地步。

鮮的經典搭配：鮮＋酸味

◉例子：漢堡夾醃黃瓜；壽司（沾醬油）配醃漬的醋薑。

◉爲什麼合適：鮮味如果沒有其他味道調劑會顯得厭膩。醬油（或其他日本經典醬料如日式柑橘酢［ponzu］、照燒醬、味噌）都由醃菜的酸烘托，兩者相得益彰。

和鮮相關的香氣

◉肉 ◉釀造 ◉霉臭 ◉蘑菇 ◉蔬菜 ◉高湯 ◉發酵 ◉雞 ◉泥土 ◉葷腥 ◉美味 ◉巧克力 ◉牛肉 ◉洋蔥

互動練習 26

品嘗你錯過的味道：區分鮮味

做這個練習必須要買純鮮味——味精，在美國可以在超市的香料區買到Accent。由於味精含鈉（麩胺酸鈉），因此你要比較的是它和沒有鮮味的鈉之間的差別，而那就是鹽。你可以用任何一種鹽做這個練習，但各種鹽的鈉含量略有不同，美國常見的是Morton鹽，下面就以此種鹽作代表。如果用別種牌子的鹽，就要確定你嘗的每一種混合物用的鈉一樣多。

你需要

◉量匙 ◉精鹽（未加碘） ◉兩個液量量杯 ◉味精 ◉溫水 ◉嘗味道用的湯匙 ◉清除餘味的蘇打餅乾和水

作法

❶把八分之一茶匙的鹽倒入第一個杯子，再把四分之三茶匙味精倒入第二個杯子，兩個杯子都加溫水至三分之二杯處，各用乾淨湯匙攪拌至完全溶解。

品嘗

- 先嘗鹽水，嘗起來應是鹹味，如溫暖的海水。
- 用蘇打餅乾和水清除餘味。
- 接著再嘗鮮味水。你會嘗到如鹽水一般的鹹味，但還有另一種味道，那就是鮮味。注意它比鹹水更有肉味，更像肉湯。也注意這種味道怎麼塡滿你的口腔，並且持續更長的時間。這些就是鮮味爲食物增加風味的特色。

討論

- 鮮味（以游離麩胺酸的形式）在如牛肉、帕馬森起司、蘑菇和海帶等食物中自然產生。
- 鮮味也是湯、番茄醬、醬油，和魚露中不可或缺的風味。
- 現在看看你嘗這些食物時，能否辨識出鮮味。

Taste What You're Missing

互動練習27 品嘗你錯過的味道：品嘗鮮味

你需要

◉天然釀造醬油（龜甲萬等）◉維奇蔬菜醬 ◉烏斯特黑醋醬 ◉番茄醬 ◉發酵魚露（泰式或越式）◉帕馬森起司粉 ◉小缽或小碗 ◉嘗味道用的湯匙 ◉清除餘味的蘇打餅乾和水

作法

❶讓所有食材都維持在室溫，因爲室溫下你才能察覺到更多的揮發氣體。

❷把每一種食材都分一點放在一個小缽或小碗內。

品嘗

- 觀察並品嘗每一種成分，並注意每一種食材有哪些基本味道。
- 注意任何氣味或刺激味道。
- 每次嘗味道前要先清除口腔餘味。
- 接著重新再嘗每一種食材，專注在每一種食材中的鮮味上。

討論

- 你會用哪些字來描述鮮味？
- 氣味會爲鮮味添加什麼效果？
- 你喜歡哪些材料？爲什麼？

Taste What You're Missing

互動練習28 品嘗你錯過的味道：熟成和烘烤對鮮味的效果

你需要

◉新鮮起司（不要煙燻的）◉熟成起司（至少十八個月）◉保鮮膜 ◉新鮮羅馬番茄，每人兩個四分之一塊 ◉新鮮義大利褐色蘑菇（crimini mushrooms），每人兩個半塊 ◉鋸齒刀 ◉烤盤 ◉清除餘味的蘇打餅乾 ◉水

作法

〈起司〉

❶把新鮮起司削成薄片，最好是一吋（二．五四公分）的方塊。用保鮮膜蓋起來。

❷把熟成起司削成薄片，最好是一吋（二．五四公分）的方塊。用保鮮膜蓋起來。

〈生羅馬番茄〉

❸把羅馬番茄切成四塊，去除籽和果漿，只剩果肉。

〈烤羅馬番茄〉

❹把剩下的羅馬番茄切成四塊，去除籽和果漿，只剩果肉。

❺放入烤盤，不加脂肪或調味料，直接以華氏四百度（約攝氏二〇四度左右）烘烤三十分鐘，放涼。

〈生蘑菇〉

❻把一半的蘑菇清洗乾淨，以縱面切半。

〈烤蘑菇〉

❼把剩下的蘑菇清洗乾淨，以縱面切半。

❽放入烤盤，不加脂肪或調味料，直接以華氏四百度（約攝氏二〇四度左右）烘烤三十分鐘，放涼。

品嘗和討論

- 先嘗起司：先嘗新鮮的，再嘗熟成的。注意熟成起司明顯的鮮味。
- 用蘇打餅乾和水清除口腔餘味。
- 接下來品嘗番茄：先嘗新鮮的，再嘗烘烤過的。注意烤番茄明顯的鮮味特色。
- 用蘇打餅乾和水清除口腔餘味。
- 接下來嘗蘑菇：先嘗新鮮的，再嘗烘烤的。注意烤蘑菇明顯的鮮味特色。
- 你能否區別起司、番茄，和蘑菇的鮮味？它爲這些食材的風味添加了共有的深度。

Taste What You're Missing

第十三章

脂肪──第六種基本味道，以及其他幾種候選的味道

我剛到麥特森公司工作時負責的一個產品是冷凍薯條。我們的新客戶希望能推出銷售給餐廳的冷凍配菜產品，而由於我在食品服務業的經歷，因此被視為合適人選。在開始腦力激盪之前，我得要先了解這種美國No.1配菜的一切。

有脂肪的食物滋味就是好

小時候，母親只有在特殊的日子才會自製炸薯條給我們解饞，只是她做的量總不夠我們吃。等我自己製作，才知道原因：做這道菜手續繁瑣，要切要煮要泡要炸還要再炸。因此許多餐廳都買已經切好略炸再冷凍的產品。我不知道這種餐廳用的商品是怎麼製作的，因此跑了一趟愛達荷州的科特維爾（Caldwell），拜訪冷凍薯條發源地辛普勞（Simplot）公司。一九六七年，農民傑克．辛普勞（J. R. "Jack" Simplot）和雷．克羅克（Ray Kroc）握手協定，供應薯條給業務蒸蒸日上的麥當勞，接下來就是一段黃金歷史，辛普勞也成了巨富。

在那精彩有趣的一天當中，我學到了馬鈴薯的去皮、烹煮，和冷凍過程，由農夫送來沾滿泥土的馬鈴薯，到它們裝上冷凍貨車送出愛達荷為止的一切。參觀了一九四〇年代的工廠之後，我風塵僕僕地回到博伊西（Boise，愛州首府）機場，警衛和售票櫃檯人員都對我投以狐疑的眼光，還有些人厭惡地皺著鼻子嗅聞。我的衣服有什麼不對嗎？還是我的髮型太短？我還檢查自己的牙縫有沒有菜渣。好不容易登機落座，我以為應該不會再有人對我側目而視，卻聽到周遭的人竊竊私語。「誰在吃炸薯條？」「我不知道機場有麥當勞。」「你有沒有聞到麥當勞的味道？」「唉，我真想吃薯條。」原來大家看我是因為我全身散發麥當勞的氣味。

有脂肪的食物滋味就是比較好。自有烹飪以來，人們都知道脂肪妙用無窮。在古希臘，亞里士多德就記錄了「肥滋滋」的味道，把它歸為鹹的對比，讓它在他的作品中有如鹽一般的地位。脂肪對食物的外觀影響深遠，光憑兩杯牛奶的外觀，你就可以知道比較白、比較不透明的那杯含有較高的脂肪；你也可以光憑牛排上的油花，知道哪一塊肥，哪一塊瘦。

脂肪影響食物的口感，使它們更滑軟細膩，讓它們的風味更持久。脂肪也影響香氣，把生馬鈴薯泥土、澱粉的味道變成眾人熟悉而渴望的味道，也就是我飛機鄰座所稱的麥當勞味。近年來感官科學家認為，在我們攝食脂肪時，可能還有別的作用，只是恐怕我們自己並沒有知覺。

許多研究人員認為我們可以嚐得出脂肪，因此脂肪應該算是一種基本味道。普度（Purdue）大學的瑞克·麥茲（Rick Mattes）說，「游離脂肪酸並不會啟動其他四種感官，似乎另有受體可以捕捉這些獨特的脂肪酸刺激。」更有說服力的一點是，他發現「如果把動物（老鼠）的味覺神經切斷，就會阻絕牠們對脂肪的反應，因此這個訊息似乎是由味覺系統所傳遞。」

這震撼了我對脂肪的了解。脂肪對食物的質地、外觀，和香氣顯然有驚人的功能。馬鈴薯經油炸之後，質地、外觀，和香氣都有了改變，刺激我們大腦中最古老的部分「爬蟲腦」，告訴我們這些可不是一般的馬鈴薯：它們富含熱量，而這是大自然讓我們天生喜愛、滋養我們的養分（或許今天已經過度滋養），可是我從沒想過脂肪有**獨特的味道**，這卻是麥茲想要證明的一點。

分離脂肪的味道和質地極其困難。你可以捏住受測者的鼻子不讓他聞脂肪的氣味，但**味覺是一種必須接觸的感覺**，要品嘗某種食物，它非得和你的舌頭接觸不可。因此**不可能品嘗脂肪而不接觸到它**。

為了區別脂肪與其他基本味道的不同，麥茲想用口香糖、澱粉，甚至奧利斯特拉（Olestra，寶鹼公司開發的人造油脂）模仿**脂肪的口感**。如果他能找到符合脂肪口感的物品，就能把脂肪的味道和它的質地區別開來，了解哪些受測者可以嘗出真假脂肪的差別。只是這點做來不易！

看看一九九〇年代想要販售零脂肪產品卻失敗的數百家公司就可得知，就連奧利斯特拉這種口感和脂肪十分接近的產品，放入口中的感覺也和脂肪截然不同。當今超市冰櫃裡沒有無脂肪冰淇淋是有原因的，脂肪的取代品和真正的脂肪有天壤之別。而由於無法創造口感和真脂肪相似的假脂肪，因此人們可以憑**觸覺**知道其差異，使麥茲的實驗受阻。

描述食物中的脂肪

（注意它們描寫的全都是口感，而非味道）

油滑

黏滯
油膩
油質
乳脂狀
鬆軟肥滑
柔軟飽滿
滑膩

我並不像一般人那麼討厭無脂的食物，因為我對脂肪口感比較沒有感覺。我喜歡冰淇淋，但並不像羅傑那樣，他對脂肪的喜愛出乎我的意料。他什麼都要加奶油(如果我不在)，耶誕節慶時直灌自製的蛋酒(生雞蛋、牛奶、蘭姆酒和糖，可加奶脂裝飾)，還大啖油花滿布的神戶牛肉。我因三叉神經受損，影響我對超肥食物的品味，教我羨慕羅傑可以品嘗高脂肪的荷蘭醬，但我卻無法感受到相同的味道。我們倆對脂肪影響食物質地的欣賞能力截然不同，不過有關PROP品味能力(比如旺盛品味者)和脂肪品嘗力的研究，卻顯示不同的結果。

主張脂肪也算一種味道的最佳論點，就是因切除味覺神經而不辨味道的老鼠，不再選擇富含卡路里的脂肪食物，因為牠們辨識不出這些食物和一般老鼠飼料的不同。刺激味覺系統就會刺激消化，因此我們在食道和腸內也像口腔內一樣有味覺細胞：為的是在食物出現之後，讓這些器官開始活動，這稱為消化的頭期階段，甚至在食物入口之前就已經發生。

我們需要脂肪酸的營養，但若藉化學方法把脂肪酸和油或固態脂肪區分開來，三五至四〇%的人口會覺得所得出的物質味道很可怕。但即使是這些對脂肪敏感的人，除了「噁心」之外，也找不出其他的詞形容這種味道。麥茲說這是我們有辨識脂肪味覺能力的另一個論點。脂肪酸膩人的口感可能就像教人不快的苦味一樣；兩者都是警告訊號：嘗到游離脂肪酸，就讓我們知道這脂肪已經變味了，不該再吃。

不過腐壞變味也可以藉由氣味得知。如果我們可以聞得出來，又何必用嘴嘗？目前這個答案還不得而知。我們對脂肪的味覺是研究的熱門題目，就像我們對如鈣等其他物質的味覺一樣。

渴望某種味道的真正原因

鹽使食物味道鮮活，但現代人吃的鹽是人體所需的兩倍。這種對鹹味食物的集體渴望會不會是因為我們錯置了對其他東西的欲望？我們點一杯鹹的番茄汁來配鹹味點心，是不是情有可原？（還有為什麼三萬呎高的人喝的番茄汁比平地的更鹹？上回你點帶有鹹味的血腥瑪麗雞尾酒，是在多高的高度？）

莫奈爾的研究人員托多夫認為我們吃鹹的食物，主要是因為我們渴望鈣質。血液用有兩種鈣，一種是游離鈣，另一種則是結合鈣。游離鈣對人體營養相當重要，食用鹽分時，就會使結合鈣游離出來，為人體所用。如果你吃的是低鈣飲食，吃了鹹的餐飲就會馬上覺得很舒服，因為你釋出了體內的一些結合鈣。

托多夫的研究證明缺鈣的婦女比攝取鈣質足夠的婦女更嗜鹹，他認為我們該把鈣也加入基本味道的表裡。他的團隊發現，老鼠有兩種品嘗鈣質的基因，我們還不知道人類是否也如此，但托多夫說：「很可能我們也有同樣的功能。」

舉世第一家味精公司味之素依舊還在對味道作廣泛的研究，不斷地尋找未來的增味劑。他們最近發現對鈣敏感的受器可以讓甜、鹹，和鮮味的基本味道更濃烈，這可以說明為什麼我們會演化出鈣的受器：讓含鈣豐富的食物吃起來更美味，好讓我們吃得更多。

若你想要體驗鈣的味道，可以有幾種作法。你可以到美術用品店去買白粉筆，塞住鼻子，舔舔看，它是純碳酸鈣（鈣的一種形式）。你也可以到健康食品店買鈣膠囊，打開一個，倒出其中的粉末，用手指沾著嘗嘗看。你會嘗到什麼樣的味道？不妨用托多夫的話說：**「蓋」**好吃。

高山上的香檳憂鬱

高山症是一種奇特的毛病，它似乎是無緣無故突然發作；就算你發作過（或者沒有），也不知道下回在海拔高處還會不會再發作。要避免使你虛弱的頭痛、嘔吐、疲勞和其他更糟的症狀，就是主動出擊，先服用乙醯偶氮胺錠（acetazolamide），藥名為丹木斯（Diamox）。公認在身體健康而適應水土時，這是預防高山症的最佳良藥。

一九八〇年代，史蒂芬・凱萊赫（Stephen Kelleher）服了乙醯偶氮胺錠，並且帶了六罐啤酒到高山上慶祝自己登頂，可是等他到了山頂，一開啤酒，卻大失所望：啤酒的味道「就像洗碗水一樣」。如果是我，可能會帶香檳登頂，不過不論你帶的是哪一種會起泡泡的飲料，只要你事先有服預防高山症的藥，那麼這些飲料的味道都會教你失望。這種藥阻斷了人體感受二氧化碳的酵素，因此凱萊赫的結論是：「山友要嘛就是不吃高山症的藥，要嘛就是別帶氣泡飲料上山。」這位愛喝啤酒的醫師稱這種現象為「**香檳憂鬱**」（the Champagne blues）。針對香檳憂鬱所作的研究讓我們了解到我們原來也可以嘗到二氧化碳的味道，就像我們可以感受到它的觸覺一樣。感受酸味的味覺受器同樣也會感受二氧化碳，發現這一點的科學家這麼寫道：

> 雖然二氧化碳會啟動感受酸味的細胞，但人類嘗起來，它卻並不只是酸味而已。二氧化碳（像酸一樣）不只作用在味覺系統上，也在其他方面有所作用，碳化最後的印象很可能是多種感官輸入的組合。不過碳酸水嘶嘶作響和刺激感通常被比擬為舌頭上溫和的酸味刺激，在某些文化中，甚至以蘇打水明顯的酸味命名。

他們指出，德國的蘇打水就稱為sauer Sprudel或Sauerwasser，兩者翻譯起來都是「酸水」的意思。

幾年前我在商展上看到一種名為「嘶嘶水果」（Fizzy Fruit）的產品，就像把二氧化碳注入水製作碳酸飲料一樣，把二氧化碳注入水果，我對這樣的創意大感讚賞。發明這個產品的人大概覺得，在葡萄之類的水果中添加新的感官體驗，應該會讓兒童在追求感官刺激之餘，也順便攝食水果，總比滋味更甜但缺乏營養的糖果好。但我頭一次嘗嘶嘶水果之後，卻敬謝不敏，它的味道不對。後來我發現它會讓我想到正要開始發酵的柳橙汁。或許我們演化到可以嘗出二氧化碳，以便覺察如存放過久的柳橙或番茄汁腐敗時才有的發酵氣泡。這種看法不但提供了生在生理上需要嘗出碳酸的原因，也說明了嘶嘶水果為什麼沒辦法取代糖果。

◀呼聲最高的基本味道名人堂候選人

科學界完全接受	明顯證據但尚未完全接受	（截至目前）資料不多，但有一些支持者	
甜	鮮味	厚味（kokumi）	焦磷酸鹽（pyrophosphate）
酸	脂肪	水	賴胺酸（lysine）
苦	鈣	金屬	多醣碳水化合物（Polycose）
鹹	碳酸	澱粉	氫氧化物（hydroxide）
		電	肥皂味
		礦物質	蛋白質

※我個人認爲鮮味屬於「已接受」一欄，但因爲許多科學家不認同，因此不得不列在科學界尚未完全接受一欄。

什麼是基本味道？

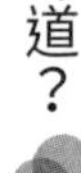

辨識基本味道就像辨識原色一樣，光譜中有許多顏色，但它們全都是由紅、黃、藍三原色組合而來。你看到綠色時通常並不會想：這是七五．三%的黃和二四．七%的藍，只把它當成綠色，因為你把所看到的事物融合在一起。視力是一種綜合的感覺，你所看到的訊息在你的大腦裡組合成為一個整體而非部分的知覺。

我們的嗅覺也是一種合成的感官。當你聞到一堆氣味時，你會把它們都混合在一起，變成「番茄」、「香蕉」或者「麥當勞」。儘管你很熟悉這個氣味，卻很難把個別的氣味挑出來。

另一方面，味覺卻是一種分析的感

官，因為我們能夠分析混合物中的基本味道。複雜的氣味較難分析，你可以毫不猶豫就說出番茄嘗起來既酸又甜，但若要說出它的氣味組合，卻需要經過一番訓練。

世上有無數的味道，都是由五種基本味道、無數的氣味，和無數種的質地組合而來。身為食品開發者的我對基本味道的定義是，光用舌頭而不需要借助其他感官就可以嘗出的味道，比如鹽。但是當科學家面對了既非甜、酸、苦、鹹，或鮮味的獨特味道，問題就來了。比如水，水當然有它的味道，當你把如依雲（Evian）礦泉水之類的水中所有的礦物質都去除之後，剩下的是既不甜、酸、苦、鹹，或鮮味的液體。如此說來，水的味道究竟是什麼？若是我們沒有詞彙可以形容，卻能用味覺感受到它的味道，該不該把它當成基本味道？

基本味道的另一個定義是我們舌上有受器的基本味道。莫奈爾的布瑞斯林以此作為基本味道的部分定義，他說：「或許我們可以說有二十種味道的特性，但我還是覺得五種最妥當。」

二十種基本味道？這話現在聽來荒謬，但這個領域其實還很新，還不能確定只有五種基本味道。有些人認為指定基本味道的作法未免無聊，不過我不敢苟同。味道之星的五個角讓我能以平衡的方式來考量食物，我藉此讓食物嘗起來更美味。大部分的人都可以覺察五味，而我希望我對它們的說明也能讓你在品嘗或烹調時想到味道。五味之星的觀念在科學辯論的領域之外依舊有用，而這也是我們大部分人生活飲食的天地。

第三部——風味的細微差異

Taste What You're Missing

第十四章

味道的魔法——風味的行業和化學

「並不是所有的化學物質都不好，比如若沒有氫和氧這樣的化學物，這世界就沒辦法製造水，而水是啤酒不可或缺的要素。」

——幽默作家戴夫．貝瑞（Dave Barry）

所有的食物都是化學物

所有的食物都是化學物。不論你吃的是有機番茄或是Twinkie奶油海綿小蛋糕，所有的食物都可以分解成化學成分。新鮮番茄含有己醛，以及其他聽起來很化學的氣味，而Twinkie則含有糖及其他天然成分。這些個別的元素讓食物有其獨特的風味。

我們對構成食物風味的個別分子有很深的了解，有一整個產業專門製造和混合調配這些分子。香料公司（也稱為香精公司）出售各種添加至不同食物的食品香料，但你對此可能一無所知。

不過你對食品的味道、氣味，和質地組合起來的天然風味倒略有所知。比如桃子的天然風味是甜、酸、果香、花香、新鮮和多汁，不過這只是**風味**的第一種定義。風味的第二種定義就是你看到寫在飲料、冷凍食品，或餅乾上成分表所列出的「天然香料」或者「人工香料」。

有些食物以天然香料取代真正的食物成分，比如市面上有根本不含桃子、桃子原汁或加糖果汁的桃子飲料，這種飲料的蜜桃味完全來自於天然桃子香料。有些產品以天然香料取代食品在高溫處理過程中逸散的揮發氣味，比如你把蜜桃原汁加熱消毒，就會喪失新鮮的桃子味，因為它們的分子量低，很容易揮發，結果只剩下甜和酸味，和煮得濃濃的桃香，使它的味道變得像桃子派，而不像新鮮的蜜桃。為了要讓蜜桃原汁嘗起來味道更好，我們就要把在處理過程中喪失的果香、花香、新鮮而多汁的蜜桃味加回去，而這就是天然香料的作用：它們是香氣，沒有味道，但只要和果汁或糖或酸（或鹽、鮮味或苦味）混合，它們就成了一種風味。它們應該正名為「氣味」，因為它們並沒有味道，可是它必須按照管理食品商標的美國食品藥物管理局規定分類。

在食品裡添加桃子香味就像在乳液裡添加桃子香精一樣。我曾請教兼製食品和美容產品香氣的貝爾香料香精公司（Bell Flavors & Fragrances）：香料和香精有何不同？答案是，基本上，香料是用鼻子和口腔嗅覺體驗；而香精則只用鼻子的嗅覺。它們兩者都是香氣，差別只在於FDA准不准這些化合物下肚。我以為可以攝食的香料分子安全標準應該比擦在皮膚上的香精分子高得多，可是恰恰相反，美容保養品的香精分子接觸你皮膚的時間，遠比你吃下去食品的分子更長。比如你把有香味的乳液擦在手臂上，它可能會在你手上停留數小時，相較之下，水果味的飲料很快就灌進你那冒著泡泡汩汩作響的消化道，馬上被胃酸和酵素分解。美容產品所含的香水用量也比食物中添加的香料多得多。比如古龍水、香水，或者身體噴霧所含的蜜桃香精可能達一〇%的濃度，但蜜桃原汁可能只需要一%的香料（通常還更少）即可，足足少了十倍。

走進麥特森公司，你就會發現我們的食品實驗室裡到處都是小小的樣本香料瓶。我們用蜜桃和草莓香料，也用鑊氣和炒蛋香料。而我的最愛是一種海鮮味香料，我們的技術副總參孫·夏稱之為「碼頭味」，就好像你把船停泊在碼頭上一樣。參孫帶了一瓶回家，為他烹製的蛤蜊巧達湯更有魚鮮的感覺。只要你想到任何一種食物或飲料中的氣味，我們都可以買到有那種氣味的香料產品。

比如，假設我們想要製作一種有紐西蘭蘇維翁白酒風味的食品，可能會想要加一點這酒獨特像貓尿一樣的氣味。如果我們在製作咖啡飲料，也可能想要加上某些咖啡所帶有的泥炭苔味。或者，如果我們在開發給兒童吃的比薩口味零食，說不定就會想在調味料裡加一點義大利臘腸的味道——這也是讓素食嘗起來有肉味的絕招。

小瓶的香料液體聽來教人心驚，但你的食物櫃裡恐怕就有一瓶：香草精就是一種天然香料，香草豆的香氣分子被提煉成液體，讓你製作蛋糕、餅乾、派，和冰淇淋時添加風味。天然的香料也都類似這樣的功用。

你之所以創造不出和可口可樂一模一樣的飲料，問題就在於香料。雖然我沒有內幕線索，但可口可樂所用的天然香料恐怕是只為該公司調配的祕方。你買不到可口可樂牌的可樂糖漿來調製你自己的可樂，只能買到**類似的**香料，但沒有人能賣和真品一模一樣的香料給你，因為可口可樂公司很可能請幾家不同的供應商製作多種香料，送到可口可樂工廠，再由他們按照祕密配方調製。許多傳說都提到舉世沒有任何一個人知道可口可樂完整的配方，這倒不足為奇，因為食品這一行經常會用到多個香料供應商，因此**沒有任何一家公司能知道其他家產品的完整配方**。

在味覺中大海撈針

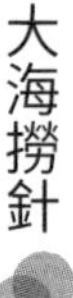

要找到效用強大的藥物成分就像大海撈針一樣。當藥廠想要測試新藥，了解它們對癌細胞的效用時，研究人員會在盤子上放一堆癌細胞，讓它們接觸不同的化合物，採用的治療法越多，就越可能找到能殺死癌細胞的稀有化合物。

這正是香料公司所做的，找出能夠增加甜味、抑制苦味、消除酸味的化學物質。他們運用這種稱為**高通量頻率**（high throughput frequency）的技巧，就像藥廠尋覓新藥一樣，尋找增添風味的化學物。他們把人類味覺受器細胞放在淺盤上，讓它們接觸不同的分子，尋找味覺受器有所感受的跡象，舉例來說，這意味著某個特定的分子就像糖一樣，可以觸動甜味的受器。他們的目標是要隔離、精煉，和開發這些化合物，讓它們成為可以安全添加在食物裡使之更美味的成分。這些成分就稱作**增味劑**或**遮味劑**，用來遮掩不好吃的味道（通常是苦味），或者增加好味道（通常是甜或鹹味）。

要說明如何使用遮味劑，且讓我們回到Menerba這種治療更年期婦女熱潮紅的苦藥，我們想要把它製成可口的飲料，雖然我們使出渾身解數，用上我們所知的各種烹調材料成分和技巧，但最後卻明白不論是香草、鹽、糖、酸，和天然香料，都不能平衡此藥的苦味，讓它更可口一點。我們需要協助，這就是食品開發者拿起電話，撥給貝爾、芬美意（Firmenich）、德之馨（Symrise）、國際香料香精（International Flavors & Fragrances，IFF），或奇華頓（Givaudan）等香料公司，訂購遮味劑的時候了。如今在開發時最困難的產品，是熱量或鈉量低，或者添加有如維他命等功能性成分的食品。當你去除食品中的糖或鹽，就往往會暴露出原本掩蓋在下面的苦味或異味。至於添加維他命，則可能使運動或機能飲料嘗起來像藥丸。以上各種情況，除非你原本就希望有味道是如此的效果，否則就得添加遮味劑。

各家公司用甜菊取代糖，以便為食物增甜的唯一方法，就是遮蔽甜菊本身的苦味和類似甘草的氣味。使用嘗來雖鹹，鈉量卻較低的氯化鉀，可以取代一點鹽，但往往需要添加遮味劑，以掩蓋金屬般的苦味。我們把遮苦劑加入Menerba之後，它變得美味許多而讓我大感吃驚。若非高科技遮味劑的作用，我們絕不可能把苦味減到這麼低。這種化合物在配方裡用量不到一％，卻大大發揮了神奇的效果。

遮掩和增加風味的方法有三種。

第一種是限制或刺激一個味覺受器，讓它無法正確解讀味道。我請教IFF的肯．克羅特（Ken Krautt）怎麼阻斷苦味的受器，因為我們有許多苦味受器，因此我想不出一個元素怎麼可能阻絕所有的苦味。他告訴我不能這樣做。IFF製作不同的遮味劑來阻絕不同的苦味來源，接著他以杯子代表苦味受器，舉例給我看。

「想像許多小杯子排成一排，每一個杯子就代表一個苦味受器。你把咖啡因倒進這些杯子，它流入其中一個杯子時標註為苦味；你再倒入柚皮苷（naringin），它在另一個杯子裡標記為苦味。其他不同的苦味劑也以同樣的方式作用。現在再假想你讓不同的成分各自流到不同的杯子裡，不讓咖啡因進入咖啡因受器的杯子，而讓它進入其他杯子，以不同的方式記錄它。」而這種記錄的味道就不是苦味。

第二種遮掩味道的方法，是採用適應或交叉適應（cross-adaptation）的觀念，這種作用發生在大腦，味覺、嗅覺，和食物的質地在這裡互相結合，形成風味的概念。《歡樂滿人間》電影中保母包萍（Mary Poppins）唱：「一匙糖讓你把苦藥吞。」說的就是這種觀念。把糖加在如藥般的苦味食物中，並沒有阻礙苦味受器，只是因為你在吞食苦味時也攝食了糖分，因此大腦就降低了苦味的知覺。針對某種特定苦味的化學物質一樣也可以遮掩味道，揮發氣味也能增強或抑制味道或氣味，其間的差別只在找出負責這工作的適當媒介。

最後一個遮掩味道的方法，就是改變苦味成分的外在形式。Advil止痛藥用深紅色肉桂味的外衣遮掩異丁苯丙酸的錠劑，這種方法稱作**封裝**（encapsulation）。我們也可以把如鹽粒這樣小的分子封裝起來，用一層超薄的中性或有口味的糖衣包覆在結晶體上，讓它們依然可以流動。這樣做的目的是，當你的唾液把糖衣溶解之時，你已經把食物吞下肚去，它悄悄地溜過你的苦味受器，並未被察覺。

雖然這樣操弄食物風味的作法時時發生在你的周遭，但你很可能根本沒有察覺，當然，這是在操作得宜之時。

大腦中的味覺

想像朋友家後院正在舉行燒烤聚會。孩子們嬉戲的喧鬧聲，收音機裡布魯斯·史普林斯汀（Bruce Springsteen）低沉的歌聲，扭開啤酒瓶的**嘶嘶聲**在周遭作響。現在再想像有人在野餐桌上放了一大盤堆得高高的嫩肋排，厚厚塗上燒烤醬或香料——隨君選擇。這些肋排才剛燻製完成，邊緣焦脆，鮮嫩多汁，入口即化，燻香撲鼻。

如果現在你垂涎欲滴，很想大口吃肉，這是人性。但如果現在我端上一大盤堆得高高的肋排，已經幫你切好，你很可能會吃的比先前沒有提示你嫩肋排形象時多。

現在想像你由盤中拿起一塊肋排，緩緩啃食，然後接著想像再拿起一塊啃食，以此類推，一次一塊，直到你已經想像自己吃了十塊美味多汁的肋排。這時如果我再給你一盤真的肋排，你恐怕吃的就會比平常少。為什麼？因為光是想像吃一種食物，就會減少你之後真正吃那種食物的量。這就是特定感覺厭膩作用（sensory specific satiety，或稱感官飽和點，SSS），對於某種食物，每多吃一口，都覺得它的味道越來越不好。每多吃它一口，你就越不想再繼續吃下去，直到最後停下為止。即使這個吃食的動作只發生在你的大腦之中，也有同樣的效果。是的，毋需運用你的官能，都能造成特定感覺厭膩作用。

這個實驗證明你可以藉著事先想像進食以抑制真正進食的動作，是由真人吃真正的食物（M&M巧克力及起司塊）所做。更加有趣的是此時大腦所經歷的變化。

這樣的觀念似乎不符合我們的本能。我們天生就愛吃，為的是要攝取營養，傳宗接代，確保我們的物種能夠代代相傳持續下去，這是個很好的系統。難道大腦竟會讓我們因憑空想像根本未沾唇的食物就得到飽足？答案就在於可供我們看到大腦內部運作的一個巨大的白色儀器：功能性磁振造影（fMRI，functional magnetic resonance imaging），它的外觀看來有點像飛機機身。

磁振造影讓我們能用一種相機拍攝大腦的影像，看到它的結構，而功能性一詞則意味著大腦正在接受掃瞄的此人正在發揮功能，其大腦正在執行某種作業。大腦的切面影像在整個作業過程中被記錄下來，結果就是最貼近大腦運作時的影像。我們可以藉此看到想像進食在大腦中真正的運作。比如在你讀某個想像自己聞到肋排香氣者的fMRI時，這些圖像就和真正聞到肋排香氣者的大腦圖像十分相似。味覺亦然：想像品嘗肋排滋味的大腦影像，就和真正品嘗肋排時的大腦影像近似。當然，研究人員在做這個實驗時，並不是用肋排，而是用管子把味道送入口腔，把氣味送入裝有嗅覺測量器的鼻子裡。在作fMRI時不能以正常的方式進食，因為當你在吃肋排時，頭部會移動，就會造成影像模糊不清——和一般相機一樣。但你不可能不吃肋排而不移動頭部，也不可能不把調味料滴在價值連城的儀器設備上，因此迄今為止有關吃食的腦部掃瞄，都局限於液態的味道，即使如此，要完成它都是艱難的考驗。

羅傑和我拜訪哥倫比亞大學fMRI中心的喬伊．赫許（Joy Hirsch）博士，她身兼教授和造影與認知科學計畫主任二職。我想要了解fMRI運作的科學，並且趁此機會一邊體驗食物，一邊讓我們的大腦接受掃瞄。赫許博士答應讓我們一邊看著食物的圖片，一邊作掃瞄，這必然很有趣，因為羅傑和我對於食物有截然不同的口味，而我認為這必然有神經學的解釋。

我們倆都選了我們最愛與最恨的食物照片。我愛的是：番茄、硬麵包（舊金山人氣麵包店Tartine Bakery的酸麵糰麵包會讓我像耶誕樹一樣閃閃發光）、馬里蘭蒸蟹、炸蕃薯條，和香檳；羅傑愛的則是牛排、牛排，和牛排，以及嫩肋排、冰淇淋、魔鬼蛋、漢堡、馬鈴薯泥，以及草莓。

羅傑先掃瞄，接著輪到我。我奉命躺在平台上，技師為我的頭部定位，才能拍出清楚的影像。接著有人一按按鈕，我就像輸送帶上的行李箱一樣，被送進了機身。

而同時，羅傑坐在玻璃牆搭起的亭子裡，和fMRI的操作人員交談。

「你在做什麼？」羅傑問正在電腦顯示幕上調整設定的那名技師。

「配合她頭部大小，重設影像圖場。」他說。我猜羅傑必然瞪大了眼睛。

「真的？」他說：「我們倆誰的腦袋比較大？」

「她的。」

羅傑後來告訴我，我的腦袋比較大，而且也不得不承認是他去問的，他必然受了一點打擊。當然，我非常好心地告訴他，腦袋的大小和智力並無關聯。

在fMRI內，我的上方是一面鏡子，位置安排得十分巧妙，讓我看得到自己背後的電腦顯示幕。技師要我專心看著顯示幕，接著我眼前就出現一連串我喜愛食物的幻燈片，速度很慢，好讓它們能在我腦中留下印象。接著我們停下來，技師換了幻燈片內容，我看到我最痛恨的食物（蛋、松果、肝，等等）。

赫許說，我們倆在梭狀回（fusiform gyrus）的位置都有相當多的活動，這個部位是賞鳥人看到鳥，或者愛貓人看到貓時會啟動的部位。她告訴我們，這個資料顯示我們倆對食物都有強烈的興趣，說不定甚至有這方面的專業知識。但其他的幻燈片卻顯示我們倆有一個重大的不同。羅傑看到他喜愛食物的照片時，大腦顯現的活動更激烈。

「他對他所愛的食物有一種感情依附，他對食物的愛，是真正的愛戀，驅動他的是他對食物的愛，而非他對食物的厭惡。」赫許說。

而我的大腦則顯示出自我約束，我吃我愛吃的東西，偶爾也會放縱一下，但我絕對會注意自己吃多少，吃了什麼。我限制自己的飲食。和羅傑的大腦比起來，我看著自己喜愛的食物時，大腦的活動比羅傑少得多，而看著我不喜歡的食物時，大腦的活動卻較羅傑看著他不喜歡的食物時多。

「你比較自制，在情感上比較偏向你不喜歡的食物。」赫許說。

這教我大惑不解。羅傑是否因為不限制自己的飲食，而活在比較快樂的天地裡？罪惡感是否剝奪了羅傑天天享受的樂趣？接著我又想到，不知道他旺盛品味者的味覺是否和此有關？他得到的感官資訊究竟比我多多少？更重要的是，這是否意味著更多的樂趣？他是否由他所愛的食物中得到比我更多的體驗？

赫許很謹慎地不願多作解讀。

「這表示我們大腦反應的個別差異，是我們個別個性差異的關鍵。有趣的是，我們藉由不同的大腦模式來推論行為的模式。」接著她透露了最後一個祕密：「你的大腦比羅傑的小一點。」

「真的嗎？」我問道。

「女性的大腦通常都比男性的小，這和身材成比例。」她說。

我真該偷塞二十美元給那位撒謊不打草稿，讓羅傑信以為真的技師。

想著食物的大腦

最能讓你滿足的食物是什麼？許多人都會說是巧克力。巧克力激發獎勵中樞（reward center），這個部位就和賭博和古柯鹼所激發的部位一樣。麻州總醫院的漢斯・布萊特（Hans Breiter）醫師寫道：「贏錢、嗑藥，或期待大餐，所牽涉的神經迴路是一樣的。」

這是因為多巴胺（dopamine）的緣故。吃巧克力——或者在賭桌上吆五喝六或吃禁藥之時，多巴胺就湧入你的大腦，讓你回應如吃喝這種愉悅的活動。最近針對大腦對食物反應的研究，讓學者提出許多理論，說明有些人為什麼會飲食過度，而其他人為什麼不會。

一個理論是說，多巴胺系統的運作是單純的因與果，吃、報酬，吃、報酬。如果你身材苗條，很可能這個系統運作正常。但缺乏多巴胺受器的人吃巧克力，卻得不到適當的報酬訊號，結果成為：吃、快要得到報酬，吃、快要得到報酬。當報酬未能完美之時，這人就會一直回頭要巧克力，希望得到完完全全的報酬。有些肥胖的人缺乏多巴胺受器，這個理論就說明了他們為什麼會飲食過度。

另一種理論則說，肥胖的人由飲食得到的樂趣比苗條的人多。這種說法認為，肥胖者飲食之後，他們的系統給他們極大的報酬，使他們更樂於一再地吃巧克力（或其他食物）。第三種理論則說，肥胖者可能期待更大的報酬，這種期待使他們在明明已經飽足之後，依舊繼續飲食。

為什麼有些人過重有些人則不會，大腦究竟在這個問題上扮演什麼角色，這些理論都還未能觸及核心。肥胖和過重的問題對社會造成龐大的負擔，因此這個領域的研究還方興未艾，也才剛與化學感官的研究結合。我們的大腦太聰明太複雜，也太奧祕難解，我們對於它究竟如何處理飲食，所知甚少。

我們知道基本味道中的甜味，在大腦中激發的活動比其他味道都多，因為攝取熱量對我們太重要。我們知道氣味引發大腦各部位的活動，比味道引發的更廣泛。這在邏輯上有其道理，因為世上有無限多的氣味，卻只有五種基本味道。

我們知道味覺和飽足感以及飲食障礙的關係，比嗅覺更密切。莫奈爾中心的隆史卓姆主任寫道：「在努力探究肥胖率和飲食障礙暴增的問題上，光是味覺本身，或者和其他感官一起研究，都可能是很好的踏腳石。」

如果說我們對味覺和嗅覺所知不多，那麼我們對觸覺在大腦中的運作方式知道還要更少。對於這三種感官如何結合在一起，形成食物的風味，科學家有莫大的興趣。我們把燒烤肋排放入口中之際，嘗到的不只是味覺、嗅覺，和食物質地三種不同的知覺，而是把這些資訊融合為一種知覺：肋排的風味。這風味是什麼模樣，座落在大腦的何方，迄今還是奧祕。如果再加上視覺和聽覺，那麼就真的是在探究科學的新疆界了。隆史卓姆正在研究在受測者在品嘗、嗅聞、觸摸、聆聽，和觀看食物的同時，用fMRI技術來繪製大腦圖像，雖然因為受測者要躺在像墓穴一樣的隧道裡，鼻子上裝著嗅覺測量器，嘴裡插著輸送味道的管子，大腦的活動不可能和正常飲食之時一模一樣，但已經是在當今的「神經美食」（neurogastronomy）範圍限制之下最接近的經驗了。

專業人士的大腦

有一個研究繪製了專業品酒師的大腦圖像，他們的大腦對葡萄酒的反應和對葡萄酒一無所知的新手截然不同。美酒在這些專家的口中，和嚥下喉嚨，讓他們體驗到口腔嗅覺時，有「更多的認知訊息處理」。這些葡萄酒專家在職業生涯（及餐桌等其他地方）的品酒實務，使他們的大腦有更多部位受到刺激，尤其是新皮質。

品酒師在品酒時不只會運用更多的大腦部位，也比新手更能享受這個過程。史丹福大學的行銷學教授巴巴・席夫（Baba Shiv）說：「專家是知道如何由消費經驗得到最大樂趣的人。」

聚會法寶：金鈕釦、神祕果和朝鮮薊

人總愛嘗些奇特的口味，有些食物正符合這樣的條件，比如朝鮮薊、神祕果（miracle berry，又名變味果），和金鈕釦（Szechuan button，又稱鐵拳頭、閃電花）。

我大力推薦朝鮮薊。再沒有比新鮮的朝鮮薊更特別的食物。它們有一種細膩的風味，略甜而有點植物味，包覆在內的花心像甘貝一樣掀開，外層的葉片雖非完全可食，但其底部可以用作醬汁、奶油，或美乃滋的盛具，吃起來很有趣。先沾入醬汁，再用牙齒咬下你咬得到的那一點點果肉。

正如我們與食物其他的經驗一樣，每個人對朝鮮薊的體會也往往因體質及遺傳而有所不同。有些人在吃完新鮮的朝鮮薊後，馬上接著吃的一切都會是甜味，如果你接下來喝的是水，倒很有趣，但若你喝的是花了高價買到的佳釀，味道就不對勁了。如果你在喝了因此太甜的酒之後，趕緊喝杯水清除餘味，這水的味道恐怕還是不對。這種味覺魔術是因為朝鮮薊中含有洋薊酸（cynarin）之故。

也有些人會覺得朝鮮薊使他們後來喝的酒和水變成苦味或帶有金屬味。如果要吃朝鮮薊配酒，葡萄酒大師提姆・漢尼（Tim Hanni）建議：「加適量的鹽和酸。」也有人說，根本不要用朝鮮薊搭配葡萄酒。塞瑞斯餐廳的主廚金恩則是以辛味的清酒搭配朝鮮薊。

如果你不打算用朝鮮薊配酒，大可以好好享受它可愛的風味和吃完之後的淡淡甜味。幸好這樣的味覺改變只是暫時的，只要吃一口麵包清除餘味就可以了。不過因為我從未體驗過用葡萄酒配朝鮮薊的奇妙結果，因此我無法說是否真是如此。

你也可以嘗嘗另一種改變味覺的水果——神祕果，它的奇效時間比較長久。不過我對這種水果的經驗不足，無法作出任何建議。據說這種水果所含的神祕果蛋白（miraculin）使你之後吃的一切都會變甜，這並不完全正確，它可使酸味（還有一些苦味）變甜，你可以把檸檬當糖果吃，塔巴斯科辣椒醬嘗起來則像辣的V8果菜汁。我認為這種甜味有點像甜菊或蔗糖素等人工甘味劑，而不像糖，餘味帶苦和人工味。雖然很酷，但絕稱不上美味。

我一直把神祕果當成新鮮的噱頭，直到我聽說在一九七〇年代曾有人想提煉它其中的神祕成分——神祕果蛋白，把它當成甘味劑，作成商業產品。開發這種甘味劑的公司向FDA申請把它當成食物使用，但遭FDA否決，這表示該公司得做更多的測試，要花更大筆的經費。於是這家公司放棄了。食品業者紛紛傳說這個裁決背後有「糖業老大」在主使，但沒有人承認這樣的說法。

金鈕釦看起來並不起眼：小小的黃花生在綠色的莖幹上，你以為它們嘗起來像奇異果或旱金蓮屬植物可食用的花卉，它們生得十分美麗，可是一旦你咀嚼了它的雌蕊，就會感到一陣刺激，接著舌頭和雙頰都開始麻痺，最後它在你嘴裡發揮全效時，你簡直要飛上月球。這種植物非常刺激，就好像你的舌頭插上了電池一樣。

金鈕釦之所以會使你感到麻或刺，是因為其中含有千日菊醯胺（spilanthol），其效果就像你吃到花椒一樣。康乃爾大學食品科學系前主任麥可．奈斯楚德（Michael Nestrud）發現千日菊醯胺分子的結構看起來很像辣椒裡活躍的成分辣椒素，兩者都有麻痺的效果，只是金鈕釦的效果來得急，時間也較持久。有些地方稱金鈕釦為牙痛草，因為它有麻醉的效果，有些人在牙痛時就拿它來救急。

我自己嘗試金鈕釦時，也非常明白清楚地感受到這種效果，這是我從未經歷過的感覺。等到刺痛變成嘶嘶作響的麻木之時，我趕緊拿水去除餘味，結果水自然而然地在我口中燃燒，這種強烈的感覺教我害怕了一下。金鈕釦是一種新奇的感官體驗，但我這輩子不想再嘗試，我寧可我的食物不要這麼神奇。

Taste
What You're
Missing

第十五章

難以下嚥的可怕味道

羅傑和我正在索諾瑪郡希爾茲堡一家可愛酒館的吧台上吃午餐。燒烤蘆筍才剛送上來，我們倆就爭著要吃那細如鉛筆的嫩莖：烤得恰到好處，灑上現榨檸檬汁，再以熟成的帕馬森起司作結。這是夏天的味道，甜酸苦鹹鮮五味如和風徐徐，陽光燦爛。我們配著當地產的葡萄酒輕鬆地享受這頓午餐，我選的是比較濃稠的灰皮諾，而羅傑選的則是柔和的黑皮諾。我的生菜沙拉上面灑了酥脆的培根屑、氣味濃郁的小塊藍起司，和誘人的酪乳醬汁；羅傑的羊肉漢堡搭配如火柴般的細薯條，兩道菜色都美味極了，我們把盤子吃得一乾二淨，這是近乎完美的一餐。

在我們付完帳後，我伸手拿起水杯再喝一口，然後要準備回到市區迎接新的一週來臨。我喝了一大口水，一邊心想：**天啊，這些酒鄉廚師怎麼什麼東西都要放香料，連冰水裡也要放香料？**一邊伸手把卡在我牙上的枝狀物拿起來。我突然想到我整頓飯一直都在喝水，卻並沒有看到水裡有香草枝，一直到現在才有。我渾身麻痺，緩緩地由嘴裡拉出一隻還在蠕動的蜘蛛，然後張口尖叫。

我並沒有嘗出這昆蟲的味道，因為我只注意到牠像樹枝般的質地。當我發現這是活生生的東西之後，我以為自己口中吃到的東西，和我手裡拿著還在蠕動的生物，其間的落差太大，害得我一躍而起，把蜘蛛摔在吧台上。正在清理我們桌面的服務生望著我，彷彿我剛從口中拉出一隻蜘蛛，扔在他的吧台上一樣。

那週我正好要與賓州大學羅辛教授見面，他對於為什麼有些事物會教我們噁心作了許多的研究。我把我的蜘蛛故事告訴他，他拍手大喊：「這是個很好的例子！」接著他也談到他的經歷。

他和他當時的妻子赴歐旅遊，應邀到瑞士同事的家裡用餐。這位太太捧出了一鍋燉菜，並且為每位客人舀了一份。羅辛注意到自己的碗裡有異物，衝口而出說：「我這碗裡有一根金色的長髮。」顯然這是女主人的頭髮。他馬上發現自己的錯誤，也知道該怎麼挽救這失禮的窘境。他趕快把頭髮挑了出來，在眾目睽睽之下，把菜吞了下去。

自羅辛於一九六一年以兩個心理學位由哈佛畢業以來，他在賓州大學作了許多不同領域的研究，包括食物的偏好、食欲，和對食物的信念。

我請教羅辛，為什麼食物前一刻是享受，下一刻卻教我們作嘔？根據我的研究，最教人食欲全消的舉止，就是看到有人張開嘴巴咀嚼，一邊說話一邊吐出東西來，還有吃得亂糟糟。為什麼這些事教我們覺得厭惡？

他說：「我們活在教人噁心的世界。我們的體內教人噁心，而任何會讓我們想起這一點的事物，也教人噁心。這讓我們注意到原本時時刻刻就在發生的事，那就是當我們把食物放進口中、咀嚼，準備把它吞下之時，就會創造出黏糊、潮濕、教人作嘔的東西來。」他接著說：

成年人的飲食其實需要不可思議的精湛技術，因為你們是面對面坐著，一邊把食物往嘴裡塞，讓它在你口中變得很噁心，一邊又用同樣一個孔洞說話——而且是同時，還要看著對方，卻不讓對方看到這惹人厭惡的景象。也就是說，你已經學會了同時吃、呼吸和咀嚼，卻不會把這些暴露在對方眼前。如果他們因為某個原因能夠看到這些，就會退避三舍。

我們進食之際，其實是在玩非常巧妙的遊戲。這噁心的事物其實就在我們臉孔的另一邊進行。你的結腸那頭正有不堪入目的事物進行，只是你並不會冒暴露它的風險。

噁心的事物並不需要有噁心的感官特性。在我知道我吃的是蜘蛛之前，以為我口中的生物是一根香草，而通常大家都覺得香草擁有教人喜愛的感官特性。羅辛吞下肚的那根頭髮根本沒什麼味道，因此他無法描述它。但我們的文化都認定這兩者很噁心。

我們在氣味那章看到，嬰兒天生對氣味並沒有好惡（除非是會造成觸覺灼痛的東西，比如氨）。一歲的寶寶對裝滿黃金的尿布發出的氣味毫不在意，直到他們看到媽媽皺起的臉孔之前，也並不會把厭惡和糞便的氣味聯想在一起。食物也一樣：我們知道哪些食物教人噁心，並不是因為我們嘗過，而是因為別人這樣告訴我們。

英文的**厭惡** *disgust* 一字，字根和表示味覺的英文字 *gustation* 一樣。*disgust* 的意思原本是「壞味道」。你表示厭惡時所扮的鬼臉，和你想要由口中拿出某個事物的臉部表情，大體上是一樣的。伴隨厭惡最強烈的情緒就是嘔吐，這也是讓食物退出你身體的方式。羅辛說：「厭惡源自於我們對壞味道的拒斥反應，後來演化為更抽象、更觀念化的情緒。」我們食品界人士值得驕傲的是，飲食文化會驅動流行文化……，至少在厭惡這方面是如此。

最常被列為噁心事物的，是人類和動物身體產生的廢棄物。羅辛寫道：「不論歷史和文化都有廣泛的證據顯示我們對所有身體產生的物品都有迴避和厭惡之情，包括糞便、嘔吐物、尿液，和血液（尤其是經血）。」羅辛還說，糞便其實「只不過是加工食品」。

就連肉食動物也不吃其他的肉食動物

我們是動物，而我們也吃動物。要緩和這種近乎同類相食的恐怖行為，因此我們用一種方法，讓自己避開我們食用死亡、切塊、加熱的動物殘骸這樣的事實。英文在講到食用的肉類時，用pork（豬肉）而不用pig（豬）；用beef（牛肉）而不用cow（牛）；用sweetbreads（羊雜）而不用thymus glands（羊的胸腺）；用Rocky Mountain oysters（洛磯山生蠔，即炸牛睪丸）而不用calf testicles（小牛睪丸）。我們人類可能是地球上最偉大的雜食動物了，但就連我們也不吃其他肉食動物。為什麼？「其他肉食動物不好吃……那肉味道不好。」野生動物製片人兼國家地理駐會探險家（Explorer in Residence）德瑞克．朱柏特（Dereck Joubert）在他拍的《獅界末日》（*The Last Lions*）片中談到這些大型貓科動物時如是說。顯然貓科動物不吃其他肉食動物，因為牠們不喜歡那肉味。表面上這也是我們不吃貓科動物的原因，當然我們豢養比較小型的寵物貓，也使牠們不致成為我們的盤中飧。

我們不吃許多噁心的食物自有理由，但這些理由未必及得上文化的厭惡。有些文化吃昆蟲，但在美國不吃。我們不吃蟑螂可以說是理所當然，因為牠們在髒東西上亂爬，還吃各種噁心的食物。但若我們養一些蟑螂，只餵牠們吃有機蔬菜，為期一個月，清理牠們的腸胃，然後加以消毒，再端上桌（我建議略沾點麵包粉然後下鍋油炸，沾點辣椒醬）？根據羅辛在一九八六年所作的研究，即使這樣也沒人肯吃。其實我朋友克里斯和我也做過類似的實驗。

我們倆得知家中院子裡的蝸牛和養來吃的蝸牛同種之後，就到我後院花園中收集了幾十個蝸牛，關在欄裡「飼養」了幾個月，餵牠們吃蔬菜，然後在一次晚餐聚會上，拿牠們作菜，塗了厚厚的奶油和大蒜，招待朋友。可是不論我們怎麼勸說牠們有機、在地（就在後院），依舊沒有人可以克服心理障礙吃後院蝸牛，不，我是說法國蝸牛。

羅辛也證明北美洲的居民不肯吃看起來很像狗大便的一坨東西，即使告訴受測者那是巧克力富奇（fudge，用糖、牛奶和奶油製作的軟甜點）也沒用。雖然我們知道富奇很美味，但文化教導我們狗大便很噁心，以致我們無法按邏輯行事。魯西安・莫爾森（Lucien Malson）研究和人類從無接觸，在曠野裡長大的孩子。他在《狼子》（*Wolf Children*）中寫到這些沒有文化適應的兒童會長成什麼樣的成人。因為沒有家長或朋友教導他們，因此他們不會展現任何厭惡的跡象，這更進一步證明，我們厭惡什麼，是由文化所決定。味道濃郁的艾伯斯起司（Epoisses）在我們的文化中是珍饈，但在其他文化的人聞起來就像臭鞋子一樣。納豆在一種文化中是美味，在另一種文化中卻像黏糊糊的鼻涕一般教人作嘔。

菸酒和辣椒

人類吃辣椒——而且還覺得很享受，實在難以解釋。要是明天有外星人降落到地球上，該怎麼向他們解釋這件事？想像一下這樣的對話：

外星人：你在吃什麼？

你：辣椒。

外星人：什麼樣的疼痛？

你：刺痛，有的比其他的更痛。

外星人：這星球上人人都像你這麼笨嗎？

你：不，其實我很享受這樣的疼痛。

辣椒素是辣椒中的活躍成分，而我們似乎是地球上唯一能欣賞辣椒素所造成疼痛反應的物種（有些物種，如鳥類，吃辣椒卻不覺得痛）。羅辛也做了這方面的研究，他以老鼠為實驗，餵牠們吃辣的食物，而非牠們平常吃的老鼠飼料，最後老鼠學會忍受辣的食物，對辣度已經麻木，但牠們從沒有真正喜歡辣椒。等牠們習慣辣椒之後，羅辛讓牠們選擇：可以吃辣味食物，或者牠們原先的正常飼料，結果牠們選了正常飼料。生物可以學會容忍辣度，但沒法教牠們欣賞辣椒。對辣椒的喜愛唯人類獨有，但即使是人類，也必須生來就有這樣的偏好，才會喜歡辣椒。

人類的嬰兒並不喜歡辣椒的刺激，而且一直到兩歲都會排斥這種味道。在嗜吃辣椒的文化中，作母親的如果想讓寶寶斷奶，往往會在乳頭上塗點辣椒。但就在同一個家庭裡，有的兒童到四歲就已經因反覆地接觸辣椒，而培養出對辣味的喜好，但也有些人一直都不喜歡辣椒，縱使受到家人輕重不等的壓力，由光是看父母親吃辣椒，到被動地接受父母的鼓勵（「寶貝，嘗嘗這個」），到家裡或餐廳的烹調用到辣椒，依舊無動於衷。孩子們常常希望被當作成人看待，有的孩子光憑這種心理就學會吃辣，至於怎麼也不嗜辣的孩子，則很可能是旺盛品味者，他們的舌頭上有太多敏感的神經，因此辣椒就像味苦的食物一樣，教他們難以下嚥。

有些食物需要更多一點動力，才能讓人喜愛。家人略作慫恿，也許我們就會喜歡辣椒，但還有其他味道教人厭惡的食物，比如酒精（又辣又苦）和菸草（刺激而味苦），就需要不同的同儕壓力才行。這兩者嘗起來都不符合傳統美味的定義，但兩者都會提供一點報償，讓人因喜愛這樣的報償而習慣了它們的味道。還記得你頭一次嘗啤酒時的情況嗎？我猜你並不喜歡第一口的味道。如果你喜歡，那麼你真的是耐受品味者。要是你因酒味苦（並非因為健康、道德，或宗教等因素）而什麼酒都不喝，那麼你就很可能是旺盛品味者。

證據顯示吃辣椒其實是一種「良性的受虐」（benign masochism）：故意體驗一種表面上會造成不適的感覺，這類的例子包括：觀賞催淚大悲劇、坐恐怖的雲霄飛車，以及賭博。喜愛這些官能刺激的人，也較有可能欣賞吃辣椒的痛苦。

當食物與期待不符

原本你所喜歡的食物，如果送上來的溫度不對，可能味道就大打折扣。比如熱咖啡，現磨現煮的熱咖啡教人未飲先醉，光是它的香氣就喚醒了你的五官知覺。但若那杯咖啡放得太久，等你拿起來啜飲時已經涼了，味道恐怕就不太宜人，這是因為當咖啡冷卻時，就會發生許多變化。它的香氣完全消失，因為其氣味的前調安定了下來，不再揮發——只有在溫度高時才會揮發。冷咖啡既然減少了活躍的揮發份子，味道也就減少。而原本因美味香氣而遮掩的苦味現在明顯浮現，咖啡本身由熱至溫至不溫不冷，也發生了化學變化。因此冷咖啡和熱咖啡原本就大不相同。

飢腸轆轆時食物較美味

我二十多歲時，曾赴馬丘比丘(Machu Picchu)的印加古道(Inca Trail)健行。在海拔一萬三千呎(三千九百公尺)的高山上行走，光是呼吸都很困難，腳下的石頭古徑更教人筋疲力竭。我因興奮過度而沒吃早餐，等費盡力氣跋涉六小時抵達雲霧繚繞的古老印加神廟之際，我已經餓得頭昏眼花，滿腦子想的唯有趕快找個小吃店。我雖置身古文明聖地，可是心中的念頭卻是：**我需要食物，快啊！**

等好不容易拿到冠寶起司捲心餅（Combos）——一種有起司味夾心的鹹餅乾，我馬上狼吞虎嚥，這種我平常不會想吃的零食給我的滿足，竟然比我從前和往後吃過的任何食物都強。飢腸轆轆時，食物的確比較美味。

顯然當你的胃腸空空時，把它填滿能讓你大為滿足。你的身體越需要什麼，攝食它就越感愉快。此外，在你飢餓時，身體滿是**飢餓素**（ghrelin）這種告訴我們要進食的荷爾蒙，讓你拚命嗅聞，而你越聞，就攝取越多的香氣分子，體驗越多的味道。在你飢餓時，透過鼻子，得到的食物味道也越多。

飢餓讓你處在品味食物的完美位置，我們在麥特森也運用這一點，把試吃活動訂在中午。當你肚子餓想吃午餐時，就連低卡低鹽的食物，嘗起來都宛如珍饈。

難吃的經驗

當你嘗某個味道，比如薄荷，結果有不快的經驗，此後你就可能對這種食物產生制約的反感。這可能是食物界最常見的厭惡原因了。記得前面提到那名因為把咖啡豆灑在地上的尷尬場面，而此後不喝咖啡的男子嗎？我自己也因為自己曾做過金針菇沙拉，吃了之後嘔吐不止，因此至今對金針菇敬謝不敏，那些又長又細的菇在我眼裡成了催吐的象徵。

研究人員已經做出只要接觸一次就教人退避三舍的食物反感經驗。大部分的食物反感都是因腸胃型感冒、食物中毒、暈船、高山病、痛苦的分手，和你人生中其他不好的體驗而來。你對特定食物的經驗會永遠影響日後品嘗它的感受。

Taste
What You're
Missing

第十六章

不同的視野

雖然每一個人都有自己的感官世界，但可不可能製作一頓大家都滿意的餐點？當我們吃喝之時——就像我們在做其他事情一樣，我們個人的知覺就是我們自己的現實世界。如果我覺得金恩大廚的義式燉飯太鹹，那就是我的現實世界，即使我誤把酸味當成鹹味也一樣。金恩大廚或許會向我解釋說不是太鹹，但恐怕改變不了我的感覺。

可是在為本書作研究的過程中，我的觀點有了改變。在黑暗中吃喝，讓我明白了視覺對我們品嘗滋味有什麼樣的影響。我在無響室中飲食，加強了我聽的能力。我用外科用膠帶封住鼻子，嘗試在沒有嗅覺的情況下進食是什麼味道。但在這些情況中，我依舊存在於自己的現實裡。我在想，不知道有沒有可能改變我自己的現實，由完全不同的觀點來看食物是什麼味道。

我的上選靈藥是帶著花香調的阿爾薩斯麗絲玲葡萄酒，或者青草香的紐西蘭蘇維翁白酒，可是我不喜歡大家常用來麻醉自己的大麻，吸大麻而飄飄然，會讓我神智混亂，不過這回我決定要用大麻來改變我的現實世界。

胖老公效應

唸研究所時，朋友常到我的公寓來讀書，結果卻變成歡樂派對。一天晚上有人帶了大麻來，分給大家吸，接著我們又分了一桶胖老公口味的冰淇淋。如果光聽我們大呼小叫，你一定會以為我們是餓死鬼，有人狂熱地大讚把又甜又鹹的花生醬脆餅放在香草麥芽冰淇淋的巧思，有人則說巧克力軟糖裹上花生醬混在一起實在是天才之舉。大家一致認為胖老公冰淇淋是我們畢生所嘗過最美味的食品。

派對後第二個禮拜的週二晚上，我在睡前吃了一碗胖老公冰淇淋。美味嗎？當然。是我這輩子吃過最美味的食品嗎？不能算是。先前我們品嘗這冰淇淋時的歡樂改變了我們感官對這食品的感受，覺得那是世上最美味的食物。從那時起，我就把這種現象稱為「**胖老公效應**」。我決定也來作我自己的偽科學實驗，在沒有焦點團體，隨機選擇受測者的情況下，探究這種效應的真假。

羅傑和我找了八位態度開明，願意嘗試大麻的朋友來參加實驗。我們為每一位參加者準備了試食品，等他們抵達，還來不及吸食大麻之前，先讓他們品嘗五種食物，並且每一種都填寫感官評量表。這些樣本食物包括南方式炸雞柳，一塊帕拉諾起司（Parrano，一種半熟成的荷蘭起司），還有代表苦味的比利時菊苣，代表酸味的義大利傑曼諾．艾托爾（Germano Ettore）酒莊所出的辛味麗絲玲葡萄酒，以及夏芬柏格巧克力公司出的的牛奶巧克力棒，讓大家品嘗甜味和口感。接著我們抽大麻，只有羅傑從頭到尾不吸食以保持清醒，由他負責整個測驗的進行，並保證一切按照計畫進行。等大家都抽得盡興了，羅傑再讓我們品嘗同樣這五種樣本食物，讓我們再填一次感官評量表，這回大家不聽使喚，費了一番力氣才完成困難的任務。

我們這群烏合之眾最明白的評語如下，說明了我們的體驗：

吸食大麻讓你所愛的感覺更敏銳，提升了你對它們的經驗，同時也使平常會影響你對食物感受的一些細節（比如難看的盤子，不夠賞心悅目的排列）變得遲鈍，使你專注在你覺得重要的部分。

吸食大麻之後，我覺得菊苣沒有原先那麼苦，而是更甜了。葡萄酒比較不那麼酸，也更甜了。我也和大家一樣，在吸大麻前我就喜歡這種巧克力，但吸完後更喜歡。甜味嘗起來太美好了。

我們共同的體驗是，吸食大麻能加強我們對五種基本味道的知覺，但我們對氣味的感覺變得較差，也因此喪失對食物風味細膩差別的感受。飄飄欲仙的試食者表達出的思緒片片斷斷，鬼畫符般的潦草字跡根本認不出寫的是什麼，但大家的評語都集中在起司或巧克力有多甜，或者葡萄酒多酸或多不酸。後來一位客人發了電郵給我：「吸食大麻後，清淡的味道嘗起來就很可怕。如果我拿烤雞和簡單的沙拉作晚餐，就絕不會讓大家在用餐前吸大麻。身為主人，你希望客人在正確的情況下享受你提供的餐點，因此你要主動地安排整個體驗。如果你是叫義大利香腸比薩來作晚餐，就可以在飯前大吸特吸大麻！」義式香腸比薩鹹、鮮、酸，滿載脂肪，味道十足，絕非細膩清淡的味道。

其實已經有幾十項研究探討過大麻對味覺的影響，其中大部分都是雙盲（double blind）和安慰劑對照（placebo-controlled）的試驗。這些研究採用大麻中的活躍成分**大麻素**（cannabinoids）。普度大學家政系的麥茲研究了許多攝食這種藥物的途徑，有些比較常見：口服、點滴、吸食、舌下、肛門栓劑（這種型式最不容易被尋歡者濫用）。

麥茲的研究是以醫學為目的，要探究可否用大麻來促進人的食欲。要是他真能證明這樣做有效，而不只是傳聞而已，那麼其結果就能對因化療或放療而喪失食欲嘔吐不止的病人有所助益。

在麥茲做的兩項研究中，受測者攝食了大麻之後，就像進了天堂一樣，可以選擇源源不絕的零食：奧利奧餅乾、杯子蛋糕、M&M巧克力、水果、洋芋片、花生、起司、蘇打餅乾、泡菜、優格、酸味糖果、果汁、又甜又苦的巧克力、小紅蘿蔔、胡桃、芹菜，生的青花菜，以及其他種種點心。不出所料，大家選的甜食比其他味道的食物都多，這和我所作實驗中隨意選擇的受測者結果相仿，我實驗中的受測者同樣受甜味吸引。

麥茲無法證明大麻會增進食欲，不過他認為他實驗的方法不當。事後想來，他覺得他採用的食品量實在太多。他雖然沒有見到大麻有增進食欲的效果，但卻由受測者那裡聽說，他們回家，大麻藥效退了之後，大家瘋狂地去搜刮食物櫃和冰箱。另外還有一點很有趣，麥茲說，攝取大麻最好的方法還是吸食，因為這樣做才能很快地調整劑量。如果用吃的，一下肚就無法更改劑量了，只能拿一包餅乾，看一部搞笑電影，等待藥性過去。

麥茲還做了類似的實驗，想知道大麻素是否會影響人對食物的感官知覺。由於已經有其他研究證明：氣味的知覺不會受大麻影響，因此麥茲把重點放在基本味道上，但他並沒有發現大麻的主要成分對味道的濃度有什麼影響。

其他關於聽覺、視覺，和觸覺的研究，同樣也不能證明大麻會加強這些感官知覺。麥茲揣測傳說大麻會提高這些知覺的說法，「很可能是因為它對記憶和認知過程的影響，而不是它能改變感覺系統。」換言之，或許真有胖老公效應，只是它只發生在我們的大腦中。

換個角度吧

只要麥特森公司的執行長史蒂夫．戈德拉姆（Steve Gundrum）想吃印度菜，那麼什麼都阻止不了他。要是有人想阻撓，他就會以自己的方式發揮創意，達到目的。有一次他的老嬸嬸泰西來探望他，泰西是個做什麼事都有她自己規矩的人，她絕對不肯吃印度食物——太辣、味道太濃、外國菜她吃不來。即使史蒂夫說，有的印度菜不辣不濃，她也無動於衷。於是他改絃更張，決定讓她換個觀點。

他告訴泰西嬸嬸說要帶她去吃她從沒吃過的美味燒烤雞肉，她點頭答應，甚至還有點興奮。等史蒂夫和家人擁著她進入印度餐廳的大門時，她才知道自己上當了，教她大感失望，因為她原本真的很期待吃烤雞。

「相信我，我保證你絕不會後悔。」史蒂夫說。

等到印度泥爐炭烤雞腿上桌，泰西嬸嬸喜出望外，因為這菜就像她所期待的那樣，教她食指大動。她首次嘗這種烤雞就愛上了它，也因別人給她的新視野，而體驗到美味佳餚。

錯誤的心情

我母親和她的伴侶鮑勃都喜歡吃館子，住在佛羅里達的他們特別愛街頭巷尾別具風味的小店。他們發現一家由剛從義大利遷來的家庭經營的義大利餐館，因此訂了位，滿懷期待地前往。可是當晚客人很多，因此他們的位子不太理想。他們問主廚兼老闆能否換個位子，他說已經客滿沒辦法換，於是他們問可否坐在吧台上，這老闆禮貌地請他們改天再來。

「為什麼？」他們不可置信地問道。

「因為你們不會喜歡今天的食物。我寧可你們改天以新的眼光再來。」

這實在明智。這位大廚直覺知道客人坐在他們不喜歡的座位上，就像給他們吃沒醃過的橄欖一樣，只會讓他們覺得陣陣苦味。而這位大廚接下來的舉止也顯示他有精明的生意頭腦，當這兩位顧客決定還是留在會灌風的座位上時，他免費送了一瓶酒招待。我母親他們日後回想起來，覺得這位大廚的兩個舉動都高明無比。他們由此學到的重要經驗是，如果你知道會對即將來的飲食經驗不滿，還不如起身離開，免得自己失望，而不要抱著不快的心情勉強進食。

樂上加樂

我和史丹福大學商學院行銷學的席夫教授談話時，他提到愉悅的經驗可以更上一層樓。比如邊看你喜歡的電影邊吃爆米花，電影可以提升吃爆米花的愉快感覺，而好吃的爆米花也能提升看電影的快樂。這馬上教我想到唯有舊金山才有的一段經歷。

舊金山作風奇異的卡斯楚戲院（Castro Theatre）每隔一陣子就會在它歷史悠久的大銀幕上，播映我最愛的音樂劇《真善美》（*The Sound of Music*）。氣氛歡樂的卡斯楚戲院總會在銀幕底下打字幕，鼓勵觀眾一起跟著劇中人物哼唱。觀眾也十分重視此事，許多人甚至穿著戲服來看電影。（想像常在這一區出沒的高大男同性戀穿著修女服，成年婦女穿著皮短褲扮劇中的兒童。）

卡斯楚戲院偏巧也賣超級大桶的爆米花。我雖愛看《真善美》，但很可能是傻呼呼地跟著劇中的歌曲哼唱加強了我對戲院爆米花的印象。席夫說：「大腦記錄下來看電影加爆米化的整體歡愉，會比只有爆米花而無精彩電影的快樂更大。」

大腦把隨著爆米花而來的愉快感受——卡滋的聲音、奶油的香氣、鹹味，把它扔進嘴裡的樂趣，把它和你在吃食之時的愉快融合在一起：張口大聲哼唱的解放感、全場一千六百名觀眾一起高唱的歸屬感、假裝自己才十六、七歲的樂趣。這兩種趣味來源結合在一起，這是由食物獲得最高樂趣的良方，唯一的壞處就是吃得過量。

席夫說：「愉快的體驗並非只來自單方面，並非只由味蕾而來，其他感官也會有影響。」

你畢生中最美好的餐飲經驗亦然，它很有可能是和親友一起享用，大家都歡樂無比，很可能是在慶祝某個重要的時刻。所有這些和食物不相干的愉悅都和你由餐飲美食得到的快樂融合在一起，使之成為單一而深刻的快樂回憶。席夫說：「其中有些資訊來自品嘗的體驗，有些則和味覺經驗無關。大腦並不會去區分情緒來源的差異。」

葡萄酒安慰劑

席夫的行銷研究想要探究的是像麥特森這類公司所擁有的客戶，並且希望能藉此對他們行銷產品的方法有更進一步的心得。席夫把消費者的行為分為兩個元素：欲望和喜愛。欲望和喜愛食物的感覺不只不同，而且這兩種情感是記錄在腦中不同的部位。

每晚睡前，我最愛的莫過於小酌一杯，我自認為對葡萄酒並不盲從於價格，但對我所喜歡的卻很挑剔。我平常愛喝的是奧勒岡的混種白酒，一瓶十六美元，我也常會品嘗羅傑的黑皮諾，一瓶二十五至四十美元之間，要是價格高於這個範圍，我就覺得不值得，因為我就是感覺不出價格高昂的酒有什麼不同。不過或許用fMRI儀器來掃瞄我的大腦就可以看出端詳。席夫對品酒者就作了這樣的實驗。

他讓受測者坐在掃瞄器裡，拿五種不同的酒給他們嘗，一次一種。他告訴受測者說，他們試喝的是不同的卡貝內蘇維翁紅酒。研究人員只告訴受測者酒的價格，而非隨機以字母或數目來作標記。受測者對這些酒所知的唯一資訊就是價格，當然他們也會以同一種酒標識不同的價格，讓受測者試飲。

一如預期，消費者嘗到一瓶九十美元的美酒時，給的喜歡分數當然會比同一種酒卻標識只有十美元時高。不過有趣的就在這裡，席夫的研究團隊觀察這些受測者的大腦，發現標示九十美元一瓶的酒激發前額腦區底部中區（medial orbitofrontal cortex）的活動遠高於標示十美元的同一種酒。大腦這個部位是主宰愉悅快樂的部位，因此似乎能由標價較高的酒體驗更多的快樂。

席夫解釋這個結果的成因：我們看到高價的物品時，就會期待較高的酬報，因為在人生中常可看到一分錢一分貨的事例（車子、房子、教育、度假安排），因此大腦一聽到「一瓶九十美元」的酒，就作好準備，要接受這高價的報償。而既然我們的大腦已經準備好，品酒的行為就集中在這樣的期望之上，我們也因此體驗到比低價酒更高的報償。其實這就是安慰劑效應。當你期待某種藥物能治療你的疾病——而且更重要的是當你要它發生效果時，它通常都會如你所願。而當你期望葡萄酒有好味道——而且當你要它產生這樣的結果時，它也會發生效果。

席夫也談到他以啤酒做的另一個實驗。他證明同一種啤酒如果送上來的方式不同，人們也會有不同的反應：一種是扭開就能喝的瓶子，另一種是需要開瓶器的瓶子。雖然用開瓶器只是比扭開瓶子麻煩一點點，但這一點就能讓你注意到它。同時這也發揮了另一種作用：延長了你欲望的時間，增加了另一層期望，轉化為較高的喜愛程度。席夫說：「在期待愉悅的報償時，得到了報償。」

這正是我們社會的大問題。我們輕易就能取得食物，通常離我們頂多只有幾公尺，隨時可以加熱或直接食用，不需要任何耐心。如今我們比以往更少烹飪，而把這個任務交給餐廳、熟食店、小餐館等，因此我們對食物的渴望很容易就能滿足。我們不容許我們的期望累積，因此也去除了一種愉悅的來源：期待。

在太空中品嘗的滋味

想想食客最大的夢魘：你被囚在斗室中長達六個月，沒有新鮮的食物和水，只能吃經過冷凍乾燥或罐裝的食物。沒有任何一片新鮮水果可食，不能燒烤或爐烤，而且最糟的是，你的身體覺得沒勁。

有人志願受這樣的折磨，他們是：太空人。

我很好奇，不知道當大氣層改變時，我們的味覺會有什麼變化。食物在三萬呎的高空，味道不如在地球上那麼好，但若改變再極端一點，又會有什麼結果？畢竟機艙裡還是有重力和空氣，我想要來到更高的高空。

我訪談了蜜雪兒・派奇諾克（Michele Perchonok），這位食品科學博士是美國航太總署的高階食品科技計畫主任，先前也負責太空梭食品。她談到自己在詹森太空中心（Johnson Space Center）的工作說：「我的工作恐怕是食品科學家最理想的工作，我絕不會想跳槽。」

派奇諾克的團隊為太空梭上的太空人，以及在國際太空站駐留長達六個月的太空人設計食品，他們要面對許多挑戰。首先他們得確定太空人能吃飽，營養充足。太空人在軌道上的時間十分寶貴，每一分鐘都安排了重要的工作或活動，而且他們必須時時都在巔峰狀態，既不能挨餓，也不能飽脹。

另外還有外太空飲食的貯存問題。食品沒有放置殘屑的空間，因此不能有一般食物常會產生的垃圾，諸如空的瓶瓶罐罐、包裝材料、果皮果核等。就像露營和航行時一樣，不論你帶了多少食品出去，都得一路攜著，最後再帶回家。

太空人所吃的熱食大部分是以罐頭的方式處理，經過消毒，毋需冷藏，可是不是裝在笨重的金屬罐頭之中，而是採超市中所售高級鮪魚那樣的真空鋁箔包。鋁箔包的好處是吃完可以攤平折或捲起來，縮小體積。

在太空梭或太空站準備食物的方法有限，沒有電或瓦斯烤架或烤箱，因為在密閉的小空間使用高熱既困難且危險。老實說，在太空中，並不作真正的烹煮。送上太空的食物都已經煮熟，太空人只需要把它們加熱或再添加水分，即可食用。

派奇諾克團隊決定要送什麼樣的食物上太空，並在可折疊收縮的包裝內把它消毒之後，下一步就是要設法使它們味道可口。光靠烹調技巧和食品科技還不夠，因為食物在地球軌道和地球上的味道是不同的。讓我們由進食者的角度來看這個問題。

太空人剛來到太空，需要一點時間好讓身體適應。因為太空中缺乏重力，因此體液流動的方式會和平常不同，會以地球上未曾見過的方式，由身體核心和四肢流入頭部，大約就像頭下腳上懸掛一段時間的感覺，但這樣做也依舊無法達到零重力的情況。太空人通常會感受到他們所謂的「查理．布朗臉」（Charles Brown face），也就是臉因多餘的液體而腫脹起來，除了看起來傻呼呼的之外，還會造成鼻塞，使進食像感冒了一樣毫無味道。他們一樣可以感到五種基本味道，只是香氣大幅減少，因此也喪失了風味。

「太空人一再地告訴我們，在地球軌道上進食，味道和在地球上不同。通常他們都會說，太空中的食物沒味道。」派奇諾克說。這是因為太空餐降低了鈉的量。在太空中若攝取高量的鹽，可能會造成身體水分滯留及其他健康問題。等麥特森公司開發的新超低鈉配方食物送上太空，鹽分會降到更低，意即味道更淡、更少因鹽而釋出的揮發分子，較沒有鹹味。

太空人並不把食物放在盤子上，而由個別的鋁箔包進食。派奇諾克說：「在微重力或零重力環境中，很難移動食物位置，因為它可能會飄浮起來。」除此之外的另一個原因，是如果使用碗盤，必須要帶進帶出更多的固態垃圾，更不用說還得用寶貴的水去洗碗盤。

第三個因素是食物的質地。罐裝食物感覺不新鮮，主要就是因為欠缺食物質地和顏色。四季豆、玉米、豌豆等一口咬下有彈性的食物，裝罐之後會變得軟綿綿爛糊糊，其他的食物也差不多，唯有荸薺例外，荸薺可說是罐裝食品配方人員的夢想成分。罐裝食物也沒有新鮮食物一口咬下時卡滋卡滋的聲音，因此聽覺上的反應亦受限。豌豆青翠的色澤裝罐之後，也變成了單調的橄欖綠，難怪當太空人用叉子把食物挖出鋁箔包準備送入口中之時，不免大感失望。

任何人（包括太空人）如果必須小心翼翼由鋁箔包裡挖出食物來，一次一湯匙直接送進嘴裡，恐怕都不會覺得這是享受。這和烹飪、聞香、把五彩繽紛口感豐富的食物放進大碗中，就是不一樣。

最後，太空人的食物只是溫溫的而不熱，因此限制了需要高溫才會產生的揮發香氣，更進一步抑制了食物的風味。而在零重力的情況下，通常由食物往上飄送到鼻子的氣味雖然依舊會飄出，但並不是往上，因此較少氣味會飄到嗅覺系統。

「我們送去許多調味料。」派奇諾克說，其中大部分是辣的，因為辣的感覺不是來自味覺或嗅覺系統，而是來自傳遞疼痛感受的神經纖維或觸覺，而這樣的感覺在太空中並不會改變。或許等太空人見到外星人之時，可以拿一把乾辣椒給外星人嘗嘗，保不定比和平更有效。

調味料讓太空人覺得自己彷彿有所選擇，這是他們在太空中嚴重缺乏的心理作用。他們在太空中的每一分鐘都已經規畫了各式各樣的活動，由何時要睡覺、何時作實驗，到何時用餐都包括在內。

其他影響太空人進食的心理因素也會發生在距地面一百九十海里的高處，太空人一直都處在低度的緊張壓力下，他們遠離親人，因此對餐飲有遙不可及的期待：這是他們一天中最美好的時候。即使他們的食物是由金獎廚師提供，卻依舊無法讓他們得到滿足、營養、控制、自在感、家裡的味道、安逸、自在，和其他步出大氣層之後所需要的一切。太空可能是體驗、品嘗食物最糟的環境。

差堪告慰的是：太空中的風景倒是宇宙無敵。

第十七章

喪失嗅覺的廚師，以及那些味覺的悲劇

要了解卡洛．米迪歐尼（Carlo Middione）如何喪失他的嗅覺，你得先知道他怎麼走上廚師這條路。

卡洛是十三個子女中的老么，他的父母是西西里島移民，在紐約州水牛城天寒地凍的氣候中努力養活一群兒女。到最後，卡洛的父親馬可決定遷往加州格蘭岱爾（Glendale）市，因為擅長園藝的他渴望一整年都沒有冰雪，讓他能大展長才，種植蔬果，並且捕捉野味。在一九四三年的加州，這種自給自足的生活方式既是節儉，也是他們生活的本色。卡洛還記得他們在舉家西遷時，一路上所吃的食物：

媽媽帶了我們自己用葡萄酒、醋、橄欖、續隨子和洋蔥醃的兔肉，還有很多我們自家做的麵包、蘋果、柳橙、無數的乾果，比如無花果、葡萄乾，和梅乾，許多堅果，尤其是杏仁、榛果，和帶殼的胡桃，以及夠我們一路吃的餅乾，如stronzi di pollo（在我們的方言中是雞屎之意，但其實是芝麻餅乾）、cuccidata（乾無花果餅乾），和savoiardi，這是一種手指餅乾（ladyfinger，因形如手指，故名）。這些食物的量足夠餵飽一整支軍隊。

馬可選了小卡洛作接班人，意思就是卡洛得要作廚師，在這方面，他沒有選擇的餘地。馬可在格蘭岱爾開了餐廳，小卡洛就得待在廚房，只要他一學會拿刀，就要削馬鈴薯皮。他在爸爸身邊當了十一年學徒，在家也跟著媽媽約瑟芬娜煮飯，她恐怕是全家最有天份的廚師，知道怎麼憑一點這個一點那個，挽救出了差錯的菜餚，而她最遺憾的是她的小卡洛沒去當神父。

二次大戰期間，米迪歐尼一家人吃的比他們在南加州的鄰居都好。他們自己灌香腸，用無花果、橄欖和大蒜煮糖醋野鴿，並且憑著父親由歐洲大陸帶來的知識技巧，在公園採集青菜。

卡洛二十多歲時和朋友到舊金山一遊，愛上了這個城市和他後來的妻子。一九八一年，卡洛和妻子莉莎在舊金山的太平洋高地區開店，讓世故的舊金山居民一嘗義大利美食，也就是卡洛的爸爸每天晚上送上餐桌的菜餚。如今義大利食物在美國已經不算是異國食物了，但一九八〇年代初，大部分加州人對真正的義大利菜還都一無所知，而促成改變的就是卡洛。米迪歐尼夫婦把他們的店取名為韋瓦德（Vivande），卡洛的翻譯是「隨時可吃的熟菜」。他們製作和販售如義式烤雞、自製義大利麵食，和西西里風味的海鮮。店內也有當時全美最多種的上等橄欖油和義式陳年葡萄醋可供選擇。他們還賣白松露，以及進口的義大利陳年起司。

韋瓦德經營得有聲有色，而他們把成功歸因於他們大方地讓顧客試吃，而且對於當時一般人還不熟悉的義大利食物如白松露、帕馬火腿（prosciutto），和烏魚子（bottarga，乾燥、醃製的魚卵囊），也不得不採取這種作法。卡洛用烏魚子調理麵食，或者灑在沾著橄欖油和現磨胡椒的麵包上。

「我把這道菜列進菜單後，簡直不敢相信顧客的反應，他們為之瘋狂。你本來以為他們一定不能接受，沒想到並非如此，」卡洛告訴我：「整個氣氛像是參加大冒險。」

卡洛很喜歡他擔任義大利飲食的舊金山大使角色，並且在一九八二年寫了他的第一本食譜：《我愛義大利麵！》（*Pasta! Cooking It, Loving It*）。他在加州烹飪學教授烹飪課，開創該校的第一門義大利烹飪課，大受歡迎，學校決定把它納入必修課程。

顧客一直懇求米迪歐尼夫婦僱用服務生，開餐廳，但他們一直不肯，擔心如果作不出成績，就只是一家普通餐廳，反而破壞了韋瓦德「義大利食品店」的定位。然而許多專賣業者——後來甚至連超市雜貨店都開始販售橄欖油、起司和義大利醋，韋瓦德不得不轉型為餐廳才能競爭。米迪歐尼夫婦把一部分店面規劃為全套服務的餐廳，放了十二張餐桌，開始賣起正宗義大利菜。

卡洛的太太莉莎說：「我們屈服了。」

接下來幾十年，夫妻倆一起經營韋瓦德，莉莎負責業務，卡洛則讓餐廳充滿了他的個性和熱情。他不但是韋瓦德的面子，也是它的鼻子和舌頭。他要品嘗每一種義大利葡萄酒，才能讓它列入餐廳的酒架或酒單。幾乎每一道由廚房出的菜，都由他親手烹飪或經他品嘗認可。他對義大利食物的熱情讓他充滿活力，在餐廳忙到七十多歲。二〇〇七年初，他寫完第六本食譜《義大利麵食》（*Pasta*），對他當年處女作的領域作了更完整的補充更新。

而在這段期間，他周遭的食物和烹飪界也起了很大的變化。在美國，義大利菜成了主流，不再算是特別的外國菜。初榨橄欖油連沃爾瑪都可以買得到，便利商店都有售義大利陳年酒醋，義大利菜教學節目不再只是公共電視的專利，各大電視網黃金時段都開了類似的節目。

如今高齡七十五的卡洛可以算得上當今許多名廚的老前輩了，但他看到廚師界的一些現象卻覺得十分驚駭。對於這一行許多年輕人所表現欠缺精緻和尊重的行為，他感到十分痛心。他說：「烹飪並不是演藝工作，至少我覺得不是。我是純粹主義者，這是一門手藝。」

二〇〇七年五月，卡洛的世界徹底地改變了。他正駕著他那台豐田可樂娜沿著舊金山瓦倫西亞街駛往餐廳，卻被一輛豐田Tundra貨卡追撞，他被送到醫院時，不但撞掉了門牙，胸骨斷了，脊椎裂了，肋骨也折了，還有腦震盪。

等他張眼醒來，只覺得天旋地轉，疼痛難當。醫師開了強力止痛劑給他，他以為自己的味覺和嗅覺遲鈍是因為這個原因。這是卡洛這輩子頭一次沒有食欲。

在痊癒的過程中，他慢慢停掉止痛藥，雖然食欲回來了，但他的嗅覺卻照樣不靈。他覺得有哪裡不對勁，卻說不出問題所在。一天他突然注意到自己已經由葡萄酒改喝威士忌，因為他已經不再能享受葡萄酒的風味，而需要更強烈的刺激，然而他喝威士忌時，卻連最基本的煙味都嘗不到。

醫生說車禍可能損及他的嗅神經，他的頭在駕駛盤和頭枕之間撞擊振動時，嗅覺的連結可能切斷或扭曲了。他開始聞到明明就沒有的東西，尤其像是腐爛的臭味，如腐肉或狗屎。這些幽靈的氣味，或稱幻嗅，很可能是嗅覺受器試圖再生，而在過程中努力建立連結，結果聞到並不存在的氣味。對卡洛和其他幻嗅的患者來說，可惜的是他們嗅到的都不是好聞的氣味。

卡洛也開始感覺嗅覺異常，對某些氣味的知覺不對勁。比如卡洛頭一次到我家來時，我問他對我們正在喝

▼｜嗅覺與味覺障礙

嗅覺術語	**定義**
嗅覺喪失（Anosmia）	完全喪失嗅覺功能
嗅覺減退（Hyposmia）	嗅覺功能減弱
嗅覺異常（Dysosmia）	嗅覺扭曲不正常
幻嗅（Phantosmia）	無外力因素的嗅覺不正常
惡臭（Cacosmia）	教人不快的不正常嗅覺
Torquosmia	惡臭的一種，正常的氣味聞起來像焚燒物品的味道
嗅覺過敏（Hyperosmia）	對氣味敏感度提高
嗅覺恐怖（Osmophobia）	不喜歡某些氣味
嗅覺倒錯（Heterosmia）	所有的氣味聞起來都一樣
老年嗅覺神經退化（Presbyosmia）	因年齡增長而嗅覺衰退
特定嗅覺喪失（Specific anosmia）	無法聞到某種氣味，又名「嗅盲」

味覺術語	**定義**
味覺缺失（Ageusia）	喪失味覺功能
味覺遲鈍（Hypogeusia）	味覺功能減退
味覺異常（Dysgeusia）	味覺扭曲不正常
味幻覺（Phantogeusia）	無外力因素的味覺障礙
惡味，劣味（Cacogeusia）	教人不快的不正常味覺
Torquogeusia	惡味的一種，把正常的味道當成焚燒物品的味道
味覺過敏（Hypergeusia）	對味道的敏感度提高
味覺倒錯（Heterogeusia）	所有的食物嘗起來都一樣
老年味覺神經退化（Presbyogeusia）	因年齡增長而味覺衰退
特定味覺喪失（Specific ageusia）	無法嘗到某種味道，又名「味盲」

的葡萄酒聞到什麼？他停下談話，搖晃酒杯，聞了半天，又品嘗了那杯黑皮諾，結果宣布他聞到剛洗好的枕套味。我可以保證這必是嗅覺問題，因為我在九〇年代就已經不再買怪味葡萄酒了。

最後卡洛的嗅覺終於穩定下來，他稱頂多只能說是稍縱即逝的地步。醫師告訴他，醫界尚未找出方法治療嗅覺創傷，恐怕他這輩子再也不能正常地嗅聞了。他說他聽到這消息，「真想嚎啕大哭」。

嗅覺喪失

大部分人以為的味覺喪失，其實是嗅覺喪失，因為多餘的味覺神經比嗅覺神經多。共有三種神經可傳達味覺：三叉神經、鼓索神經，和舌咽神經。

「光是一種味覺神經受到損害，你根本渾然不覺。」佛羅里達大學人類嗅覺與味覺研究中心巴托申克主任說。然而嗅覺則只靠兩種神經傳送：嗅覺神經和三叉神經，而其中三叉神經只是輔助角色，只傳達刺鼻的氣味，如醋和氨。嗅覺神經是唯一真正傳送氣味的網路，光是切除它，就會造成嚴重的影響。

卡洛只有三叉神經來「**感覺**」食物的氣味，這和嗅聞並不相同。醫生告訴他，他們沒辦法治癒他的嗅覺。

為了給卡洛打氣，我寄了德國德勒斯登湯瑪斯．哈默（Thomas Hummel）博士寫的研究報告給他。哈默在報告中描述了病人經反覆氣味訓練之後，恢復了嗅覺。他讓病人一再嗅聞一種稱作「嗅聞筆」（Sniff 'n Sticks）的氣味筆，讓他們把所得的感官資料（不論多麼微弱）和氣味相連結。我鼓勵卡洛也嘗試這個方法。卡洛所去看的醫生沒有一個知道這項研究，可見大部分的醫生對味覺和嗅覺這方面的科學所知都不多。

卡洛在沒有嗅覺的情況下，依舊努力維持餐廳，但經濟不景氣，生意衰退，和因為不能依賴他的嗅覺而必須請人幫忙使成本提高，都使得日子越來越難過。二〇一〇年初，韋瓦德餐廳終於在經營了二十九年之後，宣告歇業。

當我們喪失二〇%的感官時……

喪失嗅覺恐怕沒什挽救的辦法。如果你失明，可以學點字法，如果失聰，可以用助聽器或學唇語或手語。但若你喪失嗅覺，卻不可能由氣味分子得到感官資料。卡洛的幾位醫師還要他在脖子上戴一個警報裝置，偵測瓦斯漏氣。沒有嗅覺保護，卡洛其實置身險境。

他的職業生涯就這麼突然中斷。他提起訴訟，但陪審團判賠的金額顯示他們既不相信卡洛喪失了嗅覺，也不相信他的嗅覺失靈是因車禍引起，這樣的結果讓卡洛夫婦大失所望。

如果你喪失嗅覺，就等於喪失了二〇%的感官。要是感官是一支籃球隊，這就意味著折損了一名先發球員。如果感官是搖滾樂團，失去嗅覺就等於喪失了吉他手。

要是卡洛因車禍而失明，恐怕獲得賠償的機會比較大。他的律師尚恩．歐魯克（Sean O'Rourke）說：「那樣陪審團能掌握更清楚的資料。如果他斷了腿，或者——但願不會，頭蓋骨折，可以顯示在磁振造影或X光片上，情況就不同了。」但嗅覺喪失，外表卻看不出來。

老化與藥物導致的嗅覺與味覺喪失

在卡洛的訴訟中，被告一方一直指稱卡洛嗅覺的異常是因他的年齡，而這一招很合理，因為六十五和八十歲的人，有一半都有嗅覺喪失的問題。

許多藥物都會影響嗅覺和味覺。高血壓和抗憂鬱藥物就會影響嗅覺。研究顯示，在服食處方藥的病人中，藥物引發的味覺失調高達一一%之譜。嗅覺退化可能會使你增加鈉鹽的攝取量，灑過多鹽分，以求符合你記憶中的鹹度。你也可能會吃更多甜食，以滿足你對味覺的感官需求，藉以取代嗅覺。問題是太多的鹽和糖對健康都不利，嗅覺和味覺喪失或衰弱可說是沉默的健康殺手。

吸菸影響嗅覺是不爭的事實，吸菸者在嗅覺測驗的分數通常都比同齡的非吸菸者低，而嗅覺喪失的程度也隨吸菸量增加而更嚴重。老菸槍一般說來都有更明顯的嗅覺失調。

戒菸可以恢復因吸菸而受損的嗅覺，你可以用燃燒菸草的氣味，交換嗅聞烤麵包、鮮榨橄欖油，和黑皮諾葡萄酒似有若無揮發氣味的能力。只要你一戒菸，就立刻會體驗到鼻子和口內嗅覺的諸多感官刺激。

吸食古柯鹼等禁藥，如果這些藥物像Zicam感冒鼻噴劑（一種同樣是直接噴在鼻內的成藥）破壞嗅覺組織，也可能造成嗅覺失靈。數年前有朋友介紹我用Zicam牌的鼻腔棉棒，號稱能預防或減輕普通感冒的症狀，我用了幾次並沒有副作用，後來我覺得它們沒什麼效而停用。可是有些人不像我那麼幸運。在

《感官小點心》

天生無法感受疼痛的人也無法嗅聞，再度證明了嗅覺和觸覺兩者息息相關。

一百三十人使用Zicam而喪失嗅覺之後，FDA建議消費者停止使用這些產品。FDA網站上警告：

使用這些產品緩解感冒症狀的人很可能冒喪失嗅覺的嚴重風險，我們擔心消費者可能在不知情的情況下，使用可能造成嚴重傷害的產品，因此我們建議消費者不要為任何原因使用這種產品。使用相關Zicam產品而有嗅覺喪失或其他問題的人應和醫師聯繫，喪失嗅覺可能對個人生活品質有負面影響。

卡洛對此有親身的慘痛經驗。

頭部傷害造成的嗅覺喪失

「頭部傷害是嗅覺失調原因中較普遍的一種。」《嗅覺神經學》（*The Neurology of Olfaction*）的共同作者理查・杜提博士說，不過這種傷害不必嚴重到頭骨破裂的地步，儘管卡洛的案子顯示，這樣恐怕比較容易贏得告訴。光是頭上一撞，或者只要脖子一扭——根本不用接觸其他物體，就足以破壞你的嗅覺。就如卡洛所體驗到的，嚴重的頭部傷害可能先是腫脹，然後造成永久或暫時性的嗅覺喪失。腫脹少則幾天，多則幾個月，一直要等消腫之後，醫師才能診斷損害的程度。經驗豐富的醫師會等一段時間，再進行嗅覺或味覺測驗。

等到病人可以作測驗之時，適當的測驗方式也相當重要。卡洛的醫師中，沒有一位為他作過UPSIT

（賓州大學味覺辨識測驗），這是嗅覺的標準測驗，其中甚至有一位隨手用她辦公室裡的東西作測試。我疑心這種所謂的測驗究竟是幫了卡洛的忙，還是幫了倒忙。許多人不明白，幾乎所有的氣味都有可觸知的成分，如果未經訓練的人用這樣的物質來測驗卡洛（比如用醋、薄荷，或者肉桂），他可能可以感受到這種氣味。果真如此，他可能會說他感覺到了某物，因為雖然他的嗅覺神經像他的車一樣被毀了，他的三叉神經依舊是完好的。

如果你懷疑自己或某人有喪失嗅覺的現象，趕緊去嗅覺味覺中心或診所求診。你要請專家用適當的方法進行正確的測驗，不論是UPSIT、簡明嗅覺識別測驗、嗅聞筆，或者嗅覺測定器都好。就算那人不能看醫生，你也可以由www.tastewhatyouremissing.com購買嗅覺測驗，在家測試。

沒有味覺會錯過什麼

徹底喪失味覺的情況極其罕見，只有一種方法能複製喪失味覺的情況，需要麻醉，還要一位樂於合作、觀念開放的牙醫。蘿瑞．諾文斯基（Laurie Novinsky）醫生為了科學之故答應我的要求，先幫我注射了一管卡波卡因（carbocaine，麻醉劑），不久再注射一管利多卡因（lidocaine）。我想要她幫我麻醉整個口腔，但她強烈反對。

「你會驚慌，」她說：「會覺得你無法吞嚥，好像無法呼吸一樣。有些人會窒息，並因這種感覺而嘔吐。」我記得巴托申克告訴我她作這個實驗時嘔吐，所以我相信我的這位牙醫。

我們同意她麻醉我三分之二的口腔，等我開始覺得麻痺了，就要到一間空的辦公室，夾住鼻子，打開我帶來的食物。我品嘗樣品時首先注意到的是口腔裡含有多少味覺細胞——要是我不小心地把食物放在麻痺的三分之二部分，就會感受到臉頰內側有甜和鹹味，比我想像的敏感得多。

我拿起一匙未加鹽的奶油，抹在麻痺的舌頭和頰內，結果沒有任何味道，不酸、不鹹、不苦、不甜，只有滑潤的口感。就算我把奶油移到口內還有一點味覺的部分，也嘗不到什麼。我放開鼻子，奶油的「甜味」就緩緩展開，就像一小團奶油在熱煎餅上融化似的，這有個啟示：未加鹽奶油的甜味其實不是甜味，它是聞起來甜的香氣。當然還有其他細膩的味道，構成奶油無與倫比的風味：奶味、起司味、黴味、奶油味。徹底改變了我對奶油的想法，現在我認為奶油有脂肪和香氣，但沒有味道。要不是舌頭麻痺，恐怕我不會發現這一點。

麵包則讓我對食物的質地另有體會。雖然我的唾液量還正常，但在讓麵包濕到能吞下去的過程中，卻讓我感到噁心，因為不管我怎麼嚼，都感受不到味道，比沒味道更不舒服：好像在嚼一口沙子，直到它變成一團濕濕黏黏的糊狀物，這教我明白為什麼天生沒有味覺和嗅覺的佛萊德曼，和班傑利冰淇淋的兩位創辦人為什麼這麼在乎食物的質地。如果那是你僅有的感覺，它就有自己的生命。最後我在還有感覺的口腔左邊有不快的感受：像醋一樣銳利而刺激。我放開夾住的鼻子，發現那酸味和天然酵母酸酵種麵包的氣味相關。

諾文斯基醫師說得對：沒有先嘗出食物，真的很難下嚥，很超現實，好像邊睡邊吃一樣。我想要和真正喪失味覺的人談談，但這種情況太罕見，只有少數的病例紀錄。在莫奈爾負責味覺嗅覺診所的畢佛莉・柯華特（Beverly Cowart）和我談起她的病人。

「真正喪失味覺的人進食比喪失嗅覺的人更困難。喪失嗅覺的人覺得食物不再可口，但喪失味覺的人則說他們連吞嚥都有問題。」她告訴我。

她提到一名喪失味覺而無法進食的病人，他似乎無法讓自己相信食物是安全的。這種「作決定」的感官崩潰之後，他體重驟減，營養不良。我問她後來呢？

「他死了。」她說。

記憶永留存

當有一名患者因喪失嗅覺而來巴托申克的診所求診時，她建議他回想各種氣味，因為有些人天賦異稟，能夠「**看見**」氣味，並且像真的一樣體驗它們。影評人羅傑・艾伯特（Roger Ebert, 1942-2013）就是其中之一。

艾伯特多年來一直為《芝加哥太陽報》（*Chicago Sun Times*）撰寫影評，並且與另一位影評人吉恩・西斯克爾（Gene Siskel）聯袂主持的一週一次的電視節目《談電影》（*At the Movies*），後來則與理查・羅普（Richard Roeper）聯合主持，但他與兩名主持人經常意見不合。艾伯特思想深刻，尤其後來他臉部的下半邊因癌症而切除之後無法說話，但他一直筆耕不輟。

隨著艾伯特喪失了下顎和說話的能力，他也無法再進食，甚至無法把食物放進嘴裡，只能用胃管（G-Tube）灌食營養，他在自己的網頁上以優美的文字描寫他與食物的新關係：

我經歷了一段對飲食十分迷戀的時光，最後想到用胃管喝可樂的點子。醫生說，當然可以，喝一點有什麼關係？一點點糖和鈉鹽沒什麼大不了。

我作了夢。我正在讀戈馬克．麥卡錫（Cormac McCarthy）的小說《蘇崔》（*Suttree*），其中有一段，主人翁在一個燠熱的夏日，懶洋洋地在自己的船上由河裡拉出用繩子綁住的柳橙汽水喝，我清晰地感覺到那泡泡，迄今還歷歷如繪。後來他用冰鎮過的杯子喝啤酒，雖然我不喝啤酒，但冰鎮的杯子卻引發了深藏的記憶，想到父親和我駕著他那輛老爺車到A&W Root Beer速食餐廳（是段碎石路，服務生把食品端到車旁，還有車窗旁的托盤），還有他說：「再給這孩子買五分錢麥根沙士。」車裡幸運星（Lucky Strike）的菸味，濃重的暑熱。

連續數晚我半夜醒來，全心回想那沉重的小玻璃杯，冰塊在裡面打轉，還有那第一口麥根沙士的味道，我一口又一口啜飲，冰塊一次又一次地滑下我的指頭。然而永遠不再了。

一天，我的小舅子，強尼．哈默（Johnny Hammel）和他太太尤妮絲（Eunice）來醫院看我，這是我最喜歡的兩個人，他們是耶和華見證人（Jehovah's Witnesses，基督教非傳統教派），也知道我不是。我提到這點是因為他們以他們的信仰來闡釋我的故事。我描述我對麥根沙士的綺想，我可以聞到它、嘗到它，感覺到它，我說我六十年來頭一次那麼清楚地記得父親和我在一起的那一天。

「難道你從前都沒有想過它？」強尼問我。

「一次也沒有。」

「也許上帝取走你喝的能力，卻還給你那段回憶。」

不論我的神祇是上帝或麥卡錫，這都是我需要的言語，由那時起，我用我所記得的，來取代我所失去的……

如何避免喪失味覺

對於我們該如何避免喪失味覺和嗅覺，杜提的建議有點半開玩笑：「不要外出，避開小孩和寵物，」因為「病毒、細菌……」

杜提認為我們人類演化到只能健康地活到三十歲左右。雖然我們有科技可以讓自己保持健康更長久，但並不能防止身體系統在我們覺得適當之前許久就衰退。就像羅格斯大學的布瑞斯林一樣，杜提以車比喻味覺和嗅覺的再生，他說，人體「就像原本設計只能走多少路程的車一樣，到某個時候你就得開始更換所有的零件」。

不幸的是，我們還沒有任何方法可以取代喪失或失靈的味覺或嗅覺。我們在關節和骨骼的置換上很有進步，也能移植內臟器官，甚至可以植入新網膜，讓某人重見光明，但我們卻還想不出該如何取代攸關緊要嗅覺和味覺系統的「零件」。

Taste What You're Missing

第十八章

味覺對腰圍的影響

咀嚼吧，讓食物留在嘴裡久一點

人類有一張吃垃圾食物的臉。《人類頭骨演化》(*The Evolution of the Human Head*)作者哈佛大學教授丹尼爾·李柏曼(Daniel Lieberman)寫道：「許多間接的證據都顯示，現代人的下顎和臉並沒有成長到和以往同樣的大小，究其原因，純粹是因為我們的食物較以往柔軟，更人工化所致。」

黑猩猩醒著的時間，可能有一半都是在咀嚼，因為牠們的飲食以植物為主，需要不停地咀嚼以切斷植物細胞，讓牠們能夠吞嚥消化。這讓「慢食」有了新的意義。而人類每天吃飯花不到兩小時，花在咀嚼上的時間更少，只佔用餐時間的一小部分而已。

我們勤奮的老祖宗已經學會如何磨碎、軟化、烹煮、混合，和烘烤營養豐富、熱量又高的食物。我們食用的大部分食物都十分柔軟，可以只花很少時間咀嚼，而把大部分時間用在瀏覽網際網路上。但除非你咀嚼食物，否則就不能品嘗它的味道，因此讓我們換個方向來想：那些黑猩猩可真幸運！牠們花半天的時間進食！如果我們美味的食物可以在我們嘴裡停留更長的時間，豈不甚妙？

這可以辦到，只是我們得改變飲食內容，換成需要大量咀嚼的食物。有些人嘗試過，但很難由以植物為主的生食取得適當的營養。其實我們並不必這麼極端，只要加一點需要下顎工作的食物到我們的飲食之中就夠了。

十九世紀的創業家何瑞斯．弗萊契爾（Horace Fletcher）因體重過重，因此設計了自己的飲食規則，基本原則就是細嚼慢嚥。除非食物已經沒有一丁點的質地，否則他不吞下去。他曾咀嚼洋蔥足足七百下，才覺得可以吞下去。這種方法稱作弗萊契爾飲食法（Fletcherizing），當時頗得全美國母親的擁護，她們叮嚀孩子至少要咀嚼四十五下才能把食物吞下去。但即使是二十世紀初的人，都忙碌得沒空把每一口食物咀嚼三分鐘以上。

弗萊契爾在咀嚼的過程中品味食物滋味，他寫道：

> 仔細想想就會明白，即使在用餐的目的僅是享受飲食之樂之時，為什麼我們還會在那一口美食滋味最好、或是還有滋味的時候，把它一口吞下？……佔有的欲望，或者該稱為貪婪，促使我們囫圇吞下食物，以便緊接著可以再吃下一口，卻沒有想到那一口的美味最後的一點餘韻就像燭光將熄的最後搖曳，比先前的每一段都更明亮……
>
> 如果我們容許味道發揮到淋漓盡致的地步，它就會藉著它所散發的樂趣，滿足它自己的歡樂容量，並且預防貪食——而非導致饕餮。

這段文字見於弗萊契爾一九〇三年出版的《新饕餮或美食家》（*The New Glutton or Epicure*），當時他已甩掉大部分過重的脂肪，四處宣揚健康飲食之道，雖然後來被視為流行一時的飲食法，逐漸式微，但他提倡的弗萊契爾飲食法依舊有許多忠實的追隨者，包括實業家約翰・洛克菲勒（John D. Rockefeller）。

就像人生許多事物一樣，適度的弗萊契爾飲食法自有其益處。下回你用餐時，把你常吃的配菜換成生菜，因為你得細嚼，才能把蔬菜嚥下喉頭，拖長你飲食的時間，等你吃完時，攝取的熱量也比平常食用較人工化的副食少。在你啃胡蘿蔔時，想想人類何其幸運會使用火，讓你能控制自己何時吃生食，享受蔬菜天然的甜味、清脆如木質的質地、嬌艷欲滴的顏色，並且感謝這個讓你的下顎派上用場的練習，因為它提醒你不用只靠生食存活。即使你吃的是軟質的食物，也能藉著咀嚼，或者只是讓它們在你口中吸來吸去，而得到更多的風味。

這種軟質飲食造成的另一個結果是，我們的牙齒和口腔的大小不合。由於我們不再像老祖宗那樣拚命地咀嚼，因此下顎長得就沒他們那麼大，結果智齒沒地方放，只好擠在那裡，必須被拔出來。要是我們吃的是和老祖宗一樣高纖耐嚼的食物，大概就不用像如今這樣進貢這麼多銀子給牙醫。

氣味與身材

喪失嗅覺可能造成體重減輕的結果，如此一來，你必然以為研究官能的科學家已經解開肥胖的密碼，其實不然。倒不是他們沒有嘗試，只是徒勞無功罷了。

芝加哥嗅覺與味覺治療研究中心的負責人亞倫・赫什（Alan Hirsch）醫師是研究成果豐富的學者和發明

人。他雖性情古怪，但卻滿懷熱情，發表了數本嗅覺和個性相關的書，書名大膽如《吃食品，定性格》（*What Flavor Is Your Personality?*）按照他書中的說法，我生性多疑。他寫過一些名稱教人瞠目的報告如《引發性趣的氣味》（*Sexually Exciting Odors*）。他是少數努力——更像無所不用其極地把感官科學研究結果應用在實際世界問題上的醫界人士，而最重要的問題，就是減肥。

赫什醫師推出了一種稱作Sensa的產品，根據行銷資料上的說明，這產品可以對你的嗅覺產生影響，造成飽足感，它號稱能引發「我飽了」的訊號，讓服用者吃得更少，卻感覺更飽。

然而，特定感覺厭膩作用這種常見的現象，卻未必能壓抑飢餓或進食的欲望。這種作用背後的觀念是：在不停地接觸同樣一種食物時，我們可能對它產生飽足感——到厭膩的地步。比如你一人獨享義大利臘腸比薩，吃到某個程度，必然會覺得膩味，不想要再吃。雖然這種反應並不會在你一進食就馬上發生，或者教你膩到一口也吃不下，但這種機制卻讓我們不致飲食過量。重點是特定感覺厭膩作用只發生在你正在吃的食物上，意即雖然你吃比薩已經飽脹到腹大如鼓的地步，卻還有肚子可以吃點別的，比如冰淇淋。沒錯，在吃完正餐後，你總還有胃納，可以吃甜點，這正是特定感覺厭膩作用在作祟（可並不是另外還有個專門裝甜點的胃）。而若你不想要Sensa發揮作用，只要把食物由比薩改為甜點，然後再換成其他食物，一般人進食就像這樣。

我由Sensa.com訂購了一盒Sensa。在這裡要順帶一提的是，該網站採用的訂購方式教人不太放心：你把信用卡號碼給他們，商品每月會源源寄到，如果你不想繼續收到產品被收錢，那麼取消訂購是你自己的責任。

我本身就是食品開發業者，對食物的成分很熟悉。原本我以為Sensa會含有一些神奇的植物成分，掌控抑制飢餓的奧祕，然而一瞧它的成分表，列出的卻只有麥芽糊精（maltodextrin，一種玉米糖漿固體，用來增加如蔗糖素等成分的體積）；磷酸鈣，這是防結塊劑；和二氧化矽，這是乾燥劑；再加上香料和色素。一連幾天，我把Sensa灑在食物上，但吃起來沒有什麼特別的感覺，而且每次要吃東西前就得記得要灑Sensa，實在很麻煩。我相信許多消費者也和我一樣，很快就放棄而恢復正常的飲食方式。

接著我又發現了SlimScents，這是「一位芝加哥醫師」研發的產品，他的名字和相片已經由網站上移除，實際上，根本很難辨識這個產品幕後究竟是什麼人。這種飲食筆號稱會散發香氣，在你感覺飢餓卻還未進食前嗅聞，每天至少十次。理論上，你應該會因為適應了這香氣，而阻礙或限制你的食欲。

其實不然。因為只要你在每次嗅聞之間，間隔足夠的時間，並且假設你在兩次嗅聞之間和平常一樣活動，你就不會因適應了這香氣而產生食物厭膩的問題。而真正的問題在於，在進食前先嗅筆散發出來的氣味，或者只嗅筆的氣味而不進食，究竟有沒有效？SlimScents的網頁上提供一個臨床研究的PDF檔，證明這種筆的療效。這份報告執筆的作者之一，巧合得很，正是Sensa的發明人赫什醫師。

為了開發熱量、鈉鹽，或脂肪低，或者其他對你有益的新食物，麥特森公司作了許多研究。我們的客戶包括各大食品公司，但沒有一家要我們開發以氣味為基礎的節食輔助食品。要是人類的新陳代謝需要補充能量時，能這麼容易滿足就好了。

當然，我們進食還有別的理由，和飢餓毫不相干。在我們對感官科學之所知，和它與人類行為的關係之間，還有極大的鴻溝。我們雖然已經朝這個方向努力，但卻離解決肥胖問題還非常遙遠。

聞不到就會瘦？

在評鑑餐廳時，我認識了黛博拉，她因為喪失嗅覺，而減輕了三十多近四十磅（約十八公斤），因為她根本就不吃東西了。這教我不由得想，如果我們只要暫時停止嗅覺就能消瘦，豈不是太簡單了嗎：把鼻子捏住半年，就減個十幾公斤。比起減肥手術來，這可是既便宜、如果改變主意也還來得及挽回的方法。

可是接著我又想到另外那一位嗅覺有問題的朋友卡洛。他和其他許多喪失嗅覺的人一樣，體重不減反增。他告訴我他一吃再吃三吃，就是希望下一口食物能像當初他嗅覺正常時一樣，讓他感到滿足。如此一來，究竟哪一種才對？喪失嗅覺究竟是會減少或增加體重？目前這方面尚無定論，因此我前去向嗅覺味覺中心的專家求教。

巴托申克很實際地說：「其實，喪失味覺和嗅覺並不會使體重減輕。」喪失嗅覺的人並不會失去引發飢餓的機制，亦即他們依舊會餓。他們因飢餓而進食，而他們所吃食物的量和種類因人而異，但若他們其他的身體系統運作良好，那麼一等他們的胃空了，就會飢餓，就和其他嗅覺正常的人一樣。他們可能像黛博拉一樣，因為覺得食物不如以前美味，而吃得比較少；但他們也可能像卡洛一樣，因為覺得食物不如以前美味，而吃得比較多；也或者，喪失嗅覺味覺對他們進食的量並無影響。人對喪失嗅覺的反應，就和他們對人生中其他重大改變一樣，都是因人而異。

當然，也有其他原因會造成體重減輕，而正巧和喪失嗅覺同時發生，而這些原因就被歸為體重增減的代罪羔羊。比如用來治療癌症的化療會造成味覺或嗅覺喪失及嘔吐，而究竟這其中哪一種該為病人的體重減輕負責，則很難分辨，因人而異。另外也不要忘記當被診斷出癌症並展開治療，或因車禍受傷的震驚與創傷。情緒失控可能會造成飲食改變，當你因壓力而吃多或吃少，很可能由你的身體質量指數看得出來，但重點是，人人都不同。

教出不挑食的孩子

要是我們能調教出能開開心心吃完盤裡所有的青菜，不用討價還價半天的孩子，豈不很理想？要是我們能調教出喜歡水果而非糖果的孩子，或者生日時寧可吃青花菜和菠菜，而不吃蛋糕的青少年，不是太妙了嗎？如果我們能了解促成食物偏好的是什麼，能不能做到這一點？當然，我們尚未得窺全豹，但對感官科學基礎的了解，至少能讓我們有個起頭。

首先，我們得記得旺盛品味者約佔二五%的人口。這些超級敏感的人很難訓練，因此我們先由比較容易訓練的人著手：剩下七五%的一般和耐受品味者。

孩子們在子宮裡就已經在學習口味的偏好。莫奈爾的研究人員已經用胡蘿蔔實驗證明這一點，因此第一步，也就是最簡單的一步，就是強烈鼓吹孕婦和正在哺乳的媽媽多吃有益健康的食物。這雖是老生常談，但並不是說她們非得只吃健康的食物不可，她們只需要在懷孕和哺乳的關鍵期，讓孩子接觸到這些食物的口味就好。孩子們必須接觸魚類、各種苦味蔬菜，也得要品嘗茶、紅酒[11]、胡桃、鮭魚，和其他已經證明有益健康、口味複雜的食物。

孩子出生之後，我們就得培養他們的味覺，讓他們知道好吃的食物未必要很甜、富含脂肪，或者很鹹。我們得告訴他們：苦意味著有益健康。認為苦味食物有營養的文化往往會因此多吃苦味食品。

我認為低收入族群肥胖、高血壓、糖尿病的情況較多，是因為他們從沒學習欣賞苦味。低收入家庭（一般較常吃加工食品，而平均說來，加工食品比新鮮食物更少苦味。如果你小時，家裡從沒吃過苦的食物，你就永遠不知道青菜也可以很好吃。

如果我們想要改善低收入族群（其實也包括所有族群）兒童的健康，只要教他們欣賞有益健康食品的味道就夠了。

我們可以學遊戲書那樣，教孩子體會健康食物的味道，把品嘗苦味當成一種值得讚賞的勇敢成就，也就是當成一種遊戲。誰最能忍耐菊苣的味道？吃甘藍菜芽時，誰不會擠眉弄眼？誰真的喜歡蘿蔔的味道？我們越教孩子苦味食物往往意味著有益健康，就能越讓他們有這方面的資訊。當然，如果我們能讓這個資訊越有趣，他們就能記得越熟。

---

[11] 當然是指適量。數世紀來，歐洲婦女懷孕時都飲用適量紅酒，堪為借鏡。

飢餓的滋味

我請各位想想上一次飢腸轆轆，餓到前胸貼後背的滋味。對已開發國家的人民來說，恐怕要體會這種滋味並不容易。只要我們感到一點點飢餓，就趕快滿足它，就好像它是新生寶寶一樣，只要它一威脅要哭，我們就趕緊餵奶。結果我們已經把飢餓的滋味忘得精光。

當我們坐下來進食——或更糟的，站著，或者邊開車邊進食時，其實並不知道自己進食的原因，是因為我們有點餓，還是因為無聊、很飢餓，或者只是因為到了用餐時間。我想了解科學界是否也同意我的看法，因此致電多倫多大學社會心理學家派翠西亞．普萊納，她研究為什麼人類吃他們所吃的食物，以及為什麼他們吃這樣的量。

我請教她的專業意見：由我們醒來到入睡的這段時間，食物唾手可得對我們所吃的內容和分量，是否比飢餓對我們有更深遠的影響？

「當然，百分之百，」她指出，「除了在非常極端的情況下，人們吃東西的分量受社會標準和食物是否容易取得的影響遠勝於飢或飽。我認為後兩者對於人吃多少分量的決定，往往並不重要。」

不重要？飢或飽不重要？我們以為我們吃東西是因為肚子餓了，不吃是因為肚子飽了，但這位研究飢餓的學者卻告訴我們並非如此。普萊納說她做的一個實驗就證明了這個事實。

首先，她請受測者到實驗室來，給他們固定分量的食物：一碗雞湯麵、蘇打餅乾、火雞三明治、草莓優格和水果，正正好三百六十九卡。一半的受測者獨自站在櫃檯上吃掉這樣分量的食物，這是模仿我們吃點心的情況。研究人員也以吃零食般的言語和他們互動。另一半的人則被帶到一間房間，兩兩在餐桌前相對而坐，並播放音樂。他們的食物分為三道：先上湯，佐以蘇打餅乾，然後是三明治當主菜，最後再來優格和水果作為甜點。食物放在盤子上，他們使用銀餐具進食，不過熱量同樣是三百六十九卡，這是模仿正式進餐的情況。稍後，兩組人都可取食不限量的義大利麵，結果原先站著隨意進食的人，吃的比那些較正式進食的人更多。要記得：兩組受測者在吃義大利麵前，都吃了熱量相同的食物。

這個研究的重點是：不要站著吃東西！更發人深省的是，這個結果顯示，光改變你對零食的想法，就能改變你接下來進食的方式。如果你真的很餓，覺得要吃很多零食，比如一堆蘇打餅乾、起司和湯，也應該坐下來用盤子和餐具用餐，說服自己這種分量的食物已經算是一小頓飯。當你坐下來吃下一頓飯時，也該跳過開胃菜和湯，要不就吃分量小一點的主菜，因為你先前吃的餅乾、起司，和湯已經可以算是一小頓飯了。這些的卡路里都會計入你整天攝取的熱量之內，只是你對它們的看法不是杯子半空，而是半滿。只要你做對了方法，就能讓自己一天吃三頓以上的餐點！多麼奢侈，多麼享受！

零食——尤其是分量十足的零食，可不是沒有後果的。自欺欺人的想法正是讓西方人如此肥胖的原因。

和超級名模共進午餐

最近我在休士頓機場旁的一家旅館過夜，時間已經很晚，飢腸轆轆的我點了一盤義大利麵，結果送上來的是超過三十盎斯（約八百公克）的麵食，盤子比我的車輪還大。原本我對義大利麵的大小標準是舊金山戴菲納餐廳小小的一點放在十吋的盤子上，我想休士頓這家旅館的常客如果看到史托爾主廚送上來的分量，必然會大失所望。當你習慣某個標準之後，其他的大小都顯得格格不入。

先前我提到視覺上分量的大小會影響你吃東西的多少，記得前面提到無底的碗，會讓人多吃七三%的食物分量。普萊納還發現你也會配合和你共進餐點的同伴調整進食的分量。就像正在戒酒的酒徒需要擺脫酒友一樣，過重的人或飲食不健康的人也需要以新朋友（或家人），改變飲食多寡的標準，用較小的碗盤，把不健康的食物拿走，並把有益健康的食物放在眼前。

教自己多吃有益健康的食物

讓我們回顧一下味覺適應的觀念：一口接一口會使飲食的風味越減越弱，換言之，你需要越多才能獲得刺激。不妨把這觀念倒過來想。

我動手寫本書時，下決心要改變個人的營養。我很重養生，每天的頭兩餐都是蔬菜水果，在工作時，我也帶一點零食到實驗室去吃，但一到晚餐時間，我就上餐廳放懷大嚼，而這習慣也隨著我越來越忙碌而越來越嚴重。我很幸運自己負擔得起精心準備的新鮮食物，但我卻很難控制自己對鹽的攝取量，這對我並非小事，因為我母親和兄弟有高血壓，而我已故的父親不但有高血壓，而且死因也可能是心臟病。我了解了味覺適應的原則（先前的定義是，隨著每一次品嘗，刺激的敏感度就減弱）之後，想到也許逆轉作法可以讓我減少鹽分的攝取。

營養學家總是苦口婆心要我們減少鹽分，但由美味的鹹洋芋片變成低鹽（或無鹽）洋芋片，實在是徹底的大轉變。這種劇烈的變化讓人無法堅持下去，就像番茄季時我難耐不加鹽的味道一樣。成功的關鍵在於緩緩降低你飲食中的鹽量，直到你適應較低的分量為止，然後再繼續降低。這正是包裝食品業正在努力的。多年前許多業者想推出低鹽食品，結果都失敗，問題就在於人類無法立即適應鹽分大量的減少。如果你週一喝了原味罐頭雞湯麵，週二要嘗低鹽的罐頭雞湯麵，那麼你就必然會渴望原本的鹽分。問題不在於我們的選擇，而在於我們味覺系統運作的方式。

不過，如今食品業者已經了解了這方面的科學，廠商決定未來數年要逐漸減少他們配方中的鹽分。由於消費者已經證明他們不能輕易適應低鹽產品，因此食品業者要為他們代勞。我們已經習慣了一些不健康的標準，這是重訂這些標準的策略。

半甜提案

過去十五年來，我在食品開發業界工作，一直希望可口可樂或百事可樂會來電，要我幫忙開發我最想研究的產品，這是我的「半甜提案」。我希望能研究出不那麼甜，不那麼有礙健康的汽水。可惜的是我等了半天都落空，倒是一家超市連鎖公司要我幫他們開發汽水（所謂的「自有品牌」，或者「白牌商品」），我知道這是鼓吹我想法的好機會。

食品業有相當優異的能力，可以重新調配比較健康的產品（但味道卻和不健康的食品類似），這種作法對社會大眾有害無益。以可樂為例。假如我們要製作對消費者比較無害的可樂，首先就是要去除其中的糖（或玉米果糖）。多年來食品業者就去除糖分，卻以模仿含糖可樂同樣甜度的甜味劑取代，而且我們在這方面的技術已臻化境，但這樣做，並沒有教消費者的味蕾喜愛比較不甜的可樂，反而教導他們：可樂就應該是這麼甜。這是錯誤的作法。

比較好的方法是緩緩減少糖的分量，並且不用其他甜味劑取代，這樣才能創造成**比較不甜**的新配方可樂。這是調整消費者對甜味胃口唯一的方法，和調整鹹味的方法一樣。食品業之所以沒有忙著調整食物鹹度的原因，是鈉鹽不像蔗糖素或阿斯巴甜取代糖那樣是票房保證，先前我們為航太總署所作的餐點實驗就已經顯示，一旦味道的方程式裡去除了鹽，那麼每一個產品中的每一種味道就都需要重新平衡。不過，你每天攝取的分量就會為你訂下味道正確與否的標準，只是這種標準並無絕對的對錯，你可以改變你的標準。

我提出半甜可樂的點子，超市連鎖很願意接受，因此我寫了企畫書，一邊對消費者作這方面的測試，一方面也由味覺敏銳、工作認真的麥特森公司產品開發人員西維娜．戴特（Silvina Dejter）調製原型樣本。我相信她一定能在兩週內完成，哪知我理想的可樂根本是一廂情願的理論。

看似簡單的計畫，到頭來往往卻困難重重。我們曾研發只用四種成分的乾燥調味粉，結果卻是我們為那位客戶所做有計畫中最難的一次。只用四種成分，根本無從掩飾，四個標竿中，只要調整其中之一，其他三個也會大幅改變。而我的半甜可樂憧憬也有類似的情況：我希望這種可樂的成分表既簡單又明瞭，最重要的是我不想求助於高濃度的甜味劑——清潔、純淨的甜味，而沒有代糖等甜味劑的苦味或餘味，我希望這產品比一般的可樂不甜，因此更清爽可口。半甜可樂的第二個好處是它的熱量低——因此一般人都可以喝。但降低熱量倒在其次，我這項志業若能成功，可以成為未來許多食品降低熱量的典型楷模。

頭幾回試作的原型半甜可樂味道都不對勁，少了什麼。西維娜調整了配方裡其他的成分——酸度、口味的量、色素量，但依舊不得其法。我不由得想，或許我們沒有配出正確的口味是因為我們不知道可樂的「神奇黃金比例」。如果真的有，我也下定決心，一定要解開謎底。我們試了又試，依舊徒勞無功，我們為這位客戶調製的其他碳酸飲料——雖然觀念上更複雜，但進行卻都很順利，唯有這半甜可樂冥頑不靈。為什麼調製比較不甜的可樂竟這麼困難？

我們試了口感增強劑、增甜劑，和不同的酸。試飲會迫在眉睫，我們只好帶著我們覺得很不錯——雖然還沒有到十全十美地步的半甜飲料飛到開會地點，讓客戶品嘗樣品。

半甜可樂在會議上就胎死腹中了，但並不是因為它不是好點子。市調顯示消費者想要這樣的產品，問題是（我如今抱著酸葡萄的心理回想），會中它和其他四五種甜度如一般可樂那麼高的產品相比較，其他產品的甜度就成了標準，而半甜可樂達不到這樣的標準。我們的客戶需要的是能盡快上市的產品，因此儘管我不斷地鼓吹，說只要再幾個月時間就能開發出來，但在決賽名單上，半甜可樂連晉級都談不上。我猜飲料界已經多次出現這樣的情況，我也相信這是市面上看不到半甜可樂的原因，至少美國還沒有這種可樂。

二〇一一年中，百事公司推出一種稱作「乾百事」（Pepsi Dry）的產品，才喝了第一口，我就覺得自己獲得了平反，這正是我建議客戶推出的產品，Pepsi Dry的甜度只有五度，大約是一般可樂甜度的一半，但它卻不含任何不營養的甜味劑，不會影響它甜味的純度，這是朝向正確方向的一小步。

為健康多花一點經費

在當今已開發國家最泛濫的流行病就是肥胖、高血壓，和糖尿病。而這每一種疾病都是受你所吃的食物影響，而這些食物又受到你的味覺和嗅覺影響。中央、地方政府，和非營利機構都該花更多經費研究基本的味覺和嗅覺，才能讓我們更進一步了解我們為什麼會做我們所做的抉擇。

嬰兒潮世代如今已開始老化，這可能會讓如莫奈爾這樣的機構獲得更多的經費作研究。這一大群年長（且較富裕）的消費者很快就會開始（說不定已經開始了）感受到些微的嗅覺（可能也包括味覺）的喪失，如果能研發出治療的方法，他們就會是最大的受益者。要敦促大家捐獻研究經費，再沒有比喪失感官更快的方法。

第四部——融會貫通

Taste What You're Missing

第十九章

平衡各種風味的教學食譜

找出風味的平衡點

二〇〇四年，派特．蓋爾文（Pat Galvin）來找我，他在行銷界工作，說起話來輕聲細語，但很健談。他在一家聲譽卓著的廣告公司工作，客戶除了李維牛仔褲（Levi Strauss & Company）之外，還有其他知名的食品公司。他想和我談新的飲料事業。

他想做的是稱作維奈特（Vignette）的產品線：一系列有氣泡但無酒精的飲料，採用釀酒用的葡萄酒品種如夏多內和黑皮諾。在舊金山酒鄉住了多年的派特擅長品酒，常與妻子共酌，但她懷孕之後，不能再和他暢飲，讓他想到不含酒精但風味獨特的葡萄酒口味飲料商機無限，讓想飲酒但因故不能喝的消費者可以有其他選擇。

派特和一名廚師合作，推出頭兩款飲料，雖然成績不錯，但他希望下一次推出的口味有更複雜的層次。他想要創造出如酒一般的成人飲料：含有葡萄酒的豐富口感，卻不含酒精。

他聘用我們開發的一種葡萄品種是金芬黛，我本來就愛喝金芬黛，每晚都要來一杯，因此研發這種產品對我真是正中下懷。金芬黛葡萄酒還有分兩種，一種是紅酒，另一種是粉紅色的白金芬黛，我談的是紅的。

我找來麥特森公司最棒的食品技師安・瑪麗・普魯桑（Anne Marie Pruzan）和她的團隊成員薩吉・波斯波韋多裘（Saji Poespowidjojo），一起來開發這種飲料。首先我們要找提供未發酵金芬黛葡萄汁的供應商。有些商人專賣各種品種的葡萄果汁給不論是專業或業餘的酒廠，再由酒廠把果汁釀成酒。我們需要的是尚未製成酒的果汁。

果汁一送到，我們就發現未發酵的金芬黛葡萄汁和金芬黛葡萄酒完全不一樣，它一點也不含我們原本期待它會有的特色，比如櫻桃、覆盆子、黑胡椒或泥土味。相反地，我們的金芬黛葡萄汁嘗起來就和威路氏葡萄汁一樣，沒有派特要的那種適合成年人的複雜口味。

葡萄酒這種獨特的複雜風味是發酵過程造成的，而我們的葡萄汁並未經歷這個過程，因此我們只好無中生有，下面是我們的作法：

首先我們得定出基本味道的藍圖，由甜開始。金芬黛葡萄壓碎之後的果汁很甜（和威路氏一樣），但在發酵過程中，糖分轉為酒精，結果只剩很少的糖，因此也變得不甜。我們想要的是半甜的口味（就如我的半甜可樂！），因此我們用水稀釋果汁，直到合適的甜度，這就是我們飲料的基礎。

接下來我們調整酸度。為了要在稀釋後還有風味，所以我們得在飲料裡再把酸味加回去。我們可以用檸檬汁，可是又不想要在酒香的飲料中出現檸檬香味，因為金芬黛不該有檸檬味。因此我們加入了檸檬酸，這是柑橘類和其他農產品所含的純酸，它雖有柑橘類刺激的酸味，卻沒有檸檬或葡萄柚的香氣。我們已經針對其他各種酸作了詳盡的研究，最後才覺得使用檸檬酸最適當。我們試過葡萄汁所含的天然酒石酸，但酸度不夠，也不夠刺激；我們也試過青蘋果（Granny Smith）所含的蘋果酸，但又太過強烈。檸檬酸的酸度正好適合我們的飲料。

鮮味和鹽味不適合我們的金芬黛飲料，因此接下來我們研究苦味。好的紅酒含有來自葡萄皮的單寧，增添紅酒乾澀的口感。我們的果汁原本就有少量，我們覺得十分完美。未來我們要為耐受品味者開發味道更苦，單寧味更重的卡貝內蘇維翁果汁。

現在我們要由口味改成香味，這兩種感官再加上質地，就會創造Vignette金芬黛蘇打的招牌風味。我們訂購了數十種天然風味樣本，包括黑莓、覆盆子、皮革、煙味、青椒、香料等等，這種化學讓我們可以添加黑莓香氣，卻不用真正加入黑莓或果汁。

接著我們再調整甜、酸，和其他風味，直到完全協調為止。這飲料接著加入二氧化碳，形成怡人的刺激感，大部分的飲用者都認為這種口味很清爽。接著我們考慮的是色澤，不過金芬黛經碳化原本就已經是美麗的紫紅色，教人矚目。於是我們創造出口味複雜，金芬黛味（雖然並未完全發酵）強烈的飲料，有一點碳酸汽泡，和一點甜味。

其實在家烹飪雖然和調製碳酸飲料不同，但也有類似之處：你依舊得為菜色勾勒出基本味道的輪廓，然後添加香氣的成分，最後再確定所有的味道都十分協調。

Vignette金芬黛蘇打雖然有一些祕密成分，但整體風味十分細膩，幾乎難以分辨它們究竟是什麼。你只知道它嘗起來味道很讚。

食譜只是指南

我在廚房裡經常發揮創意，畢竟這是我的工作專長：構思新食物，讓它們實現。我也和大部分專業廚師一樣，有不可思議的能力，能在腦海中把種種成分組合成我知道會很美味的食物，不過這並不表示我每一次都會成功。

我也把食譜當成大略的指南，通常我看食譜，是試著想每一種成分帶入組合的元素，比如某個食譜要用到魚露，我就會想如果用醬油是否也能帶出鮮味，如果用到綠葉甘藍（collard greens），我就會馬上想到青花菜或羽衣甘藍是否也適用同樣的成分和技巧。

我唯一辦不到的是燒兩次一模一樣的食譜，因為實地執行是我的弱點。不過我也由經驗設計出讓客人依舊賓至如歸的辦法，萬一我的主菜失敗了，我總準備了後援，即使只是比薩或義大利麵。同時我一定準備絕不失敗的甜點，比如最當令最熟的水果，配上我買得到最美味的香草冰淇淋。通常只要壓軸的甜點能讓客人滿意，他們就會忘記先前失敗的菜色。同樣重要的是源源不絕的美酒，酒是讓餐會順利進行的燃料、潤滑劑和水流。

我希望各位也能盡情在廚房中揮灑實驗，每一次烹飪都可當作一次教育經驗，不要擔心失敗，我也時時刻刻都在失敗。

平衡風味的三個食譜練習

下面的食譜讓你一次加一種關鍵味道，加入每一個新味道之後，停下來嘗一嘗，你就能明白味道和香氣如何相互作用，創造出食物的風味。我沒辦法教你烹飪，要學習只能去上課或讀烹飪書，但下列這些食譜卻能教你如何平衡風味，一旦你學會，就能建立信心。

這些食譜也能製作出佳餚，因此你大可找些自願品嘗的朋友來欣賞你烹製的美味。

（請見次頁之風味對照表，以及三種食譜）

◀食品櫃中請先準備好的五味，及其與各種風味的對照表

增添複雜層次的成分	基本味道：甜	酸	苦	鹹	鮮	氣味	適合
陳年米醋	X	X		X		刺激、清新	沙拉醬、湯、醬汁、莎莎醬
醬油				X	X	發酵味、酒味	所有美食
白酒	X	X				柑橘、蘋果、奶油、香草、橡木、花香	沙拉醬、淋醬
魚露	X	X		X	X	魚味、海洋味、霉味	只要一點點就能讓美食鮮活

番茄醬	X	X		X	X	暖味的香料（丁香、五香、肉桂）、洋蔥、大蒜、芹菜	增添一點溫暖圓潤的鮮味，調劑酸的辛味和苦的澀味
咖啡（可溶）			X			烘焙味、土司味、泥炭味、土味、豆味	醬汁、燉辣豆醬、糕點、烘烤食品
可可				X	X	巧克力、發酵味、泥炭味、土味、豆味	醬汁、燉辣豆醬、糕點、烘烤食品
芹菜				X	X	蔬菜味、新鮮、海洋味	爲醬汁、湯等提味
帕馬森起司（或其他陳年起司）	X	X		X	X	起司味、奶味、乳脂味、堅果、肉味	爲美食加一點鮮味（少量）
苦味青菜			X			新鮮、生菜味、胡椒味、硫磺味	作爲味道濃郁主菜的配菜
紅酒	X	X	X			櫻桃味、草莓味、木味、煙味、皮革味、菸草味	爲醬汁、湯，和沙拉醬添加豐富和醇厚的口感

芭柏的基本味道——新鮮莎莎醬

調製分量爲二杯半至三杯半

大家都愛好莎莎醬，可以沾玉米片作開胃菜，或者灑在現烤的魚上，包在你的創意玉米餅皮裡。下面這則食譜簡單好記，又很有彈性，可以使用任何新鮮水果或蔬菜汁。這裡面用了香菜，既有墨西哥味，也隱含泰國越南的東方風情，可適合多種民族的飲食。

你需要

- ◉二至三杯粗打新鮮水果或蔬菜汁
- ◉約一把粗切的新鮮香菜葉
- ◉鹽
- ◉紅洋蔥丁，約大顆洋蔥的一半至四分之一的量
- ◉陳年米醋或現榨檸檬或萊姆汁
- ◉亞洲魚露（泰式年卜拉醬nam pla，或者越南的魚醬nuoc mam）
- ◉糖

作法

❶在不鏽鋼鍋裡把水果或蔬菜汁與香菜混合。

❷加點鹽，嘗嘗看。

❸加洋蔥，嘗嘗看。

❹加點陳年米醋或檸檬汁，嘗嘗看。

❺加點魚露，嘗嘗看。

❻加點糖，嘗嘗看。

❼它需要再加哪一種基本味道？如果某個味道，比如酸味特別突出，可能需要用其他如鹹、鮮或甜味調和。

❽放置約一小時，讓各種味道融合，然後上桌。這對我（缺乏耐心）有點困難，但若你給它一點時間，效果會好得多。

❾上桌前再試一下味道，並作調整。

提示

我最喜歡用在這道食譜中的水果和蔬菜是

◉番茄
◉桃子
◉油桃
◉李子
◉鳳梨
◉黃瓜（削皮去籽）
◉無籽西瓜
◉芒果
◉哈蜜瓜或甜瓜

芭柏的基本味道——五味燻番茄湯

兩人份

你需要

◉十二個新鮮羅馬番茄，去蒂，切成四份，去掉種籽和果漿，只剩新鮮的茄肉 ◉一個中型洋蔥，切丁 ◉兩根芹菜，切碎 ◉一瓣大蒜，切碎 ◉三湯匙風味清淡的蔬菜油，如芥花油或大豆油 ◉半杯牛奶 ◉兩湯匙未加鹽的奶油

◉基本味道成分：

- 半個新鮮檸檬或萊姆，切成小塊，去籽
- 砂糖
- 混合香料，以兩茶匙煙燻匈牙利紅椒粉（smoked paprika）加半茶匙墨西哥辣椒粉（chipotle chili powder）。
- 鹽
- 天然發酵的醬油

◉一個有蓋的大深鍋

◉果汁機或電動攪拌器

作法

❶用三湯匙油中小火煎香洋蔥約五六分鐘，直到它變軟而半透明，但不要焦黃，不時攪拌，以免煎焦。

❷加番茄，蓋上鍋蓋，煮五分鐘，偶爾攪動一下，接著掀蓋再煮五分鐘。

❸加兩杯水，以中大火逐漸加熱，不加蓋煮十至十二分鐘，到所有的成分都軟爛爲止。

❹如果用手持攪拌器，保持小火，直到濃湯十分滑順爲止。如果用果汁機，把湯打到滑順之後倒回鍋中，小火保溫。*

❺調味。

調味

這個練習的目的是要了解基本味道怎麼改變湯的風味。調味時不要去測量各成分的多寡，用你的味覺作爲指引，先用少量（微量！），再視情況添加分量。你永遠可以加量，但若加了太多要改正就難了！

- 首先：嘗嘗湯的味道，應該是番茄味。你也應該會嘗到洋蔥、大蒜和芹菜的鮮味和香味，但很可能很淡。湯的風味可能因你所用番茄的酸、甜，和成熟度而有不同。
- 加少許糖，攪拌，再嘗，注意番茄味有什麼不同的變化。
- 再加少許檸檬或萊姆汁，攪拌，再嘗，注意酸讓湯味有鮮活感。
- 再加非常少量煙燻匈牙利紅椒粉／墨西哥辣椒粉的混合物，尤其若你怕辣，更要謹慎。攪拌再品嘗，你希望能煙燻味，但不要太濃。
- 再加少許醬油——小心不要太多。攪拌再品嘗。注意原本突出的味道變得調和，讓湯的味道有了層次，並且有湯應該有的鮮味。
- 加鹽，攪拌，品嘗。決定湯該再加點鹽，還是你想再加點醬油，後者會提升鹹和鮮味。
- 繼續調整基本味道，一次一種，每加一種就嘗一次，自己判斷該加多少，你的目標是要讓湯嘗起來五味均勻、美味、有深度，不會有任何一味特別明顯。如果味道太淡或無味，就繼續調整！
- 等五味調和了，再加牛奶和奶油，攪拌再品嘗。繼續練習，一次一種味道，每加一樣調味料就嘗一次，讓你的味蕾來作裁決。如果味道太淡或沒味道，繼續調整！
- 等湯味嘗起來正確，就完成了。

＊有些番茄可能需要再攪拌一次。如果你用的番茄皮較厚，你又喜歡口感比較滑順的湯，在攪拌後可能需要過濾。

芭柏的基本味道——五味起司通心麵

二至三人份

你需要

- 義大利麵半包（我喜歡寬扁麵，羅傑喜歡蝴蝶麵，各種形狀不拘）
- 三、四個新鮮萊姆
- 熟成起司，最好是一年以上，如帕馬森、艾斯阿格（Asiago）、高達（Gouda）、皮亞維（Piave）、帕達諾（Grana Padano）起司，大約一杯，刨成細絲
- 一瓣大蒜，切碎
- 極新鮮的初榨橄欖油（或未加鹽的奶油，但我偏愛橄欖油的蔬菜味）
- 一顆菊苣，像切香草一樣切成細末作裝飾
- 鹽
- 糖
- 磨碎的黑胡椒

作法

❶ 按義大利麵上的包裝煮麵，不過水中不要加鹽，而改爲加兩湯匙糖。這能讓這道菜有甜味的對比。因爲起司就含有鹹味，你也可按個人偏好加適量的鹽。
❷ 在煮麵之時，用銼板上最細的孔把起司刨絲。
❸ 擠萊姆汁，放置一旁備用。
❹ 把義大利麵的水濾掉，趁麵還熱時，放進大碗，加適量橄欖油，品嘗。
❺ 把起司灑進義大利麵，拌勻，品嘗。
❻ 把檸檬汁灑進義大利麵，拌勻，品嘗。
❼ 把大量研磨黑胡椒和鹽灑進義大利麵，品嘗。
❽ 用更多的酸（萊姆）、鮮（起司），或鹽，調整風味，如果需要另一種對照，可加糖。
❾ 再加一點研磨黑胡椒、起司，和新鮮菊苣，然後上桌。菊苣能添加一點青菜味和苦味。

第二十章

總結——你從未疑心的感官真相

別再漫不經心的進食了

貝多芬第九號交響曲的結尾《歡樂頌》是舉世最知名的樂曲之一，要是你想不起來它的旋律，或者想要為你閱讀本書增添另一種官能，請上www.tastewhatyouremissing.com聆聽最有名的幾節。整首交響曲從頭到尾大約歷時六十五分鐘，端視哪位指揮而略有長短之別，我相信有些人會覺得這已經太長了，但挪威作曲家和音效藝術家萊夫．英吉（Leif Inge）卻覺得這曲子還短少了二十二小時五十五分鐘。他用數位技術創造了自己的版本，把原曲拉長為整整二十四小時，而他的表演藝術作品「*9 Beet Stretch*」就是一整天的貝多芬第九號。英吉到舊金山來表演時，就足足演了一整天，這場盛會的宣傳是「你從未疑心的聲學真相」。

我和參加了這盛會的雷恩．朱諾（Ryan Junnell）聊到這個活動，這位媒體設計師去參加這場藝術表演時，是對放慢速度的觀念有興趣，後來他組織了一個慢動作影片節，稱為「慢動作影片」（Slomo Video）。雖然「*9*

Beet Stretch」這場表演是在二〇〇四年，但他對此卻歷歷如繪。「巨大的喇叭播放出響亮的聲響，你被籠罩在其間。」他說：

> 要是你熟悉那曲子中的三四個音符，就會因它們被拉長到三十秒或一分鐘的長度而感到震驚。聽眾滿懷期待。這是一首名曲，因此你很清楚接下來的旋律，但可能要花八分鐘、十六、十七分鐘才到得了那裡，因此你的期待有精彩的前戲。你等待，等待，等待，不敢相信等了那麼久才會到達那裡，但接下來你品嘗到那坡度，讓那個你無比無比喜愛的音符更加精彩。

他簡直是在描述密宗性愛，西方人對密宗的了解，最知名的是雙修的性行為，不是為了求高潮，而是為了性靈，把性愛由目的導向的追求，轉化為著重過程本身，視性為神聖的行為，「能夠讓參與者達到更崇高的性靈境界」。*Tan*這個字根，在梵語中就意味著「延伸」或「展延」。朱諾對於他參加「*9 Beet Stretch*」所獲密教經驗的感官描述，啟發了我對吃的想法。

人生的進展非常快速，我們匆匆吃完看在開發中國家窮人眼裡是國王盛宴的美食。我們在家和辦公室之間還一邊漫不經心地使用手機，一邊攝取比舉世許多人一天所攝更多的熱量。我們倉促地邊忙邊吃，使我們吃得毫無意識。

我們在鮮味那一章提到獲得詹姆士彼爾德獎提名的名廚法蘭肯瑟勒，他如今正在為美國老牌的Dunkin' Donut甜甜圈連鎖店開發可在店內販售的新菜單品項。Dunkin' Donut為因應美國人如今的進食方式，因此設了許多得來速窗口，法蘭肯瑟勒深諳速食餐廳的局限，其中最大的挑戰就是讓顧客在駕車離開時想到他們所吃的食物：「怎麼讓在得來速車道上的他們停下來，即使只是一秒鐘也好，想想：『哇，這味道真好』？」

我們一邊漫不經心地用餐，攝取了熱量，但卻沒有完全體會它們所提供的樂趣。要是你問為什麼我們這麼吃，恐怕大家都說不出理由。誰不想由分量相同的食物中獲得更多的樂趣？這是節食者的美夢，享樂主義者的天堂，父母的樂園。而要得到這樣的效果，唯一要做的就是放慢步調。

要是你能體驗「你從未疑心的感官真相」，難道你會不想嘗試嗎？你所要做的只是把每一餐都當成獲得密宗性靈啟發的機會。如果我們運用密宗的原則，就意味著每一餐都會延伸為提供最大的快樂，而不追求目標（比如把飯吃完）。畢竟，究竟為什麼你想要把食物吃完？這是極少數不牽扯到危險的性行為、毒品或酒精的享樂感官經驗（錯了，晚餐應該要佐酒）。你究竟是想吃還是不想？如果想，為什麼不讓你的餐飲經驗延得更長？研究證明這樣做是有好處的。

用餐時間的長短影響我們的飽足感

荷蘭的學者作了一項研究，要了解用餐的時間長短是否會影響你用完餐的飽足感。研究人員擬了四道菜的菜單：第一道：生菜沙拉，配有馬茲瑞拉起司、番茄、麵包丁和沙拉醬。第二道：番茄肉醬通心粉。第三道：蔬菜鹹派。第四道：覆盆子布丁。卡路里總量：約五百卡。

在研究人員開始這個研究前，得先控制受測者來參加實驗之前的攝食量。如果受測者吃的早餐分量不一，想要知道他們的午餐選擇恐怕就不太合理，因為早餐在丹尼（Denny's）連鎖餐廳吃火腿起司蛋三明治（包括薯餅，熱量九百七十卡）的人，和只吃了一根香蕉和一杯健怡可樂（如果香蕉大支，合計熱量一二一卡）的人，對午餐的反應就會不同。因此他們要所有的受測者在實驗的當天早上都喝同樣的早餐奶昔。

研究人員把受測者帶進實驗室，讓他們以兩種截然不同的方式進食這四道菜的午餐，但他們攝取的熱量都一樣多。第一組受測者以慢速進食：他們的午餐時間拉長到兩個小時多，每道菜之間有二十至三十分鐘休息，就像在高檔餐廳用餐一樣；第二組則只有三十分鐘吃完四道菜，很不幸，這樣的速度和一般人畢生用餐的時間類似。研究人員也衡量調整食欲的荷爾蒙在用餐前和用餐後的量。

受測者都用完餐後，研究人員衡量他們對食物的欲望，結果發現用餐時間拉長，中間有休息的受測者低於三十分鐘一口氣吃完四道菜的受測者。放慢速度，以嚴格規矩進食的人，餐後對食物的欲望較低。這項結果真是可喜可賀。我們可以控制自己由食物中獲得的滿足！只需要活在當下，注意你的食物，和吃——更緩慢更專注地欣賞你的食物。

只可惜事情沒這麼簡單。研究人員在這個測驗的下半部，發現了惱人的結果，恰恰說明了我們現有的文化。兩組受測者在用完餐後，全都可再放懷大吃鬆餅、淋上巧克力的棉花軟糖、蛋糕、花生，和洋芋片，而不論方才對食物欲望的衡量，也不論用餐時間長短，兩組受測者都繼續進食——也就是在方才的五百卡餐點之後，兩組受測者全都吃了同樣的甜點。進食速度慢，剛剛才表示對食物欲望降低、感覺滿足的那一組，照舊開懷大嚼。

困難就在這裡，到處都是食物。在已開發國家中，不論在工作、學校、文化活動、社交活動、生日會等，很難不碰到美味的食品。你該做的是先檢視自己的胃腸，確定自己想進食是出於生理還是因為環境使然。看到蛋糕時，想想你剛才吃的那一餐，它聞起來、看起來、聽起來、摸起來、嘗起來味道如何，然後略過蛋糕不吃。

正經八百的進食未必有用

康乃爾大學的布萊恩．溫辛克對於正經八百地進食是否有效，抱著懷疑的態度。他說，「我談到不該漫不經心地進食時，總會有人誤以為：『不要漫不經心地進食，意思就是該正經八百地用餐。』並不盡然，如果你是屬於百分之九十五的那部分人口。有的人可以吃一顆豆子就自問：『我飽了沒？』但大部分的現代人生活步調都太忙亂，不可能這麼做。因此對一般人來說，解決之道並不是正經八百地進食，而是改變環境，不論是在家或是在職場，讓我們漫不經心地少吃一點。」

我同意他的部分說法，並不是人人都能花一小時吃一頓飯，但知道我們進食時漫不經心至少是個起點！要是你想不起最近吃的三餐有什麼樣的官能感受，恐怕你進食時就是漫不經心。試試回想這三頓餐點的味道、氣味、外觀、質地，和聲音。如果你記不起任何一餐的細節，那麼就必定是吃得漫不經心。

溫辛克的研究是要如何少吃，本書則不然，我的宗旨是要協助讀者在你所你所吃的食物分量適當的情況下，獲得更大的滿足，不過由於許多人都忙著減肥，因此了解感官如何影響我們進食的分量就十分重要。

溫辛克的研究已經證明容器的大小攸關緊要。較大桶爆米花會讓我們吃更多爆米花，較大的盤子會讓我們吃更多食物，較大的碗會讓我們吃更多零食，喝更多的湯。重點是：如果你想吃少一點，就用小一點的容器。

我曾看同事甘蒂絲吃蠶蛹，她表現出噁心的表情，讓我也覺得噁心。溫辛克也發現了同樣的變色龍效果，他證明如果我們和其他進食速度快的人在一起，就會吃得較快，而和進食速度慢的人在一起，則會吃得較慢。我們模仿周遭人進食的行為。如果想吃少一點，就播放緩慢的音樂，讓和你共餐的人都放慢進食的步調，在一口和一口中間，把你的刀叉放下來，讓你的食物變成一道一道，一次只吃一道。

溫辛克建議把用過的盤子留在桌上，讓你看見自己吃了什麼（如豬排或雞翅的骨頭），並且把食物分成若干份，而不要一次上一大盤。他認為應把大包的食物分裝成小袋，避免過量，並讓如水果之類有益健康的食物更容易取用。他建議把無益健康的食品放在食品櫃的後方，並且證明只要略微難取得，很多人就會乾脆放棄。不要低估一般人在取食時的懶惰。

慢食和慢吃

我要說明慢食運動（Slow Food Movement，我也贊成這個運動），和我在本書中所提倡的慢慢吃有所區別。慢食運動是「一九八九年所發起，對抗速食和求快的人生，挽救逐漸消失的地方美食傳統，重振一般人對所吃食物、其來源、其味道，和我們的食物選擇對世界所產生影響的興趣。」

我並不認為人們對食物減少了興趣，恰恰相反；我也不認為該把速食視如寇讎，但我的確相信應該慢慢品嘗你認為值得吃（或美味）的食物。要了解如何慢慢吃，請做本章末的葡萄乾練習，把一顆葡萄乾嚼五分鐘。

幾年前，我在一門減壓課上初次作了這個葡萄乾實驗。在上這門課之前，我的減壓方法是來一瓶清涼爽口的白皮諾葡萄酒，但後來我決定試試不同的作法。頭一天上課時，我環視同學的臉龐，他們和我一樣——工作疲勞、睡眠不足、沒有成就感，但他們也像我一樣，依舊拚命驅迫自己努力。這門課讓我學到如何藉著打坐冥想來紓壓，在上完課後，我還能維持三週半的成功結果。但在冗長的冥想和瑜伽課中，教我印象最深刻的，卻是上課頭一天，老師要我們花五分鐘吃一顆葡萄乾的體驗。我們先看著它，然後觸摸它，嗅聞它，接著再緩緩咀嚼，品味每一口的滋味，不浪費任何一個動作。我清清楚楚地記得自己看到那顆葡萄乾的靈魂。這輩子我從沒這麼徹底地體驗一種簡單的食物，讓我產生欲望，要以不同的方式來體驗我的食物，而不只是把它當成紓壓的方法而已。

大約一年後，羅傑和我應邀前往亞利桑納州土桑市的米拉瓦渡假中心（Miraval Resort），這是羅傑朋友經營的療養渡假村，雖然我對沙漠沒什麼興趣，但卻很喜愛豪華旅館，尤其是像這家號稱「平衡人生」的中心。我聽說過這種新時代的渡假勝地，但不知道究竟是什麼樣，結果發現米拉瓦就像是成人的野營隊一樣，我們在大布告欄上簽名參加各種活動，而且營裡不用科技。羅傑和我學會如何用心靈馴服馬匹，還參加了一些溝通團隊。不過整個活動最精彩的卻是「專心一致早餐」。我們和其他八位營友一起到仙人掌花餐廳就座，到自助餐檯逛了一圈，捧著滿滿一盤有機水果、五穀麵包，和只用蛋白的蛋捲回來，正襟危坐，然後奉命開始用餐，一口一口慢慢吃，注意眼前的每一樣食物。我們的組長說「開動」，大家就忙著專心一致。

這回我同樣有點吃驚。當我全心全意專注在食物上時，飲食的經驗就由原本只求打發的工作，變成了需要用心的活動。我們不再談接下來的一天有什麼計畫，或者要做什麼活動，而全心放在食物上。迄今我依舊記得草莓籽頂在我牙齒上的感覺，這是我多年沒有注意的體驗。這兩次專心的體驗在我與食物不斷演變的關係上，攸關緊要。

啟發性靈的飲食

麥特森公司為員工提供早餐、午餐，和零食。每天我們的「家庭餐」總有一些變化，也許是鬆餅日，或者是我們的洗碗員工喬昆所做的墨式早餐，阿富汗餐廳的外賣，米蘭妮的番茄麵包湯，也可能是某個計畫用剩的羊排。不論如何，總有新鮮的沙拉吧、新鮮水果，只是大家都是匆匆忙忙地吃，急著回去工作。

我決定選個最平常的午餐來作個實驗。一天我們的午餐是例行的沙拉吧和外賣墨西哥捲餅，沒有任何特殊之處，於是我邀請同事和我一起花三十分鐘，專心午餐。我告訴他們說，大家慢慢吃，細心吃，看看我們能感受到什麼味道。

大家拿著盤子盛了沙拉，選了他們的捲餅，然後我們十個人到大會議室的大圓桌前坐下，我定了計時器，默默地花了三十分鐘，細細品嘗我們的午餐。我從不知道三十分鐘竟然這麼久。我請同仁慢慢地用心地吃，每咬一口，就把叉子或捲餅放下來。大家都吃完之後，很多人盤子裡都還有剩，如果說細心進食有什麼好處，那就是讓我們少吃一點。

等時間到之後，我請大家發言，茱莉說她想起大學經常吃墨式捲餅的時光，珍奈則因聞到黃瓜的味道，而想到她頭一次體驗到黃瓜水的豪華溫泉浴。我注意到我灑了覆盆子香醋汁的沙拉在吃完時好像殺人案現場，而我正是凶手。但我相信大家都很慶幸這次的實驗結束了，我們紛紛回去工作。

這讓我有點進退兩難，因為我想要為本書作的結語，是大家在這神聖的一餐中，獲得了驚天動地的啟示，我想要說，大家下桌時都感受到新發現的生命意義、更清醒的頭腦，和滿足的胃腸。然而實驗結果並非完全如此，多年前我體會的葡萄乾啟示到哪裡去了？我在米拉瓦渡假中心感受到頂在牙齒之間的草莓籽怎麼不再出現？為什麼一切如此不同？

次週的一天早上，我突然明白問題所在，難怪我們得不到啟示！我們是在辦公室裡，頭上是日光燈，大家心裡想的都是工作，這頓午餐非常不自然，出於勉強。我覺得和這些好同事默默地坐在一起一言不發，十分彆扭，我也覺得一個捲餅要吃三十分鐘，實在很困難，我發現自己很不自在地避開朋友的視線，以免忍不住爆笑而破壞實驗，總之，整個經驗實在不高明。

我把先前兩次專心一致的進食經驗和這次在辦公室的經驗相比。前兩次我是和陌生人相處，一次是在另類醫學中心的專心課程，另一次則是在亞利桑納的身心療癒中心。那時我抱著合適的心情，不用去擔心下一個電話會議。

基於這次的經驗，我不推薦精心規劃的專心飲食。如果我在寫的是減肥書，或許會對我們在麥特森所作的這次實驗感到滿意，但我的同事並不打算減肥，而且那也並非本書的主旨。本書要談的是用我們的五種感官找出飲食隱藏的樂趣，並在這過程中，徹底享受每一口食物。

要做到這點，並不需要沉默進食。你不必限定自己只能吃「一顆豆子」，也不用拉長用餐的時間，更不需要去溫泉療養中心或上課。你時時都可以在日常生活中練習專心致志地進食，每天都有許多機會讓你練習專心進食的技巧，而享受專心飲食的最佳時間，就是你自己覺得合適的時候。

和你所喜愛而有志一同的人為伴，尊重你的食物，坐在餐桌前進食。敞開胸懷，嘗試新的食物，偶爾由你通常不會去的餐廳中點些菜來嘗嘗，在你埋頭大嚼之前先欣賞食物的外觀之美，注意它的色彩和輪廓，欣賞它的凹凸起伏，讓你的鼻子先登場，在把食物送進口之前先嗅聞，注意它告訴了你什麼。如果當你一口咬下時它會發聲，就想想這種特別的聲音。在你一口咬下之後，讓它留在你口中整整一秒再開始嚼食，深深吸氣，一邊咀嚼一邊繼續呼吸，盡量用口腔嗅聞食物的味道，注意它在進入你口腔之時，和你繼續咀嚼之際的質地。當你把它嚥下之時，享受揮發物質湧上你鼻腔的最後爆發和反射，注意五種基本味道中有哪些存在。注意其平衡，或者不平衡。如果需要調整，不要猶豫；如果它很美味，就享受欣賞。如果你以這種專心的方式進食幾餐，它遲早都會變成習慣，讓你不必費心就能做到，而這就是我們的目標。

互動練習 29

品嘗你錯過的味道：五分鐘葡萄乾

我們總把食物視爲當然，往往匆匆把食物塞入口中，急著把熱量送往胃裡，毫不在意細節。要作更好的品味者，就是要成爲更專心注意的食客。下面這個練習可以協助你放慢速度，以新的方式來看舊的食物，並且思索如把這種作法運用到其他的進食機會上。

你需要

◉一只碼表或計時器 ◉每名練習者各三顆葡萄乾

作法

❶把碼表計時器設成五分鐘，每名參與者發三顆葡萄乾。

❷請參與者在五分鐘內保持靜默嚼食葡萄乾。要他們在把葡萄乾放進嘴裡之前先專心觀察，把它們放進口中之後，先含住約三十秒，然後再開始咀嚼，請他們盡量把吃這三顆葡萄乾的時間延長爲五分鐘。

❸開始計時。

說明

- 討論你的經驗。
- 你的經驗中有哪些是新的？
- 有哪種經驗特別明顯？
- 若你能由葡萄乾這麼簡單的食物中吃出新意，不妨想想若你放慢速度，全神貫注在食物上，那麼一頓完整的餐點可以讓你得到多少感官的資料。

Taste What You're Missing

Taste What You're Missing

第二十一章

十五個訣竅——每一口都淋漓盡致

一、好好咀嚼

想想你彎曲自己的咀嚼肌時，要施多大的力量，這再加上你在吞食之前咀嚼食物的時間，就能顯示你會體驗到多少風味。溫和延續的咀嚼效果最好，力量較小（或者如研究人員所說的，精力較少），花更長時間嚼食才吞嚥的人，可以讓食物釋出更多的香氣分子，而食物主要的風味都來自這些揮發氣味。記住，揮發分子正是動作之所在！

因此，比起努力進攻食物，用力嚼，快速嚥下的食客來，動作較緩慢，較不著重目的的食客，可以由同樣的食物中得到較多的風味。快速吞嚥只會使你的餐飲更快一點結束。

若你想要釋出更多的揮發分子，請放慢咀嚼的速度，而且唯有在你由舌頭和口腔嗅覺上的味道完全體驗到食物的氣味之後，才把食物嚥下。當食物在你的嘴裡時，其感官樂趣最強烈。仔細地咀嚼，呼吸，再咀嚼，再呼吸。等時候到了，才吞嚥下去。

二、專心一致

如果你進食不用心，就無法體會區別好和更好食物之間細膩的感官資訊。要由你的食物中享受更多的美好，就必須讓吃成為你在用餐時間唯一的活動。放下報紙、關掉電視，停止電腦。

以你對待其他感官活動一樣的方式來對待飲食。若你想要享受顛鸞倒鳳之樂，就必須花心思在伴侶身上，陶醉在你所體驗的觸覺、味道、氣味和聲音之中。如果你一邊看電視、讀書、或者用電話，一邊翻雲覆雨，恐怕不太可能得到同樣的樂趣。多感官的體驗需要多種感官的注意。

當然，若你獨自進食，可能會想運用媒介刺激大腦，但大部分電視和網路上的內容，都和你的多感官飲食格格不入。如果你所觀賞的內容和你的食物不協調，就會減少你飲食的樂趣。也許美食節目可以和你的進食協調，但通常電視節目就算不讓你喪失食欲，也會讓你失去對食物的注意力。

一邊用餐一邊聽廣播節目的人通常吃的較多，除非你想要增重，不然就該注意這種分心所造成的影響。一邊吃飯一邊看電視或聽收音機，就會讓你大腦中最後才演化發展、功能較高階的部位專注在媒體上，只剩下大腦較原始較古老的部位（爬蟲腦）處理你的進食動作，這時飲食的節制、飽足，和常識，就全飛到九霄雲外去了。

如果你與人共餐，那麼請好好享受。但若你們的言語激烈、情緒激動起來，那麼請把餐具放下，讓心情平緩下來，再吃下一口。當你全神貫注在眼前的話題之時，就較難專注在食物上。若你的心思放在新交往的戀人身上，就更不可能由食物中得到完全的滿足，因此不要浪費金錢在昂貴的餐飲上。M．F．K．費雪曾寫道，再沒有比為剛墜入愛河的男女烹飪更教人洩氣的事了，不論你煮的食物如何美味，和戀愛的激情相比，都會黯然失色。

三、避免特定感覺厭膩作用

不論是什麼食物，只要由第二口開始，就啟動感官適應，隨著每一口相同的食物，你得到的刺激就越來越少，就算它很美味，隨著你吃進每一口，美味也會越減越少，最後你會完全厭膩，這就是所謂的特定感覺厭膩作用。不過這個效果很容易逆轉，只要吃一口其他的食物就足以生效，這也就是用餐時要清清味道的原因。就算你吃的這盤食物是一半牛排，一半青花菜，依舊可能會發生特定感覺厭膩作用的問題。假設你先把整塊牛排吃完，再吃所有的青花菜，所獲得的滿足絕不如一口牛排一口青花菜的滿足，因為你每吃一口，都在清除上一口的味道。

若你要區分食物或飲料中非常細微的區別（比如在品酒會上），用如水或蘇打餅乾之類的中性物質來清除口腔就攸關緊要，它們能讓你的口腔回到中性的狀態，因此才能區別同為乾溪谷（Dry Creek Valley）葡萄酒產區二〇〇八和二〇〇九年皮諾葡萄酒的差別。

四、在家練習品味食物

教導孩子食物之樂的最佳時機就是用餐時間，和孩子們談談桌上的食物，告訴他們它來自何處，你如何烹調，他們把它放進嘴裡時又會發生什麼。你可以用孩子喜歡的雷根糖，教孩子分辨味覺和嗅覺的差別。等他們認識了五種基本味道，就能告訴他們在食物中品嘗到了什麼滋味，他們喜歡什麼，又不喜歡什麼。你很快就能知道你的孩子是耐受品味者、一般品味者，或者旺盛品味者。你尊重他們天生的性情，但鼓勵他們運用味蕾去品嘗新事物。告訴他們，品味就像運動、學樂器，或作數學一樣，非得要練習，才能有進步。

如果你教導孩子坐不正不食，他們就會把用餐當成一種場合，而心懷尊重。即使在他們吃零食之時，也要確定他們坐下來專心在食物上。站著吃東西，或者在車上吃食、邊打電玩或邊看電視邊吃，都等於是鼓勵漫不經心地進食，可能會對日後的健康有不利的影響。

讓孩子與食物遊戲。把一碗一碗的醬汁、佐料、和一罐一罐的香料放在桌上，讓他們探索食物的味道，並且作他們的導遊。等他們年紀稍長，可以和你一起上餐廳時，帶他們外食，鼓勵他們由成人的菜單上點餐，和他們共享餐點。

我聽說有些作母親的在孩子的嬰兒食品中混入符合她們「風味原則」——也就是她們族群典型料理的的香草和香料，你也可以依樣畫葫蘆，在他們的食物中加一點苦味蔬菜、有魚味的魚，或嗜五穀雜糧，讓他們在尚未知覺之前，先教導他們喜愛有益健康的食物。

五、作個品味明星

進食時，用雙手——不是去拿食物，而是一個一個去數五官的感受（在腦海中想像味道之星），想像它們每一個所受的刺激。注意你所吃食物的外觀；在你下口之前，先用口和鼻嗅聞食物；在你咀嚼時，注意食物的質地、質地的對比，和質地的變化。如果這食物在吃的時候會發出聲音，請欣賞它獨特的聲響。接下來，想想味道之星，這食物有哪些基本味道？哪些是應該有卻未出現？有沒有哪一樣味道不和諧？哪一樣能夠加強其他味道？哪一樣會抑制其他味道？

在你邊咀嚼邊嗅聞之時，看看你是否能由鼻子覺察任何不同的新氣味。既然你已經了解味道、氣味，和質地如何結合成為食物的風味，就能由你所吃的食物得到更多的體會。加一點鹽，它是否加強了其他的味道？加一點糖，這凸顯了什麼味道？又掩飾了什麼味道？加上各式調料，每加一點就嘗一口。品嘗！品嘗！品嘗！這是了解風味如何互動的唯一方法。

六、年紀增長並不表示食物的樂趣會因而減少

光是了解你的嗅覺和味覺會隨年齡增長而有什麼樣的改變，就足以協助你改正你可能體驗到的味覺失調。人到了某個年齡，就不免會喪失嗅覺，而對抗它的最佳方式，就是運用其他的官能。確定你所食用的每一盤食物都色彩繽紛，可以啟動和刺激你的視覺。用一點柑橘類或檸檬為食物增味，這能使你自然分泌更多的唾

液，讓你能由食物中獲得更多的味道和香氣。在你的食物裡加一點酥脆的成分，讓你的聽覺和觸覺發揮作用：沙拉中的麵包丁、三明治裡的黃瓜，或者在任何食物中灑一點燕麥屑或堅果。酥脆的聲音越大，越能讓你體驗到官能的刺激。

不要怕用辣椒，不論是乾的、煙燻的，或是新鮮的，它們就和檸檬一樣，不含鹽、糖和熱量。我最愛的是研磨墨式辣椒，只要一點，就能讓觸覺系統全副武裝，並且增添一點煙燻味。當然，你也可以增添其他的香料在食物中，尤其若你不嗜辣味，在餐桌上，除了鹽和胡椒之外，還可放墨式辣椒、肉桂、匈牙利紅椒粉、孜然和羅勒等佐料罐。如果你的嗅覺尚未全部喪失，很可能只要加點佐料的量，就能讓你重享食物之樂。在你在食物中添加更多鹽或糖之前，一定要試過所有其他啟動它的方法（酸、質地、辣、香料）。如果你有如高血壓或糖尿病等健康問題，那麼鹽和糖這兩種成分就可能會帶來意料之外的副作用。

七、了解哪種藥物和醫療程序會影響味覺和嗅覺

健康的人通常都有健康的嗅覺和味覺系統，可能會隨年齡增長而衰退，但除非有特殊的情況，否則其速度通常都很慢。而如果有特殊的情況，就很可能需要吃藥。如今大部分年紀較長的人就算沒有吃很多種藥物，也都至少會服用一些藥物，因此最好能知道哪些藥會減弱感官刺激。形形色色的藥物都會影響嗅覺，下面雖非完整的名單，但至少是個開始。

▼｜可能會造成嗅覺失靈的藥物

可能造成嗅覺失靈的藥物群組	例子
鈣離子通道阻斷劑	Nifedipine, amlodipine, diltiazem
降血脂	Cholestyramine, clofibrate, statins
抗生素和抑菌劑	Strepromycin, doxycycline, terbinafine
抗甲狀腺藥物	Carbimazole
鴉片類藥物	Codeine, morphine, cocaine
抗憂鬱藥物	Amitriptyline, clomipramine, desipramine, doxepin, imipramine, nortriptyline
擬交感神經藥物	Dexamphetamine, phenmetrazine
抗癲癇藥物	Phenytoin
抗鼻塞藥物	Phenylephrine, Pseudophedrine, oxymetazoline
雜項	吸菸、銀中毒、含鎘煙霧、硫代二苯胺、殺蟲劑、流感疫苗、Betnesol-N
有機溶劑	甲醛、氰化氫、硒化氫、硫化氫、n-甲基甲酰胺、硫酸、硫化鋅、胡椒及甲酚粉、三氯氧磷、二氧化硫氣體、鉻、鉛、汞、鎳、銀、鋅鎘、錳、水泥粉塵、石灰塵、印刷噴粉、二氧化矽、二硫化碳、一氧化碳、氯化氰、二氧化氮、氨、二氧化硫、各種氟化物、苯乙酮、苯、氯甲烷、丙烯酸酯、五氯苯酚、三氯乙烯
感冒成藥	Zicam ZincCold Remedy Nasal Gel（感冒鼻用凝膠）及棉花棒（Swabs）及兒童感冒鼻用棉花棒（Kids-Size Swabs）

※資料來源：Christopher H. Hawkes and Richard L. Doty, The Neurology of Olfaction, Cambridge University Press, 2009。

拔智齒的手術和沿著下顎邊緣傳遞味覺的鼓索神經位置十分接近。要是你的智齒（第三大臼齒）疼痛，牙醫很可能會不小心切斷你的味覺神經。好消息是，這樣造成的傷害可以挽回，不過要在傷害發生後六個月之內進行。如果你要拔智齒，就要密切注意術後的味覺，只要一有問題，就得趕緊回去看牙醫。記住，重接這個神經是有時間限制的。

其他許多藥物和疾病都會造成嗅覺和味覺的喪失，重要的是要想出其他方法刺激你的官能，而不要任自己忍受一輩子遲鈍的感官。盡量在餐桌和廚房裡以各種方式實驗，找出能協助你感受食物風味的方法。

八、保護你的頭部

對於嗅覺和味覺喪失，唯一可以預防的是頭部的意外傷害。針對賓州嗅覺和味覺中心五百四十二名病人的研究顯示，二〇％的病人曾受到頭部創傷。預防嗅覺的喪失極其重要，因為我們迄今還不知道該如何修復它，唯有預防，才能避免這方面的問題。

只要頸部因拉扯或抽動而受傷，或者不小心跌跤，很可能就會傷及甚或徹底切斷你的嗅覺神經，因此最佳的預防法是坐車時繫上安全帶，滑雪、騎車、溜冰或玩滑板時戴上安全帽。不要讓孩子參加全面接觸的運動，因為他很可能會撞上地面。

有些醫師說他們不用藥物就可以治療你所喪失的嗅覺，但這還待科學證實。也有些醫師說，即使嗅覺系統可能藉著不斷再生修復自己，喪失的嗅覺依舊無可挽回。

品嘗你錯過的味道

品嘗俱樂部會員：________________

品嘗的食物：________________

Taste 1　Taste 2　Taste 3　Taste 4

Taste 5　Taste 6　Taste 7　Taste 8

經過八次嘗試，你獲封本食物專家身分。恭喜！此後由你自行決定未來是否再品嘗此種食物。

耳部感染會破壞由舌穿過內耳至腦部的鼓索神經。如果你或子女感覺耳朵疼痛，務必及早治癒，任何病毒和細菌感染，包括普通感冒亦然，美國疾病控制中心估計，每六人就有一個帶有疱疹病毒，這是喪失味蕾的常見原因。若你不知道自己是否帶原，可請醫師為你作測試。

九、要勇於冒險，但保持耐心

嘗試新食物。通常你要嘗試五至十次，才能確定自己真正不喜歡它。記住，要在平和、熟悉的環境之中作飲食的冒險，尤其是孩子，因為他們同時所能應付的刺激有限。

若你希望孩子嘗試新事物，可以用一張卡片，上面寫著八次「品嘗」，或者影印上表，剪下來。每一次孩子嘗試新食物，就讓他們畫掉一個「品嘗」，如果他們嘗試八次依舊不喜歡，就告訴他們此後永遠不必再嘗這個食物。但要確定不要在還未完成這八次嘗試之前，就喪失耐心。很可能這八次嘗試能讓他們對這食物有所體會，不論他們日後選擇吃或不吃它。

對於正受嗅覺或味覺喪失之苦的長輩，大膽冒險也是很好的建議。如果你習慣的食物如今淡而無味，不妨把它混合起來，嘗試新的異國料理，比如印度、泰國，或越南式的食物。你對這樣的新食物不會有它們「原本是」什麼滋味的成見，而因為沒有比較，你就不會覺得它們缺乏味道。若你未能馬上就愛上這種新料理，請保持耐心，記得成人也適用孩子的原則，至少要嘗試五、六次，你才會喜歡新食物。

十、選擇適當的溫度

在食物達到約攝氏六十度時，其內無所不在的微生物就開始死亡，因此我強烈建議烹飪時務必至少要達到這個溫度，可是食物約在攝氏五十四度就會燙嘴，因此像我這樣缺乏耐心的人就時常會被燙到，最好能讓食物的溫度降到攝氏四十九度以下再品嘗。記住，就算舌頭被燙到，也並不表示你的味覺能力受損，至少不會是長期受損。輕微燙傷的味蕾會在十至十四天之內再生。

不過也不要等太久再品嘗食物。熱湯比冷湯的味道好是有原因的，除了你期待湯應該要燙之外，熱湯也會釋出較多的揮發氣體。若你讓湯冷卻，就喪失許多香氣。若你想要感受食物冷卻之後的味道，也盡量把鼻子貼近碗盤，深深吸氣。

冷或冰的食物揮發氣體分子較不活躍。就連平常習慣以冷藏或室溫保存的食物，比如起司、水果、蔬菜和麵包，如經加熱也會有更多的風味。如果我冷藏草莓（我雖不喜歡這樣做，但因買一大箱不得不然），那麼在它們上桌前，我會用熱水沖洗，我也曾把酪梨沙拉放在微波爐裡微波幾秒，讓它不至於那麼冷。這些食物在室溫都比在冰箱裡有多得多的香氣。

絕不要讓番茄以冰箱冷藏的溫度上桌。你可把用雙手把它包住，讓它溫暖一點——這樣的味道會比冷冰冰的番茄好得多。請以正確的方式貯藏和供應這種我最愛的食物。

十一、唾液與呼吸

唾液能協助釋出食物中的揮發香氣。如果你覺得自己的唾液不如從前，請檢查你所服用的藥物。要是你的口乾舌燥不是出於藥物的原因，請去看醫生。許多藥物都會使口腔和鼻腔乾燥，就連Claritin和Sudafed這些過敏鼻塞的成藥亦然。當然，如果你鼻子不通，這些藥物可以協助你品嘗味道，但若你的嘴巴太乾，就會影響味道的品嘗。

雖然水和你的唾液化學成分不同，卻是很好的後援。用餐時準備一杯水，隨時可派上用場，你也可以在兩口之間，用水來清口腔，以免對同一種味道產生厭膩感。

深深吸氣比一連串短短的嗅聞，更能讓刺激深入你的嗅覺系統，讓訊號一路直達你的大腦，不經過轉運訊息的丘腦。越快讓香氣分子直達大腦，你就越能體驗它們給予你的樂趣。

邊咀嚼邊深深吸氣也很重要。由鼻子和口腔嗅覺的能力，能彌補我們在嗅覺方面所欠缺的敏感度。

吸氣，呼氣，讓香味在你的嗅覺系統裡循環。享受它的樂趣，但不要笑得太厲害，否則唾液會重新由你口中湧出，讓香氣由你的鼻子揮發出去。

十二、早上的重要任務

你的味覺和嗅覺在清早最為敏銳，它們還很清新，已經有八小時未受到其他味道和氣味的影響，因此你不會體驗到任何味覺的厭膩、飽足，或者交互影響的情況。但只要你喝一口柳橙汁，咬一口香蕉，或者吃一口燕麥，你的味蕾就不清新，除非你又保持很長一段時間不吃東西。

你不可能一大早就把全天的食物吃完，因為你還要吃午餐和晚餐。不過至少在餐前兩小時，不要吃喝任何食物或吸菸，保持口腔的清新。許多研究人員在作食物實驗時，就是秉持這樣的原則。如果實驗室可以採取這樣的方法，那麼你也可以。

下面還有一個訣竅，能讓你在餐廳用餐時有更豐富的體驗。在餐末，你往往有吃甜點的欲望，但理智上卻知道自己不應該。即使大家可以分享甜點，但你們已經進食了數小時，味覺不如清新時那麼敏銳。這時你可以點甜點打包，第二天一早，把甜點當作早餐，這時你清新的味蕾可以吸收這甜點美好的風味。不過要記得早點把它由冰箱取出來，讓它回溫。

十三、該戒菸了

吸菸會影響你的嗅覺。要是你無法戒——不能怪你，要怪尼古丁，至少在飯前兩小時不吸菸。吸菸之後，你的嗅覺馬上遭到破壞，但很快就可以恢復，兩小時已經足夠。只可惜吸菸者總把香菸和餐飲結合在一起，老是期望餐前和餐後吸菸。盡量不要在用餐時間吸菸。

如果你飯後非吸菸不可，至少也等到食物的餘味消散之後。美食佳餚的樂趣之一，就是餐後的溫暖餘暉。為什麼要用香菸的味道來撲滅它們？

十四、這個常識很關鍵

若你要讓食物成為焦點，就得讓嗅覺的環境盡量保持中性，避免強烈的香水、乳液、美髮用品、刮鬍水，和空氣清香劑。如果非用不可，也盡量節制。

年逾六旬的人更應減少使用這些物品。這個年紀是嗅覺開始喪失之時，除非你想香氣過濃，被人當成老阿公或阿媽，否則還是減少使用古龍水較妥當。要是你有所懷疑，問問身邊的人自己是否用了太多、太少，或適量的香味。

有一陣子，麥特森公司的洗手間用了漂亮時髦的洗手乳，正好一名食品技師帶了慢燉鍋煮的餐點來我辦公室，讓我評鑑，我卻在那道義式燉雞中聞到一股檸檬草的味道。我聞了一下我的手：果然，我的手心手背盡是洗手乳散發的泰國味。

烹飪會創造刺激感官的美味香氣，如果煮菜的是你，很可能在一段時間之後，你就因為鼻子已經習慣，而聞不到它的味道。脫下圍裙，到外面去走一走，等你回到廚房，就能重新聞到你烹調的美味了。

十五、如果味道不好……

本書最後，我要引用我最愛的動畫電影《料理鼠王》中，偉大食評家安東．伊果的名言。伊果是個智慧的人，在他遭到尖刻批評，說對於像他這樣喜歡食物的人來說，他的身材未免太瘦，他的回答無人能出其右：「我不是喜歡食物，我是愛食物，而如果我不愛它，我就不會吞下肚了。」

終曲

謝辭

若非我的經紀人，Inkwell Management的Michael Carlisle神奇的法力，本書不可能付梓。因為他，我這位滿懷耐心的明智主編Leslie Meredith才願意讓毫無出書經驗的我放手嘗試。Free Press的整個編輯團隊都鼓勵我、支持我，他們專業的表現是任何出版界的新手都不可能再企求更多的夥伴。

我要感謝莫奈爾公司的化學感官中心，尤其是Gary Beauchamp、Leslie Stein、Paul Breslin（也是羅格斯大學教授）、Danielle Reed、Johan Lundström，和Michael Tordoff，感謝各位從沒有讓我覺得自己在糾纏你們，雖然我明知道我是。

我要深深感謝Linda Bartoshunk，她花了無數的時間，總是帶著微笑，熱烈地討論我們的主題，希望我已經表達在本書之中。我也謝謝Paul Rozin在這方面作過了不起的研究，並且為我慷慨地撥出時間。

感謝本書所有的受測者，由我朋友的朋友介紹的人，到我自己的朋友，他們為本書食用了一些荒唐（有時甚至不合法）的食品。

在本書寫作過程中，有兩個支持我的聖地：我在灣區猶太社區中心（Peninsula Jewish Community Center）的健身腳踏車上，讀了為本書所搜集的大部分資料，而加州希爾茲堡則是最終的光明希望，在那裡，Scopa義大利餐廳的番茄燉雞和玉米麵，夏日的艷陽，和當地釀的美酒，都向我招手。

感謝我的摯友Teri Klein堅定的支持和專業的指引，以及既是我信任的律師，又兼好友的Jeff Koppelmaa。謝謝你Candace Panagabko，你的研究支持了這本書的內容；感謝Nathanael Johnson讓本書企劃案成形；Russ Cohen的美工設計為本書畫龍點睛。謝謝我的讀者Chris Patil、Jodie Ostrovsky、我母親Joan Stuckey、可以稱為繼父的Bob Carter，和我妹妹Zosha Stuckey。謝謝麥特森公司的整個團隊，尤其是Candice Lin、Janine Magyar、Doug Berg、Silvina Dejter，和Kristie James，你們讓我在工作上更有效率，使我能把閒暇時間花在寫作上。

最後，我生命中有三位重要的男人，他們的支持讓本書能夠成真，亦即他們全都在我情緒的雲霄飛車上，有不止數次的體驗。首先我要謝謝Chris Patil，將永遠珍視他的友誼，他的編輯塑造了本書的面貌，而他的智慧讓本書能夠留在非小說的範疇。麥特森公司的執行長Steve Gundrum是我摯愛的朋友和導師，他非常親切地鼓勵我寫作本書，卻也慈愛地要我在這過程中保留一點時間給自己。最後，我永遠也難以完全表達對Roger Bohl Jr.的無盡謝意，由閱讀手稿到編輯到忍受伴侶花太多時間在寫作上，而無暇顧及他。當我經歷情緒起伏時，他不但握著我的手給我打氣，也說服我克服難關回到常軌。因為愛戀他、與他同處，使我成為更美好的人。

覺獵人

尖上的科學與美食癡迷症指南

ste What You're Missing: The Passionate Eater's Guide to Why Good Food Tastes Good

者 芭柏·史塔基 (Barb Stuckey)
者 莊 靖
對 楊書涵
面設計 莊謹銘
型設計 郭彥宏
頁構成 高巧怡
銷企劃 蕭浩仰、江紫涓
銷統籌 駱漢琦
務發行 邱紹溢
運顧問 郭其彬
任編輯 李亞南、林淑雅、周宜靜
編 輯 李亞南

版 漫遊者文化事業股份有限公司
址 台北市103大同區重慶北路二段88號2樓之6
話 (02) 2715-2022
真 (02) 2715-2021
務信箱 service@azothbooks.com
路書店 www.azothbooks.com
書 www.facebook.com/azothbooks.read
行 大雁出版基地
址 新北市231新店區北新路三段207-3號5樓
話 (02) 8913-1005
單傳真 (02) 8913-1056
版首刷 2014年10月
版首刷 2024年11月
價 台幣480元

BN 978-986-489-987-6

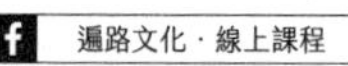

國家圖書館出版品預行編目 (CIP) 資料

味覺獵人 : 舌尖上的科學與美食癡迷症指南 / 芭柏. 史塔基(Barb Stuckey) 著 ; 莊靖譯. -- 三版. -- 臺北市 : 漫遊者文化事業股份有限公司, 2024.11
432 面 ; 14.8×21 公分
譯自 : Taste what you're missing : the passionate eater's guide to why good food tastes good.
ISBN 978-986-489-987-6 (平裝)
1.CST: 飲食 2.CST: 食物
427 113011088